办公软件应用

主　编　范晓娟
副主编　田晓玲　张玉岚　杜晓军

北京理工大学出版社
BEIJING INSTITUTE OF TECHNOLOGY PRESS

图书在版编目（CIP）数据

办公软件应用/范晓娟主编.—北京：北京理工大学出版社，2017.8（2021.7重印）
ISBN 978-7-5682-4387-2

Ⅰ.①办… Ⅱ.①范… Ⅲ.①办公自动化-应用软件-高等学校-教材 Ⅳ.①TP317.1

中国版本图书馆CIP数据核字（2017）第172969号

出版发行／北京理工大学出版社有限责任公司
社　　址／北京市海淀区中关村南大街5号
邮　　编／100081
电　　话／（010）68914775（总编室）
　　　　　（010）82562903（教材售后服务热线）
　　　　　（010）68948351（其他图书服务热线）
网　　址／http：//www.bitpress.com.cn
经　　销／全国各地新华书店
印　　刷／北京市国马印刷厂
开　　本／787毫米×1092毫米　1/16
印　　张／16.5
字　　数／383千字
版　　次／2017年8月第1版　2021年7月第7次印刷
定　　价／45.00元

责任编辑／王玲玲
文案编辑／王玲玲
责任校对／周瑞红
责任印制／李志强

前　言

随着信息时代的到来和计算机信息技术的飞速发展，快速地掌握一些办公软件基本操作是广大计算机初学者的迫切需求，为此，编者结合教学过程中的经验，编写了本书。

本书原是计算机基础教学方面的一个讲课提纲，在使用的过程中发现这种把几种软件组合在一起编写的提纲很受读者欢迎，因为初学者一般不太愿意问津单一软件书籍，他们更喜欢这种综合性的教材。这些教材既经济实用，又简单易学。现在什么都讲究快节奏，这种综合性的教材可以使初学者快速掌握计算机日常应用所需要的基本知识，所以编者便把提纲加上教学过程中的一些经验、体会等写出来，并细化整理成书。

本书在结构上由三大模块组成：Word 2010、PowerPoint 2010 和 Excel 2010，按照循序渐进的方式介绍了计算机办公软件方面的知识。第 1 ~ 4 章属于第一模块，介绍 Word 2010；第 5 ~ 8 章属于第二模块，介绍 PowerPoint 2010；第 9 ~ 15 章属于第三模块，介绍 Excel 2010。三模块均按照入门了解、进入实践、层层深入三个层次进行讲解，使读者循序渐进地掌握三种软件的操作技巧，即便是外行，也能一学就会，一看就懂。

本书在操作设计上采用案例操作，图文并茂，使读者既学到了理论，又看到了实践，有利于读者快速理解、接受，又能快速将其应用到自己生活实例中。

本书在编写的过程中本着简明、易学、实用的原则，语言流畅、通俗易懂、图文并茂。初学者只要对照本书所讲述的内容上机操作，即可一看就懂、一学就会。

本书由辽宁农业职业技术学院范晓娟担任主编，田晓玲、张玉岚、杜晓军任副主编，参与编写和提出宝贵意见的人员还有张广燕、苑广志、孙佳、柴虹宇、宫德晅等。

由于编者水平所限，加上编写时间仓促，书中不足之处在所难免，敬请广大读者批评指正。

编　者

目　录

第一部分　Word 2010

第二部分 PowerPoint 2010

第三部分 Excel 2010

第一部分

Word 2010

第1章

Word 2010 的基础操作

【本章导读】

Word 2010 是 Microsoft Office 2010 中最常见的组件之一，它主要用于编辑和处理文档。本章从了解 Word 2010 的功能出发，介绍 Word 2010 的界面和常见操作，为以后的学习操作打下基础。

【本章学习要点】

➢ 启动和退出 Word 2010
➢ Word 2010 的工作界面
➢ 新建 Word 文档
➢ 打开与关闭文档
➢ 保存文档

1.1 Word 的主要功能与特点

作为主要的字表处理软件，Word 具有以下主要功能及特点：

（1）所见即所得。用户用 Word 软件编排文档，使打印效果在屏幕上一目了然。

（2）直观、友好的操作界面。提供了丰富的工具，利用鼠标就可以完成选择、设置、排版等操作。

（3）高度的图文混排。用 Word 软件就可以编辑文字、图形、图像，还可以插入其他软件制作的信息。Word 还提供了绘图工具进行图形制作、艺术字和数学公式编辑，能够满足用户的各种文档处理要求。

（4）灵活的表格制作。不仅可以自动制表，还可以手动制表，也可以进行表格计算，以及进行各种装饰，既实用又美观，既快捷又方便。

（5）方便的撤销和复原功能。

（6）共享的“剪贴板”。不同软件之间具有兼容性。

（7）万能的“Office 助手”。如果用户有操作或理论上的疑问，按 F1 键，“Office 助手”会为疑问提供解答。

（8）提供了拼写和语法检查功能。如果发现语法或拼字错误，Word 软件还提供了修改建议。为用户节省了时间，提高了输入速度和编辑的正确率。

1.2 启动和退出 Word 2010

在学习使用 Word 2010 编辑文档之前，首先需要了解如何启动与退出其操作界面。

1.2.1 启动 Word 2010

要使用 Word 2010，首先要启动该程序。启动 Word 2010 主要有两种方式：

①双击桌面上的快捷图标启动 Word 2010。

②单击桌面左下角的“开始”按钮图标，在弹出的开始菜单中单击“所有程序”→“Microsoft Office”→“Microsoft Word 2010”，如图 1－1～图 1－4 所示。

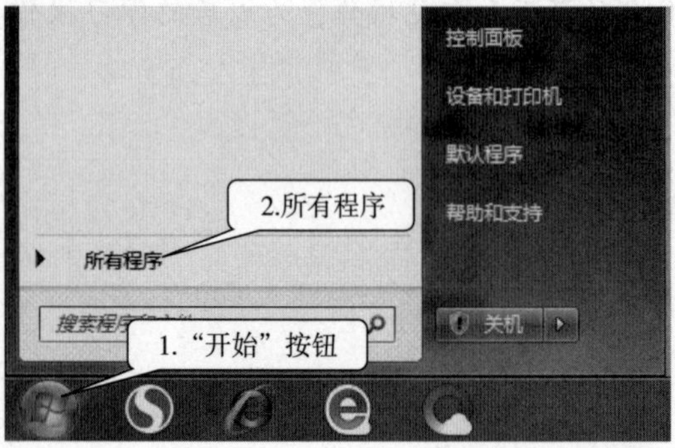

图 1－1

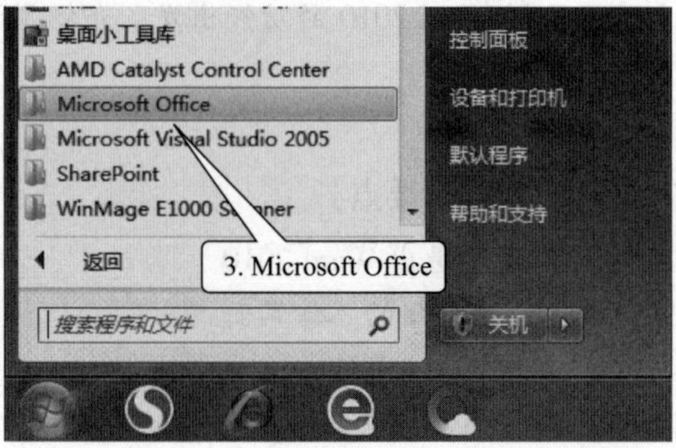

图 1－2

图 1－3

图 1－4

小技巧：系统安装 Office 后，只要是 Word 文档图标，都可以用 Word 2010 打开，即双击其文档图标，不仅能启动 Word 2010 软件本身，还可以打开相应的文档文件。

注意：如果安装多个 Office 版本，需要在文档图标上右键单击后，选择“打开方式”命令，在其下级菜单中选择 Word 2010。

1.2.2　Word 2010 的操作界面

启动 Word 2010 后，首先出现在用户面前的就是 Word 2010 的操作界面。Word 2010 文档窗口由标题栏、快速访问工具栏、“文件”选项卡、功能区、文档编辑区、状态栏等部分组成，如图 1-5 所示。

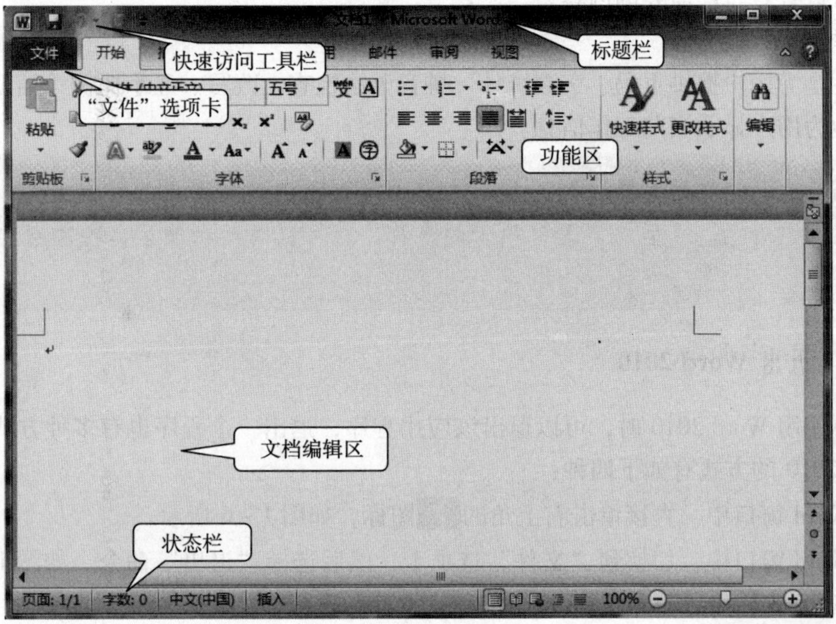

图 1-5

1. 标题栏

标题栏显示了当前打开文档的名称，在右边还提供了三个按钮：最小化、最大化（还原）和关闭按钮，借助这些按钮，可以快速地执行相应的功能。

2. 快速访问工具栏

在快速访问工具栏中，用户可以实现保存、撤销、恢复、打印预览、快速打印等功能。快速访问工具栏中的项目可以由用户根据自己的需要进行添加或删除。

3. “文件”选项卡

单击“文件”选项卡，弹出的下拉列表中包含保存、另存为、打开、关闭、信息、最近所用文件、新建、打印、保存并发送、帮助、选项、退出等菜单选项。

4. 功能区

功能区是菜单和工具栏的主要显示区域，之前的版本大多以子菜单的模式为用户提供按钮功能，现在以功能区的模式提供了几乎涵盖了所有的按钮、库和对话框。功能区首先会将控件对象分为多个选项卡，然后在选项卡中将控件细化为不同的组。

小技巧： 功能区的各个组会根据窗口大小自动调整显示或隐藏按钮，如果经常使用功能区，建议将窗口调整为水平长条形。

5. 文档编辑区

文档编辑区是用户工作的主要区域，用来实现文档的显示和编辑。在这个区域中经常使用到的工具还有水平标尺、垂直标尺、对齐方式、显示段落等。

当文档内容超出窗口显示范围时，编辑区右侧和底部会分别显示垂直与水平滚动条，拖动滚动条中的滚动块，或单击滚动条两端的小三角按钮，编辑区中未显示的区域会随之显示，从而可以查看自己需要的内容。

6. 状态栏

状态栏是为用户提供页码、字数统计、拼音语法检查、改写、显示比例等辅助功能的区域，实时地为用户显示当前工作信息。

小技巧： 为了让文档编辑区更大，可以让“功能区”只在需要的时候显示。功能区无法删除，双击“开始”“插入”等选项卡的名称，就可以隐藏功能区，再次双击则显示功能区。

1.2.3 退出 Word 2010

当不再使用 Word 2010 时，可以退出该应用程序，退出一个程序也有多种方式，常用的退出 Word 2010 的方式有如下四种：

①在 Word 窗口中，直接单击右上角的图标，如图 1－6 所示。

②在 Word 窗口中，切换到“文件”选项卡，然后选择“退出”命令，如图 1－7 所示。

③在 Word 窗口中，直接单击左上角的图标，选择“关闭”命令，如图 1－8 所示。。

④在 Word 窗口中，按下 Alt + F4 组合键，可关闭当前文档。

图 1－6

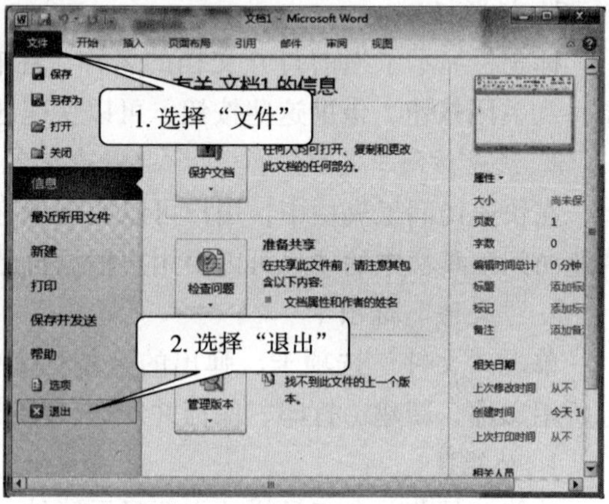

图 1－7

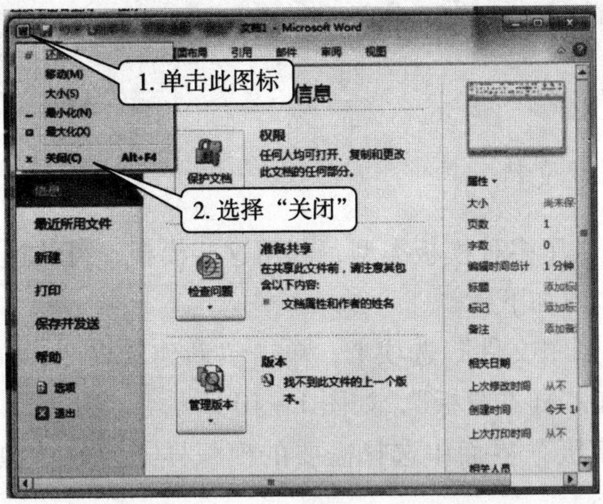

图 1－8

1.3 新建 Word 文档

文本的输入和编辑都是在文档中进行的，所以，要进行各种文本操作，就必须先建立一个文档。新建的文档可以是一个空白的文档，也可以根据 Word 中的模板创建带有一些固定内容或格式的文档。

1.3.1 新建空白文档

启动 Word 2010 时，系统会自动创建一个空白文档，默认名称为“文档 1”。再次启动 Word 2010 时，默认名称为“文档 2”“文档 3”等，依此类推。

除此以外，在 Word 2010 已经启动的情况下，可以通过“文件”→“新建”→“空白文档”→“创建”来新建空白文档，如图 1－9 所示。

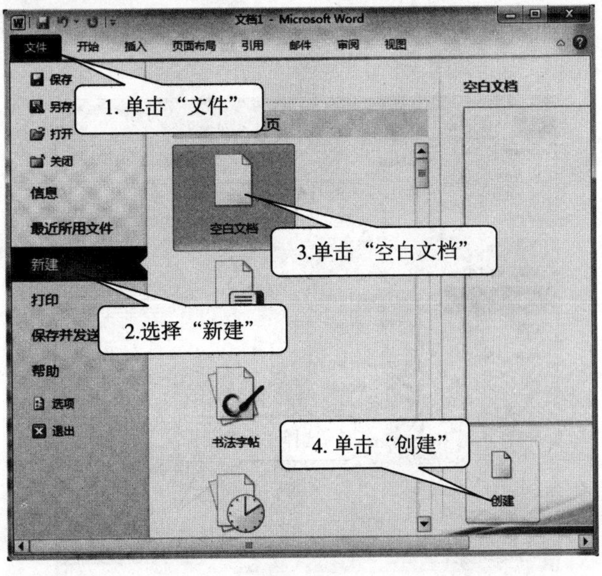

图 1－9

小技巧：在 Word 2010 已经启动的环境下，按下快捷键 Ctrl + N，也可以快速创建一个空白文档。

1.3.2 根据模板新建文档

Word 2010 为用户提供了多种模板类型，利用这些模板，可快速创建各种专业文档。根据模板创建文档的具体步骤如下：

①在 Word 窗口切换到“文件”选项卡，单击“新建”命令，在左侧窗格“可用模板”栏目中选择模板类型，如“样本模板”，如图 1－10 所示。

②在打开的“样本模板”界面中选择需要的模板样式，如“黑领结合并信函”，如图 1－11所示。

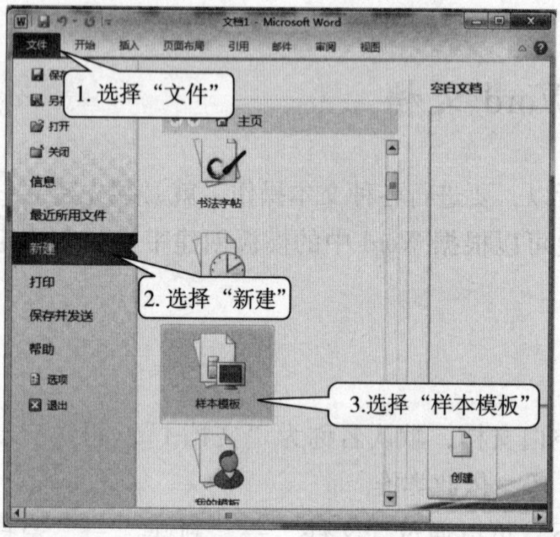

图 1－10

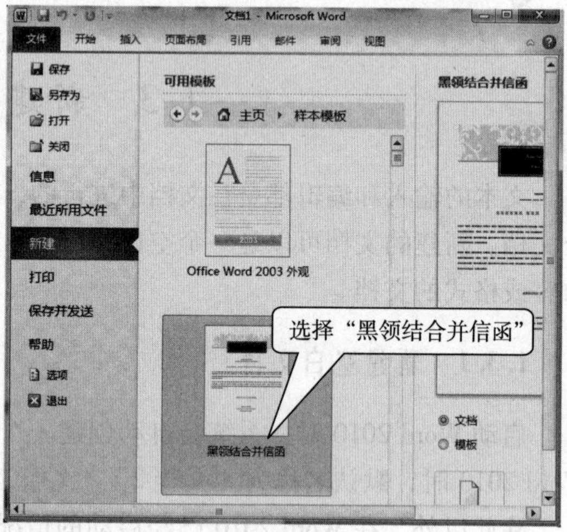

图 1－11

③单击“创建”按钮，如图 1－12 所示，此时 Word 会自动新建一篇基于“黑领结合并信函”模板的新文档。

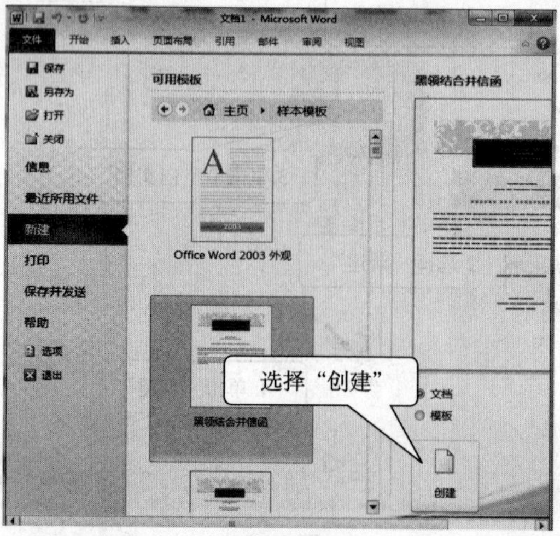

图 1－12

小技巧：根据模板创建的文档中已经含有和主体相关的格式和示例文本内容，用户只需要根据实际操作稍加修改即可。

1.4 打开和关闭文档

在学习使用 Word 2010 编辑文档过程中，用户除了建立新的文档外，大多数情况下还是使用已经存在的文档，所以，应熟练文档的打开和关闭操作。

1.4.1 打开文档

例如，要打开“会计你选择对了”文档，有两种方式：第一种，找到“会计你选择对了”文档文件所在的位置，直接双击文件图标即可打开文档；第二种，当 Word 2010 已经启动时，可以选择“文件”选项卡，如图 1－13 所示，找到“打开”菜单项，将出现“打开”对话框。选中要打开的文档，单击“打开”按钮，如图 1－14 所示，或者双击要打开的文档即可。

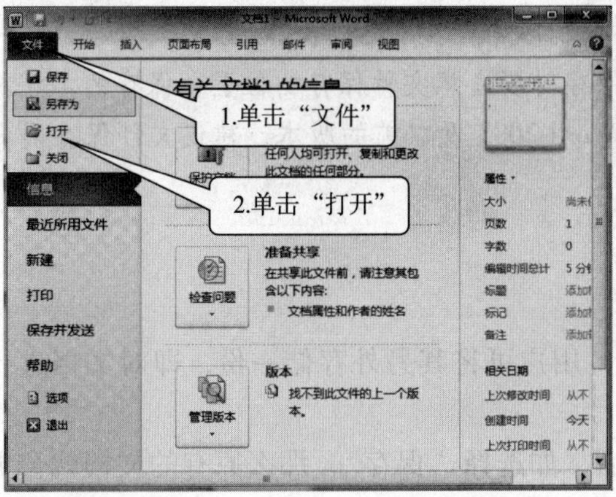

图 1－13

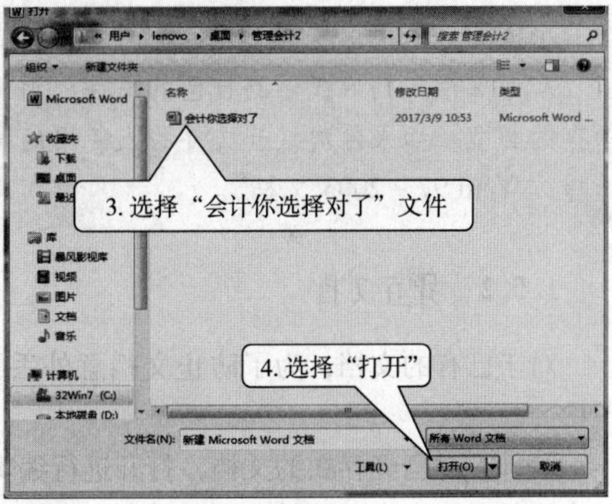

图 1－14

1.4.2 关闭文档

关闭文档相当于退出 Word 2010，参照 1.2.3 节“退出 Word 2010”即可。

1.5 保存文档

对文档进行相应编辑后，当用户关闭文档时，如果没有对已有文档加以保存，系统就会提示用户保存文档。保存文档后，以后可以随时查看和使用，如不保存，编辑的文档内容将会丢失。下面介绍保存文档的操作。

1.5.1 保存新建文档

对于新建的文档，常用的保存方法如下：

①单击快捷访问工具栏中的“保存”图标，也可以在 Word 窗口切换到“文件”选项卡，单击“保存”菜单项，如图 1－15 所示。

②设置好文件的位置、名字、类型后，单击“保存”按钮，如图 1－16 所示。

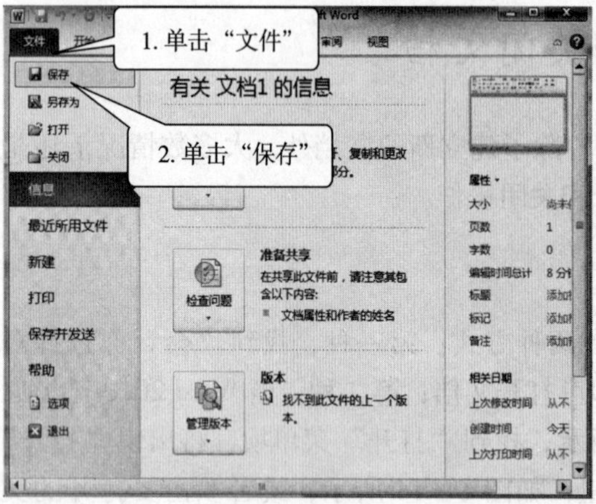

图 1－15

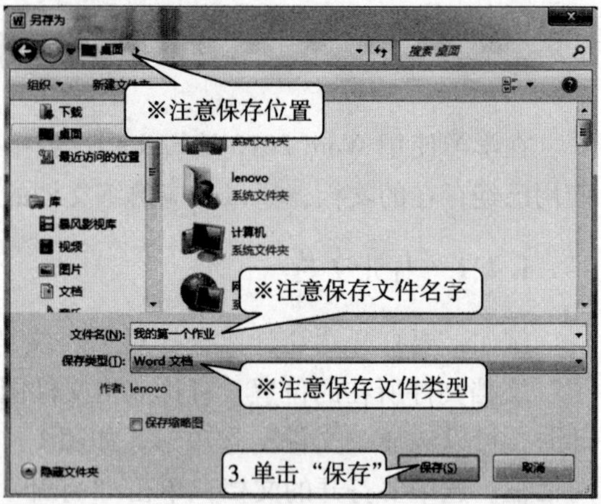

图 1－16

小提醒：利用快捷键 Ctrl＋S 可以快速保存文档。

有时保存文档后找不到自己的文件，因此保存时要注意文件保存的位置、保存的名字及保存的类型。如果再次打开文件的人使用的是 Word 2003 及以前的版本，建议文件保存类型选择“Word 97－2003 文档”。

1.5.2 另存文档

对于已有的文档，为了防止文档意外丢失，用户可将其另外存储一份，即对文档进行备份。

此外，对已经存在的文档，打开进行编辑后，如选择“保存”，那么原有的文档就会更新为当前文档内容，原始的文档会被改动。如果不希望改变原文档内容，还想生成新的文档，可将修改后的文档另存为一个文档。

将文档另存的操作方法如下：

①在要进行另存的文档窗口中，选择“文件”选项卡，然后单击“另存为”命令，在弹出的“另存为”对话框中设置保存信息，如图 1－17 所示。

②接下来的操作和“保存”对话框操作相同。注意：同一位置同一类型文件不可以保存为同一名称，即三个“同一”必须有一个不同，如图 1－18 所示。

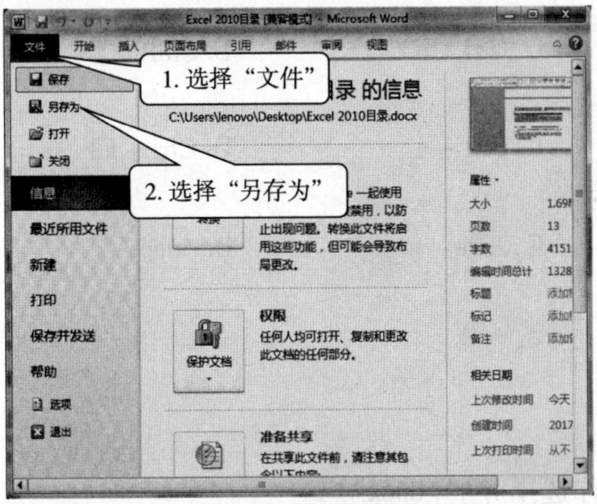

图 1－17

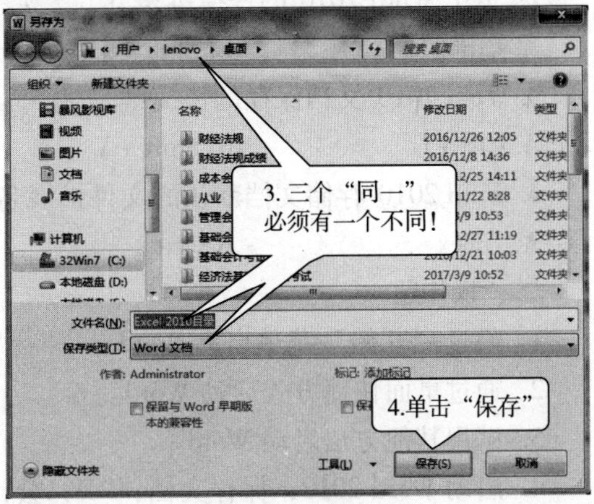

图 1－18

Word 2010 中的保存方式分自动与手动两种。如果没有设置好适合自己的自动保存时间，那么一旦电脑出现故障，之前的辛苦都白费了。可以设置“自动保存”，方法如下。

①单击“文件”，在下拉菜单中单击“选项”菜单项，弹出“Word 选项”对话框，如图 1－19 所示。

②单击“保存”选项卡，选中右侧的“保存自动恢复信息时间间隔”复选框，并设置好时间后，单击“确认”按钮即可，如图 1－20 所示。

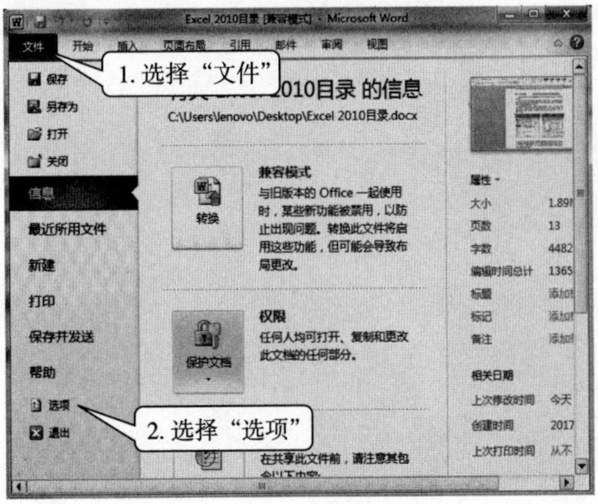

图 1－19

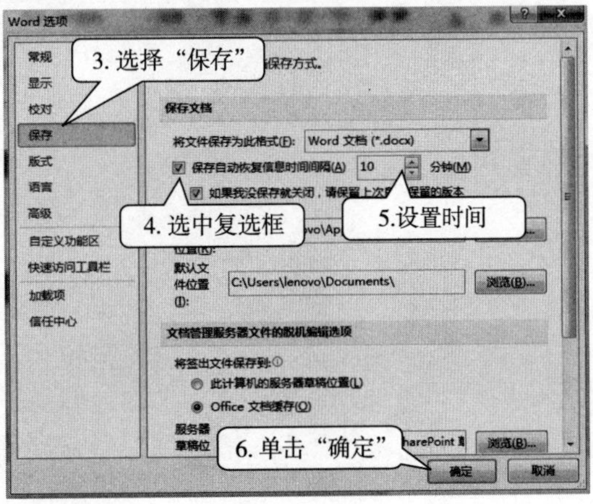

图 1－20

Word 2010 存储文档默认的文件扩展名为“. docx”。

习　题

一、选择题

1. Word 2010 是专门用来处理（　　）的软件。

A. 文字　　B. 表格　　C. 图片　　D. 软件工具

2. 退出 Word 2010 的快捷键是（　　）。

A. Ctrl + F4　　B. Shift + F4　　C. Ctrl + F3　　D. Shift + F3

3. Word 2010 文档保存的快捷键是（　　）。

A. Ctrl + C　　B. Shift + V　　C. Ctrl + S　　D. Ctrl + F3

4. Word 2010 存储文档默认的文件扩展名为（　　）。

A. . docx　　B. . txt　　C. . exe　　D. . doc

二、操作题

1. 通过“开始”菜单启动 Word。
2. 通过桌面快捷方式启动 Word。
3. 试用其他方法启动 Word。
4. 启动 Word 2010，保存文档：“D:\会计你选择对了 . docx”。
5. 启动“D:\会计你选择对了 . docx”，将其存储到“C:\选择对了努力吧 . docx”。
6. 通过控制按钮关闭 Word。
7. 按组合键 Alt + F4。
8. 试用其他方法关闭 Word。

第2章

文档的录入与编辑

【本章导读】

Word是一款主要用于文字编辑与处理的软件，所以，在使用Word进行制作和编辑文档时，文字的录入与编辑就显得尤为重要。灵活掌握输入及编辑各种文本和符号、文本的剪切与复制、查找和替换文本等操作是学好Word的最重要的一步。

【本章学习要点】

- 文本内容与特殊文本的输入
- 选择、删除、复制、移动、查找、替换、撤销与恢复文本
- 字体格式和字体效果
- 字符间距、缩放和其他字体格式
- 设置段落格式
- 设置边框底纹
- 项目符号和编号

2.1 录入文档内容

要对文档进行编辑，首先需要输入文档内容。在Word中输入文档内容很简单，如果要输入英文或数字，只需要按下键盘上相对应的键即可；如果要输入中文，则需要将输入法转换到相关的中文输入状态再进行输入。下面来了解一下录入文档的一些基本概念和操作。

2.1.1 定位光标

启动Word 2010后，在编辑区就会出现不停闪动的“|”，这就是光标插入点。光标插入点提示用户此位置是当前插入文本的位置。所有文档中，在插入文本前，首先要定位好光标插入点。光标插入点的定位方法如下：

1. 鼠标定位

首次启动Word文档时，文档中没有任何可编辑内容，此时光标插入点就在编辑区的左上角，可以在此处输入文本，如图2-1所示。

对于已经存在的文档，文档中已经有文本，此时需要使用鼠标来定位光标插入点。如想在“我爱会计”前添加文本，则在“我”前单击鼠标即可，如图2-2所示。

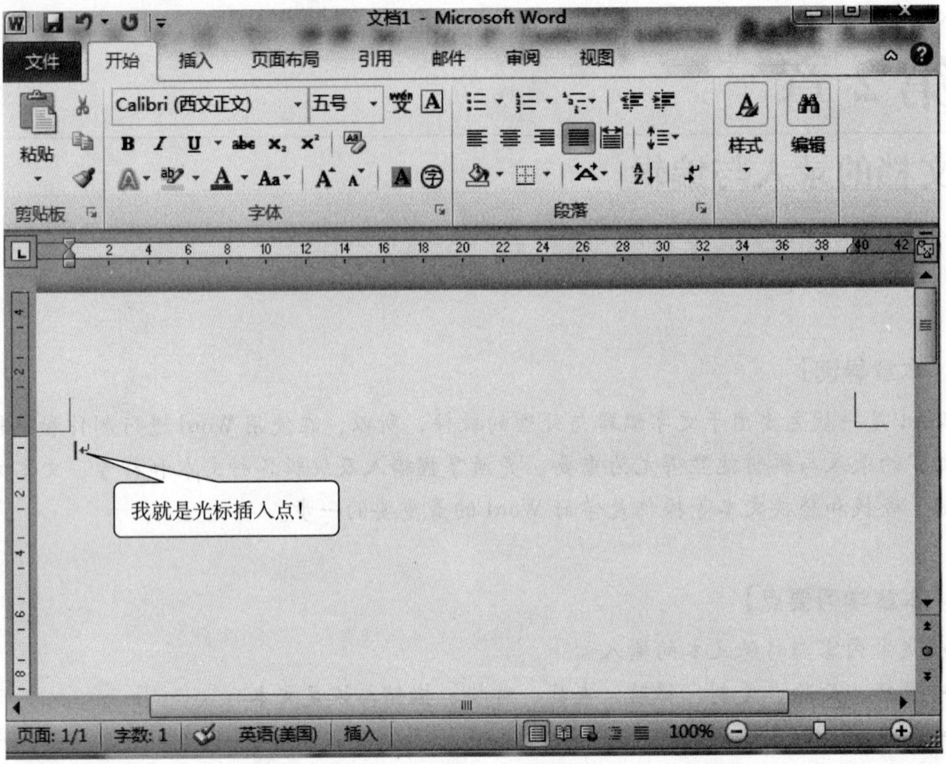
文档1 - Microsoft Word
我就是光标插入点！

图 2－1

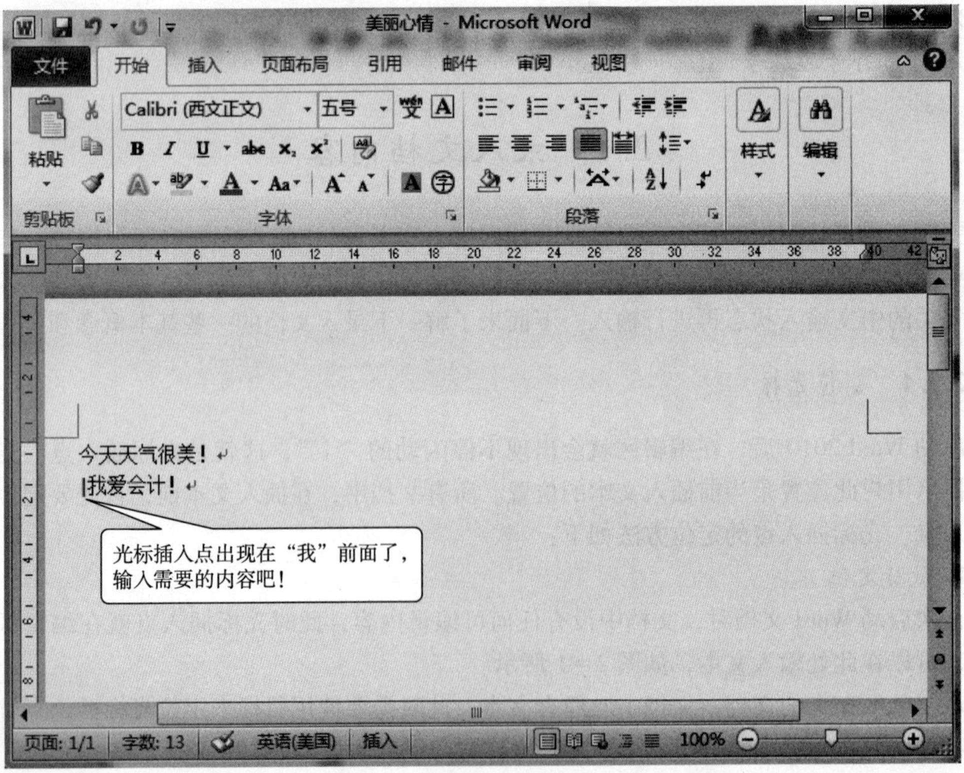
美丽心情 - Microsoft Word
今天天气很美！
我爱会计！
光标插入点出现在“我”前面了，输入需要的内容吧！

图 2－2

2. 通过键盘定位

按下光标移动键：→、←、↑、↓，光标移动点会向相应的方向移动。

按下 End 键，光标移动点会移动到其所在行的行尾；按下 Home 键，会移动到其所在行的行首。

按下 Ctrl + End 组合键，光标移动点会移动到文档的开头；按下 Ctrl + Home 组合键，光标移动点会移动到文档的结尾。

按下 Page Up 键，光标插入点向上移动一页；按下 Page Down 键，光标插入点向下移动一页。

2.1.2　输入文本内容

定位好光标插入点后，切换到自己需要的输入法，然后输入相应的文本内容即可。在输入文本的过程中，光标插入点会随之向右移动。当一行文本内容已满时，光标插入点会自动转到下一行。

由于内容需要，在一行未满的情况下需要在下一行输入内容的，可以按下 Enter 键进行强制换行。同时，上一行的段末会出现段落标记。完成的文本输入后的效果如图2 – 3所示。

> 会计工作总结↵
> XX 年在公司各领导的领导下和各位同仁的帮助下，我顺利的完成了公司的会计工作,取得了一定的成绩，现将主要工作总结如下：↵
> 1 正确履行会计职责和行使权限,认真学习国家财经政策、法令，熟悉财经制度；↵
> ↵
> 3 按照上级规定的财务制度和开支标准，经常了解各部门的经费需要情况和使用情况，主动帮助各有关部门合理使用好各项资金。公司上半年曾一度出现资金短缺,会计室通过努力，保证了职工工资按时足额发放及其他各项急需资金的落实。↵

图 2 – 3

小建议：不要随意使用 Enter 键进行强制换行，按下 Enter 键就意味着另起一段。

当文本内容基本输入完毕后，需要在文档中任意位置添加文本，可通过鼠标“即点即输”来实现，操作方法如下：将光标定位在需要输入文本的地方，单击鼠标左键，当鼠标指针呈现“ I ”形状时，即可在当前位置定位光标插入点，此时就可以输入相应文本内容了。

2.1.3　输入符号

在输入文本时，经常会遇到输入符号的情况。Word 2010 中不仅可以插入常见的一些符号，如“@”“&”“＊”等，还可以插入一些特殊的符号，如“¶”“§”“©”等。

1. 插入普通符号

在 Word 2010 中编辑文档时，可以通过键盘快速输入普通符号，例如，在中文输入法中文标点状态下，可以按下键盘上对应的键直接输入“，”“。”“；”“【”“、”等符号；按下上档键 Shift 的同时按下对应键，可以输入“《”“～”“}”“+”等符号。

除键盘上显示的，如果还想输入其他符号，将鼠标定位到想要输入符号的位置，然后单击“插入”选项卡，如图2－4所示，单击“符号”组中的“符号”图标后，单击想要插入的符号即可，如图2－5所示。

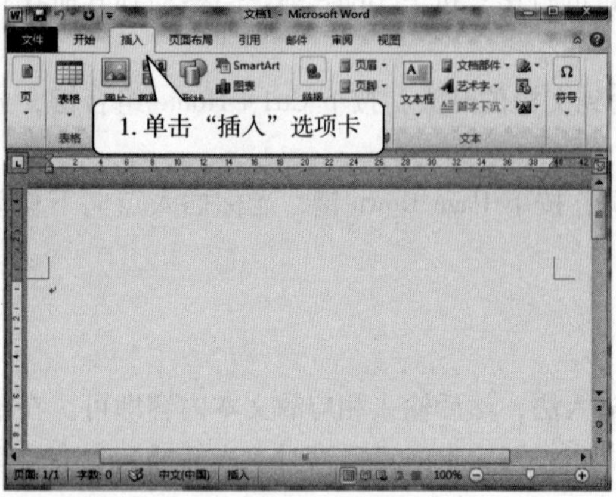

图2－4

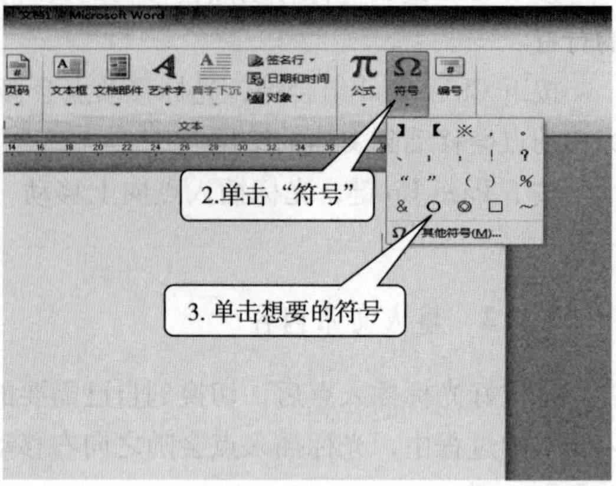

图2－5

2. 插入特殊符号

在录入文本时，不仅要输入普通符号，有时还需要输入一些特殊的符号，如“＊”“♁”“☆”“‰”“℃”，具体操作如下：

①通过鼠标将光标定位在需要插入特殊符号的位置，在Word窗口切换到“插入”选项卡，单击“符号”组中的“符号”图标，选择下拉菜单中的“其他符号”命令，如图2－6所示。

②单击“字体”下拉列表框，在弹出的下拉列表中选择需要的符号的类型，然后单击选择自己所需的特殊符号，单击“插入”按钮，如图2－7所示。

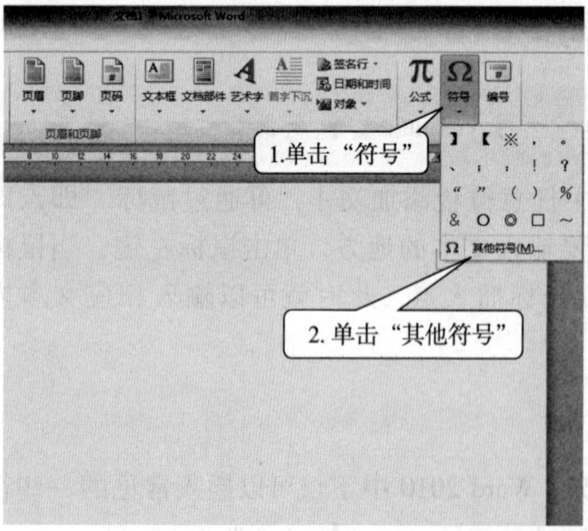

图2－6

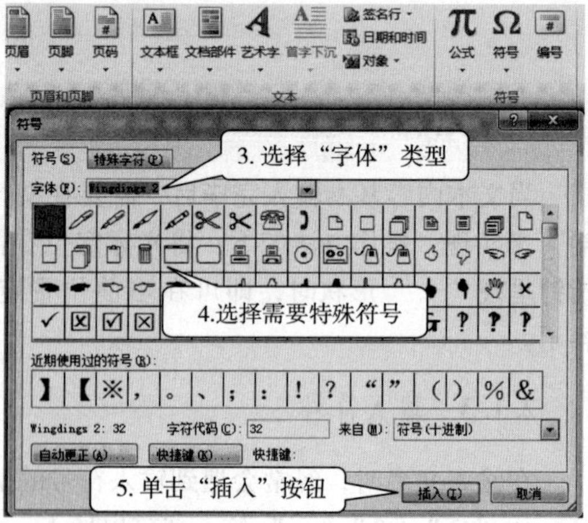

图2－7

小提醒：重复上述操作可插入多个符号，操作完毕后，单击对话框右上角的“关闭”图标。除了“符号”选项卡里可以插入特殊符号，还有一小部分特殊符号在“特殊符号”选项卡里，如图2－8所示。

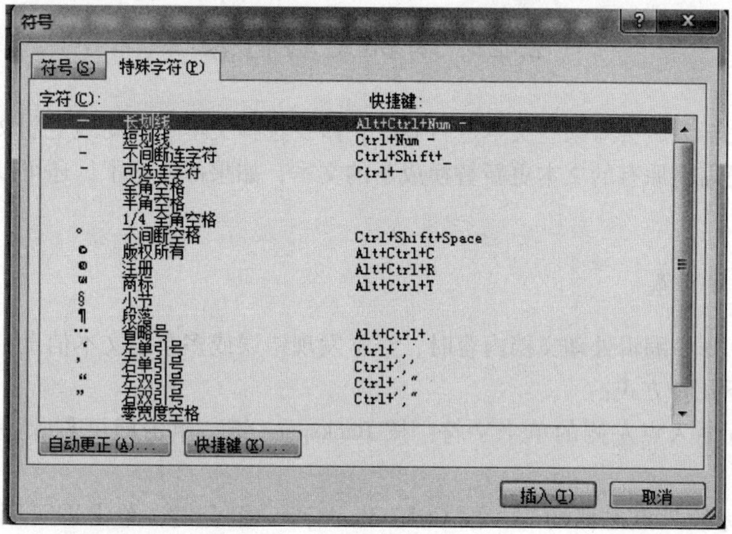

图 2－8

2.1.4 输入日期和时间

可以在文档中输入日期和时间，如果每次都手工输入，不仅麻烦，还不能实时更新。Word 2010 提供了直接插入系统日期和时间的功能，方便输入文档的当前日期和时间。

单击“插入”选项卡，选择“文本”组，单击“日期和时间”，就可以选择需要的时间或日期类型了，如图 2－9 所示，单击“确定”按钮后操作就完成了。

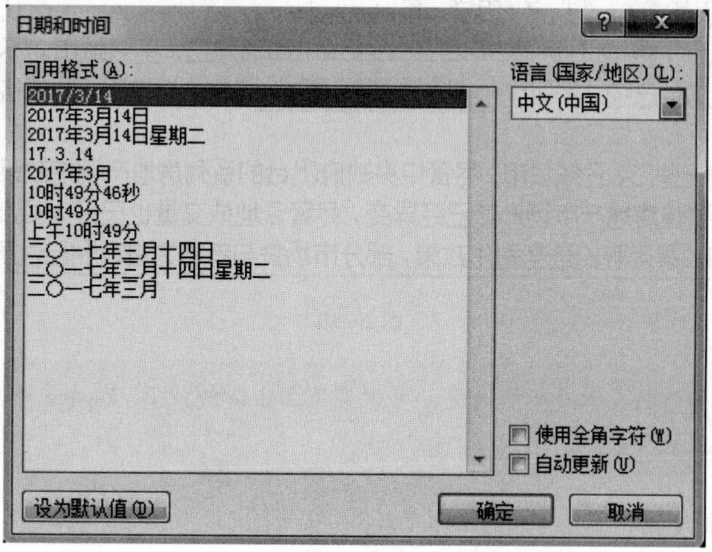

图 2－9

该对话框中显示了各种日期和时间的格式，如果不选择“自动更新”复选框，那么输入的日期和时间就一直保持输入时候的值。

2.2 编辑文档内容

文本输入完毕后，会对某些文本进行修改，涉及选择文本、移动或复制文本、删除文本等操作，有时还需将原有的文本更新替换成新的文本，如果修改错了，还可以进行撤销或恢复操作。

2.2.1 删除文本

在 Word 2010 中编辑处理文档内容时，经常发现错误或多余的文本信息，删除不想要的文本主要有以下几种方式：

①删除光标插入点左侧的单个字符：按 Backspace 键，单击即可删除一个字符，如图 2－10所示。

②删除光标插入点左侧的词：按 Ctrl + Backspace 组合键，单击即可删除一个单词或文本。

③删除光标插入点右侧的单个字符：按 Delete 键，单击即可删除一个字符。

④删除光标插入点右侧的词：按 Ctrl + Delete 组合键，单击即可删除一个单词或文本。

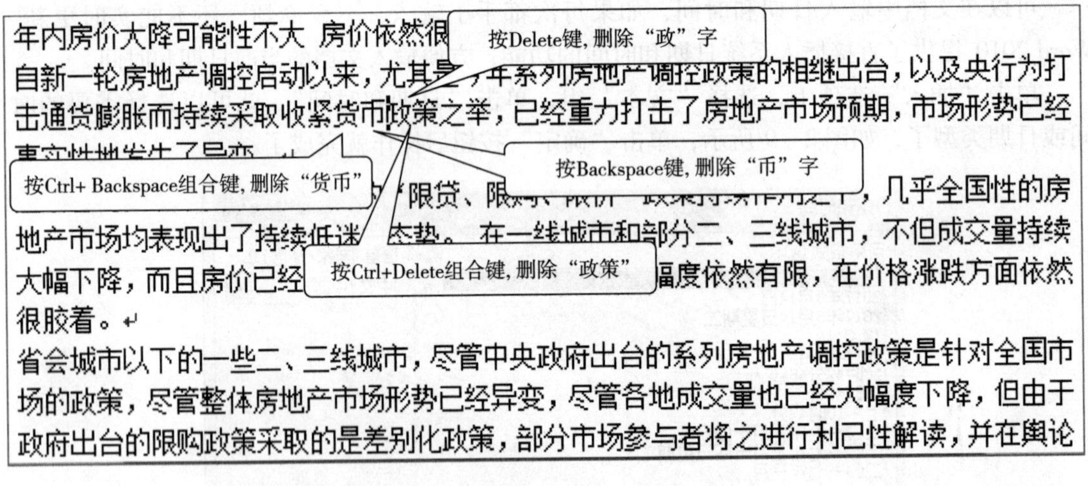

图 2－10

小技巧：当删除的文本较多的时候，可以按下 Delete 键或 Backspace 键不松开，直至要删除的文本全部删除为止。

2.2.2 选择文本

在 Word 2010 中选择文档内容，主要有以下几种情况：选择任意连续内容、选择词、选择句子、选择行、选择段落、选择整篇文章，有时还会选择不连续的内容等。下面一一解释并举例分析。

①选择任意连续内容：把光标定位到需要选择的文本的起始或结束处，然后按下鼠标左键，并根据需要向左或向右拖动鼠标，直至需要选择的文本全部被选中方可松开鼠标，此时

选中的文本会以蓝色底纹显示，如图 2－11 所示。

②选择词：在需要选择的词的上方双击即可，如图 2－12 所示。

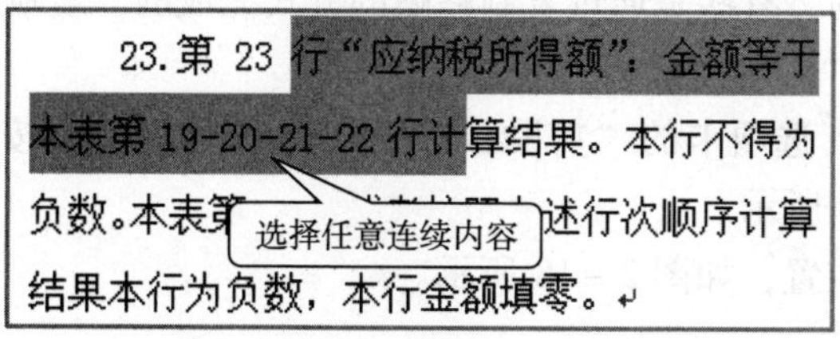
23. 第 23 行“应纳税所得额”：金额等于本表第 19-20-21-22 行计算结果。本行不得为负数。本表第 19 行或者按照上述行次顺序计算结果本行为负数，本行金额填零。

图 2－11

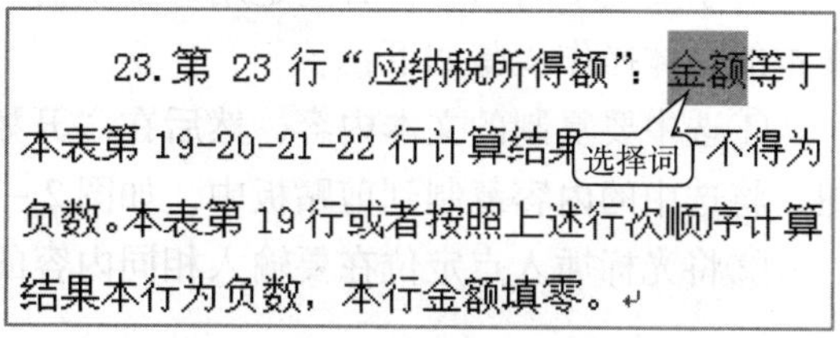
23. 第 23 行“应纳税所得额”：金额等于本表第 19-20-21-22 行计算结果。本行不得为负数。本表第 19 行或者按照上述行次顺序计算结果本行为负数，本行金额填零。

图 2－12

③选择句子：按住 Ctrl 键，然后单击该句中的任何位置，如图 2－13 所示。

④选择行：将鼠标移到该行左侧，直到光标指针变成一个指向右边的箭头，然后单击，如图 2－14 所示。

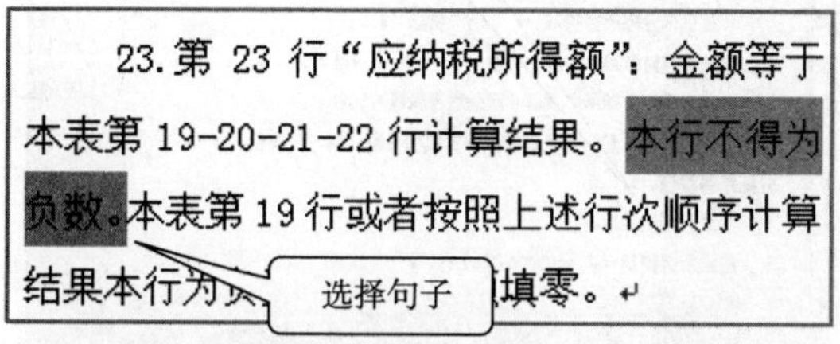
23. 第 23 行“应纳税所得额”：金额等于本表第 19-20-21-22 行计算结果。本行不得为负数。本表第 19 行或者按照上述行次顺序计算结果本行为负数，本行金额填零。

图 2－13

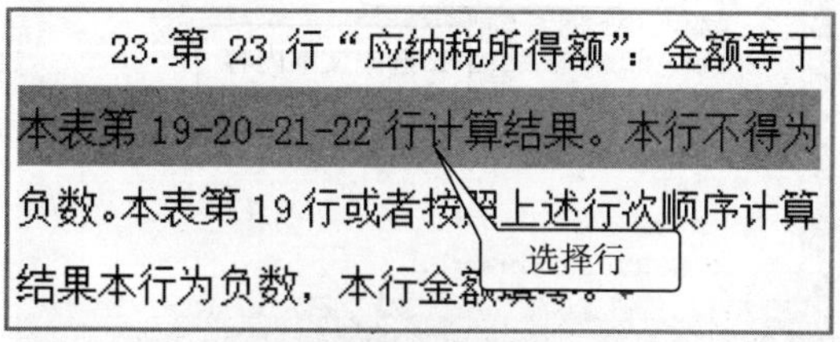
23. 第 23 行“应纳税所得额”：金额等于本表第 19-20-21-22 行计算结果。本行不得为负数。本表第 19 行或者按照上述行次顺序计算结果本行为负数，本行金额填零。

图 2－14

⑤选择段落：将鼠标移到该段左侧，直到光标指针变成一个指向右边的箭头，然后双击，或在该段落的任意地方连击三次。

⑥选择整篇文档：将鼠标移到文档正文左侧任何位置处，直到鼠标变成一个向右指向的箭头，然后快速三击左键。

小技巧：按下快捷键 Ctrl + A 可以选择整篇文档。

⑦不连续内容的选择：先选中第一个文本区域，再按住 Ctrl 键不放，然后拖动鼠标选择其他不相邻的文本。选择完成后释放 Ctrl 键即可，如图 2－15 所示。

⑧选定垂直的一块文字：按住 Alt 键不放，然后拖动鼠标即可，如图 2－16 所示。

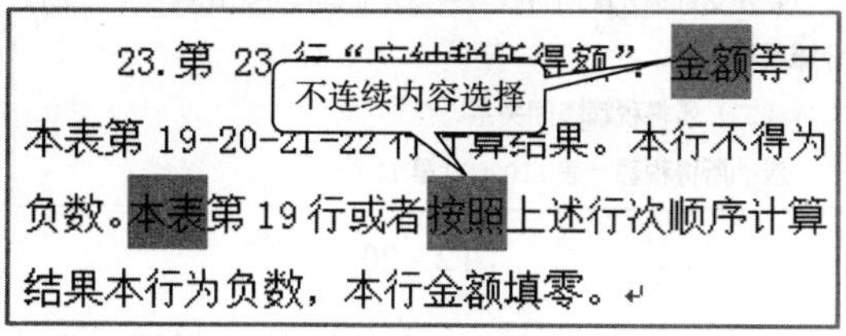
23. 第 23 行“应纳税所得额”：金额等于本表第 19-20-21-22 行计算结果。本行不得为负数。本表第 19 行或者按照上述行次顺序计算结果本行为负数，本行金额填零。

图 2－15

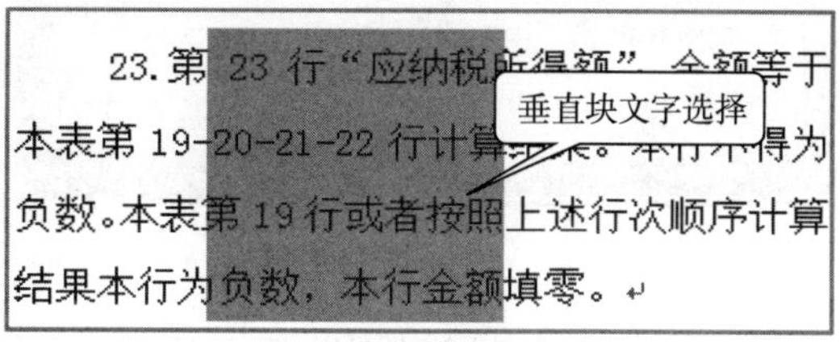
23. 第 23 行“应纳税所得额”：金额等于本表第 19-20-21-22 行计算结果。本行不得为负数。本表第 19 行或者按照上述行次顺序计算结果本行为负数，本行金额填零。

图 2－16

⑨选定一个图形：单击该图形即可选中。

⑩选定多行文字：将鼠标移到该行左侧，直到光标指针变成一个指向右边的箭头，然后向下或向上拖动鼠标。

如要取消文本的选择，使用鼠标单击所选内容以外的任何编辑区域即可取消。

2.2.3 复制与移动文本

对于文档中的内容，有些是用户手动输入的，有些是通过复制粘贴的方式完成的。复制文本的具体操作步骤如下：

①选中要复制的文本内容，然后在“开始”选项卡的“剪贴板”组中单击“复制”按钮，将选中的内容复制到剪贴板中，如图 2－17 所示。

②将光标插入点定位在要输入相同内容的位置，如图 2－18 所示。

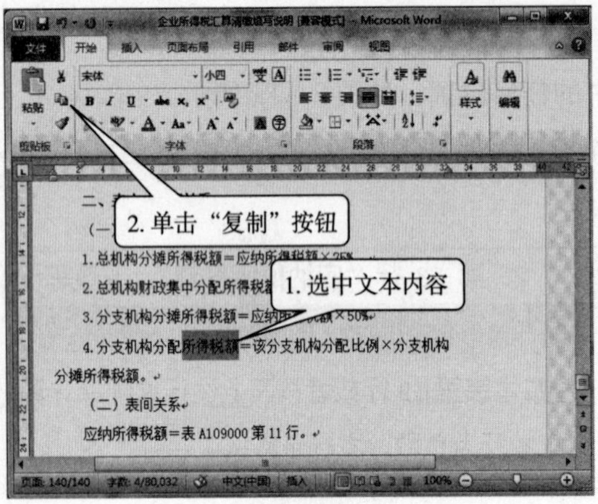

图 2－17

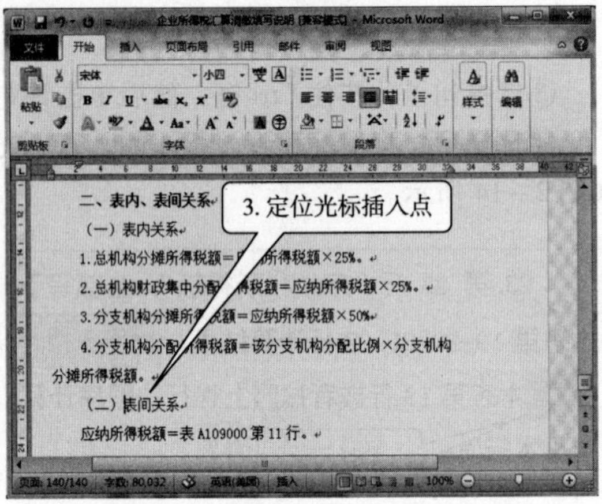

图 2－18

③单击“剪贴板”组中的“粘贴”按钮即可，如图 2－19 所示。

④当前位置出现(Ctrl)，如执行其他操作，其自动消失。最终效果如图 2－20 所示。

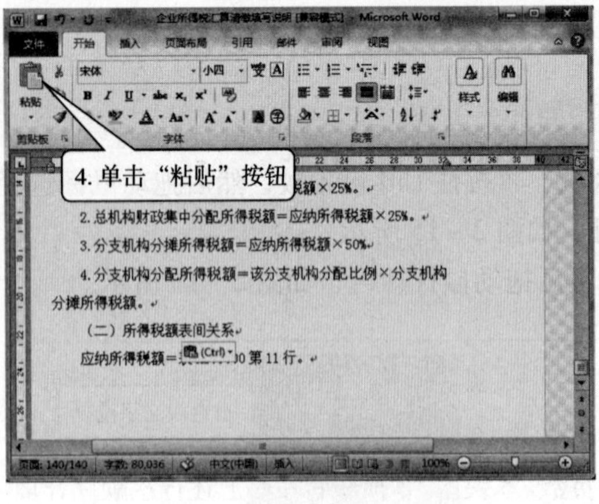

图 2－19

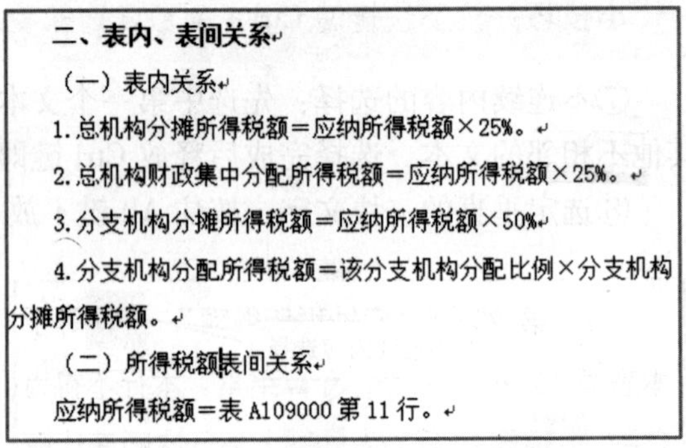

二、表内、表间关系

（一）表内关系

1. 总机构分摊所得税额＝应纳所得税额×25%。

2. 总机构财政集中分配所得税额＝应纳所得税额×25%。

3. 分支机构分摊所得税额＝应纳所得税额×50%。

4. 分支机构分配所得税额＝该分支机构分配比例×分支机构分摊所得税额。

（二）所得税额表间关系

应纳所得税额＝表 A109000 第 11 行。

图 2－20

移动文本与复制文本的本质上的区别：复制文本时，被复制的内容在原位置保留，而移动文本后，原来位置的文本不再存在。它们在操作方式也有区别：复制文本单击的是“复制”按钮，移动文本单击的是“剪切”按钮。

小技巧：选中要复制的文本内容，然后按下 Ctrl + C 组合键，相当于单击“复制”按钮，将光标插入点定位在要输入相同内容的位置，再按下 Ctrl + V 组合键，相当于单击“粘贴”按钮。移动文本的快捷键是 Ctrl + X，粘贴的快捷键 Ctrl + V，步骤同复制文本一样。

2.2.4　查找文本

如果想在文档中查找某个字、词或一句话的具体位置，可以使用 Word 的“查找”功能进行查找。首先确定查找范围：如果是一整篇文档，光标置于任意处即可；如果是部分段落、单个表格或表格中的部分行列，那么应先选择这些范围。下面通过两种方式查找文本：

1. 通过“导航窗格”查找

Word 2010 提供了“导航窗格”，通过“导航窗格”，可以实现文本的查找。使用“导航”窗格查找操作方法如下。

①单击“视图”选项卡，勾选“导航窗格”复选框，如图 2－21 所示，在页面的左侧将会出现“导航”窗格。

②在“导航”窗格，在搜索框中输入要查找的内容，此时文档中将突出显示要查找的全部内容，如图 2－22 所示。

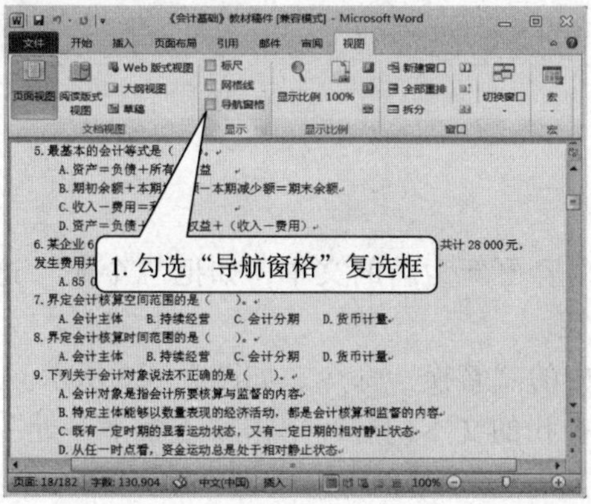

图 2－21

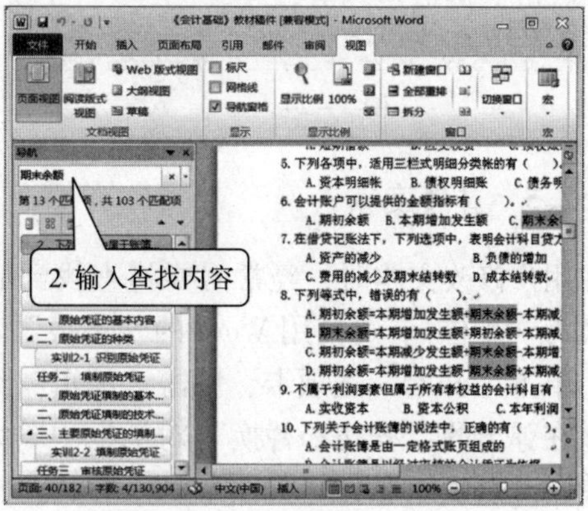

图 2－22

查找完毕后，可直接关闭“导航”窗格。在“导航”窗格中，单击搜索框右侧的下拉三角按钮，选择“选项”命令，可以设置查找的条件，如图 2－23 所示。

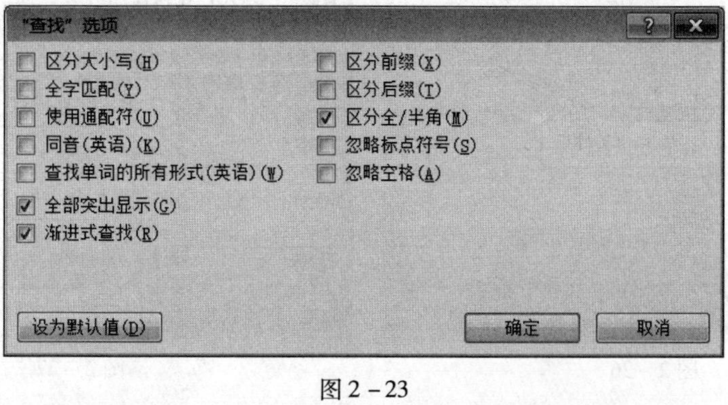

图 2－23

2. 通过对话框查找

除了通过“导航窗格”查找，还可以通过“开始”选项卡“编辑”组的“查找和替换”对话框进行查找，方法如下。

①单击“开始”选项卡，单击“编辑”组中的“查找”下拉按钮，在弹出的下拉列表中单击“高级查找”菜单项，如图 2－24 所示。

②在弹出的“查找和替换”对话框中输入查找的文本内容，单击“查找下一处”按钮，下一个查找到的内容以选中形式显示，如图 2－25 所示。

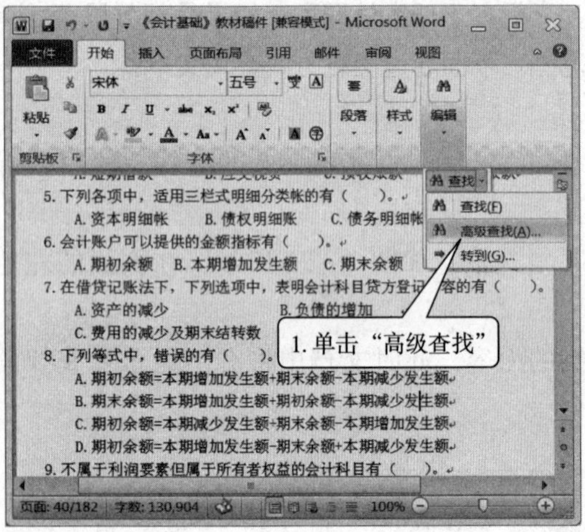

图 2－24

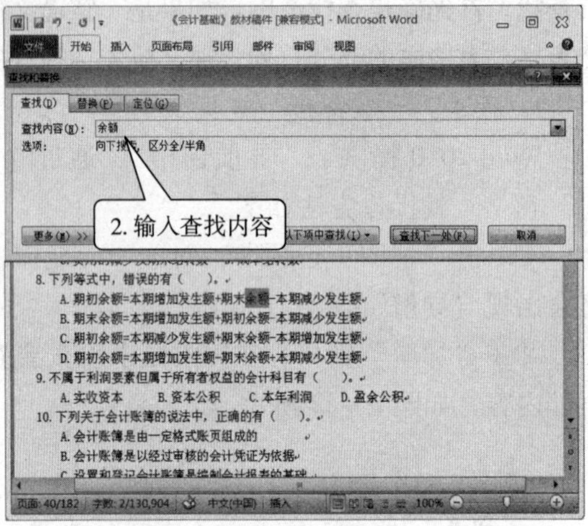

图 2－25

2.2.5 替换文本

在用户修改文本时，经常需要将查找到的内容更新为新的文本，如把“个人”这两个字替换为“单位”，可使用 Word 的“替换”功能。

①单击“开始”选项卡，单击“编辑”组中的“替换”命令，如图 2－26 所示。

②在弹出的“查找和替换”对话框中输入查找的文本内容，单击“查找下一处”按钮后，单击“替换”按钮，如图 2－27 所示。

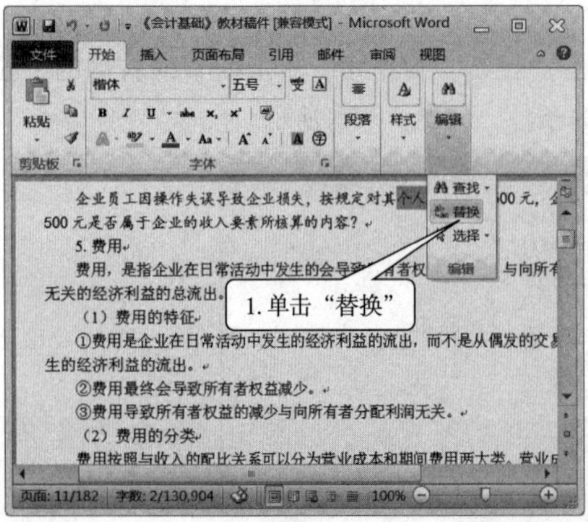

图 2－26

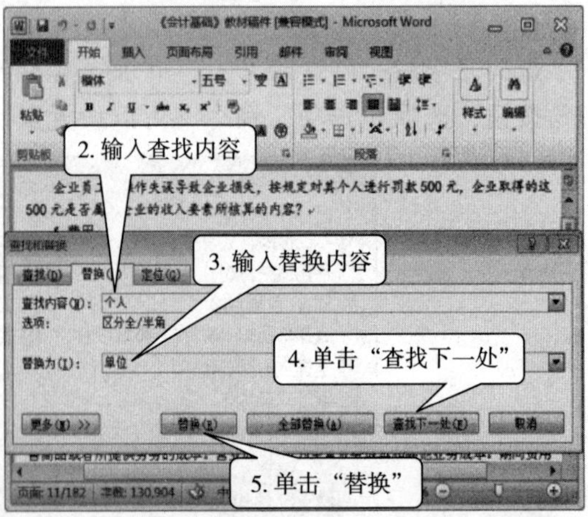

图 2－27

此时只能替换一处，如果想继续替换，可单击“查找下一处”按钮，再单击“替换”按钮。如果想将整篇文章中的“个人”全部替换为“单位”，可直接单击“全部替换”按钮，此时会出现如图 2－28 所示对话框。

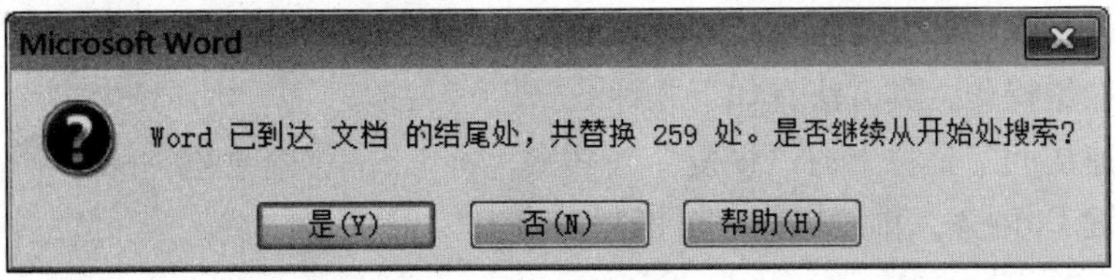

图 2－28

由于是从光标插入点开始查找替换的，所以会出现图 2－28 所示的对话框。如果不想从开始处查找替换，可单击“否”按钮；否则单击“是”按钮，Word 将从头查找替换。替换完成的对话框如图 2－29 所示。

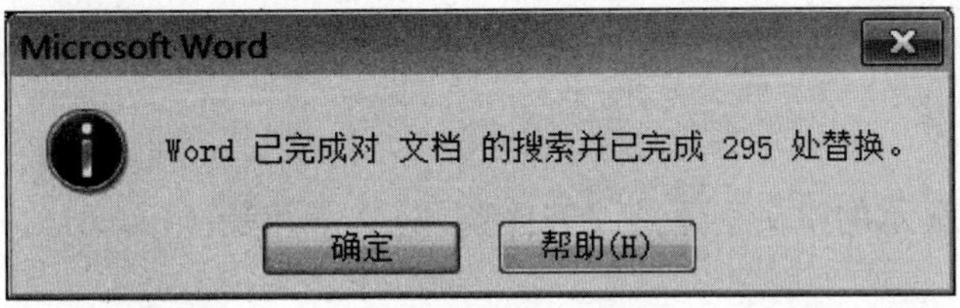

图 2－29

2.2.6 撤销恢复操作

在编辑文档的时候，经常会出现一些错误操作，如查找和替换时替换的内容错了或误删了文本等，都可以通过 Word 提供的“撤销”功能来执行撤销操作。其方法有如下几种。

①单击快速访问工具栏上的“撤销”按钮，每单击一次，撤销一步，如图 2－30 所示。

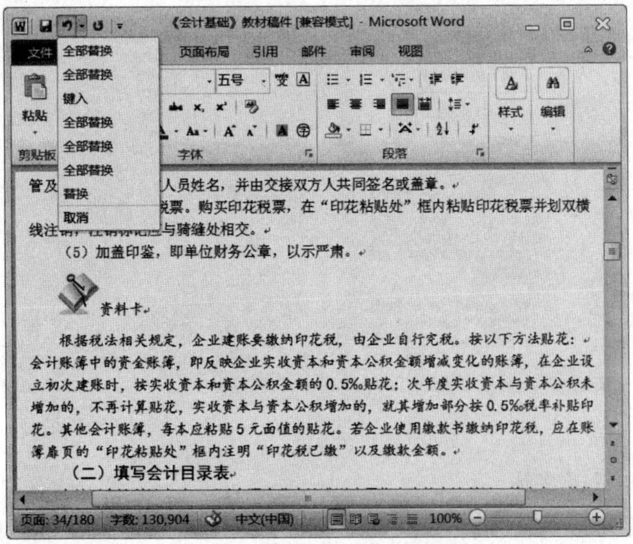

图 2－30

②单击快速访问工具栏上的“撤销”按钮右侧的下拉按钮，在弹出的下拉列表中一步到位选择撤销到哪步。

③按快捷键 Ctrl + Z，重复操作，可撤销多步。

在撤销操作过程中，经常出现撤销过度的情况，此时可通过 Word 提供的“恢复”功能来取消之前的撤销操作，其方法有如下几种。

①单击快速访问工具栏上的“恢复”按钮，每单击一次，恢复一步。

②按快捷键 Ctrl + Y，重复操作，可恢复多步。

2.3 设置字体格式

文本输入完毕后，为了能突出主题和重点，使文档美观，可以对文本进行修饰性设置，如设置字体、字号、字体加粗、倾斜、下划线、删除线、上下标、字体颜色等，从而使文字的效果丰富多彩。

2.3.1 设置字体

Word 2010 默认显示的中文字体是“宋体”，英文字体是“Calibri”，可以根据需要自定义字体，操作如下。

1. 通过“开始”选项卡“字体”组来设置字体

①打开文档，选中要设置字体的文本，单击“开始”选项卡，单击“字体”右侧的下拉按钮，如图 2 – 31 所示。

②在弹出的下拉列表中可以看到列出的各种字体，单击需要设置的字体即可，如图 2 – 32所示。

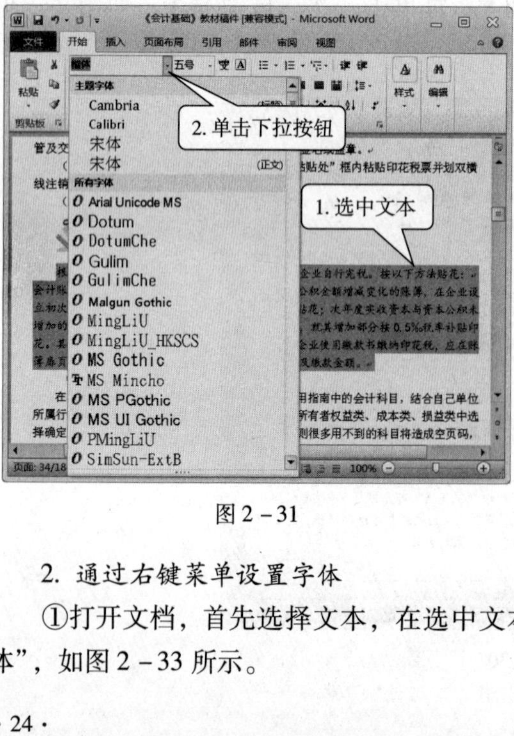

图 2 – 31

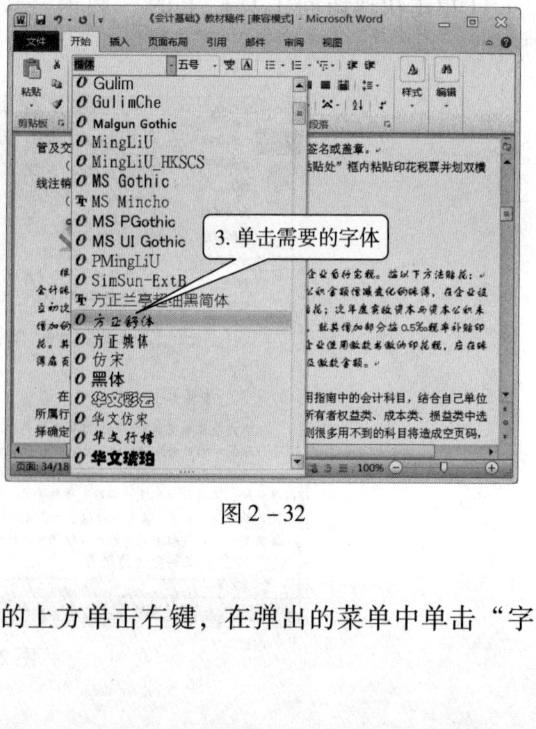

图 2 – 32

2. 通过右键菜单设置字体

①打开文档，首先选择文本，在选中文本的上方单击右键，在弹出的菜单中单击“字体”，如图 2 – 33 所示。

②此时会弹出“字体”对话框，在需要的“中文字体”或“英文字体”的下拉菜单中进行设置，然后单击“确定”按钮，如图2－34所示。

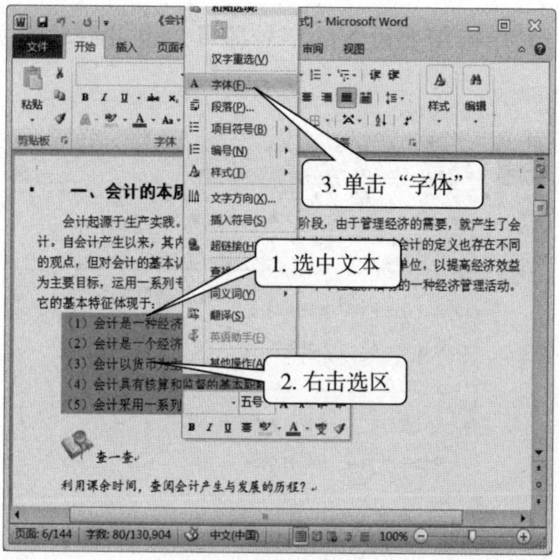

图2－33

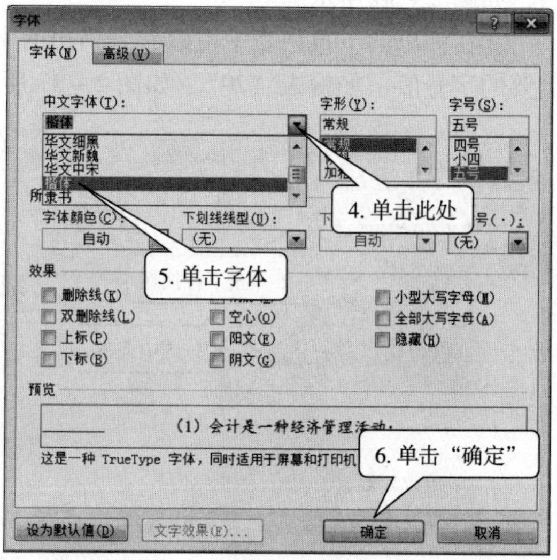

图2－34

3. 通过浮动面板工具栏设置字体

选中要设置字体的文本后，会自动显示浮动工具栏，单击“字体”右侧的下拉菜单按钮，在弹出的下拉菜单中选择需要的字体，如图2－35所示。

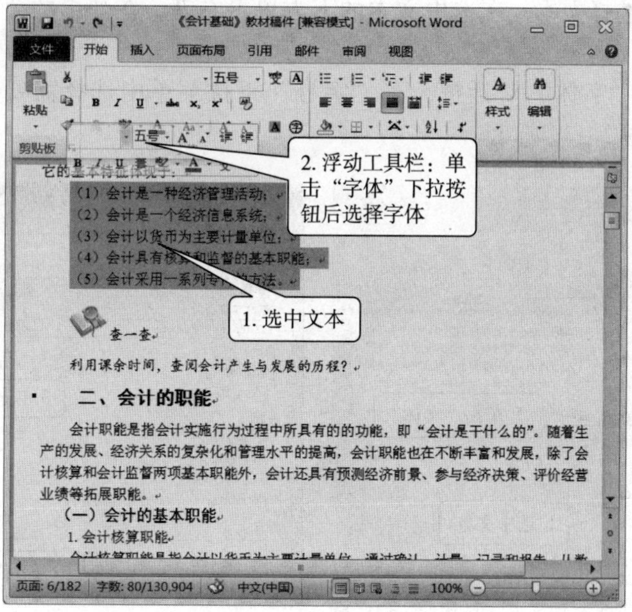

图2－35

2.3.2 设置字号

Word 2010默认显示的字号是五号，可以通过如下几种方法来设置字号。

1. 通过“开始”选项卡“字体”组来设置字号

①打开文档，选中要设置字号的文本，单击“开始”选项卡，单击字号右侧的下拉按钮，如图 2－36 所示。

②在弹出的下拉列表中可以看到列出的字号，单击需要设置的字号即可。也可手动输入需要的字号值，如输入“20”，如图 2－37 所示。

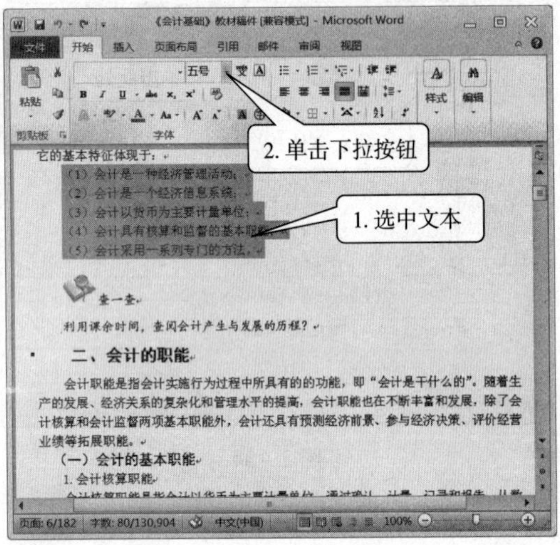

图 2－36

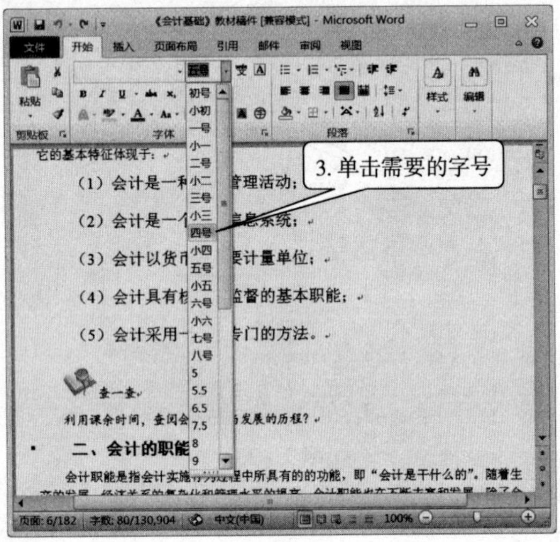

图 2－37

2. 通过右键菜单设置字号

①打开文档，选择文本，在选中文本的上方单击右键，在弹出的菜单中单击“字体”，如图 2－38 所示。

②此时会弹出“字体”对话框，在“字号”下拉菜单中选择需要的字号，然后单击“确定”按钮，如图 2－39 所示。

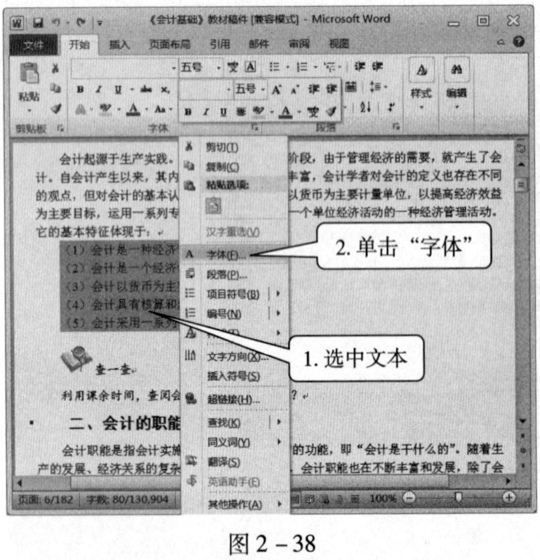

图 2－38

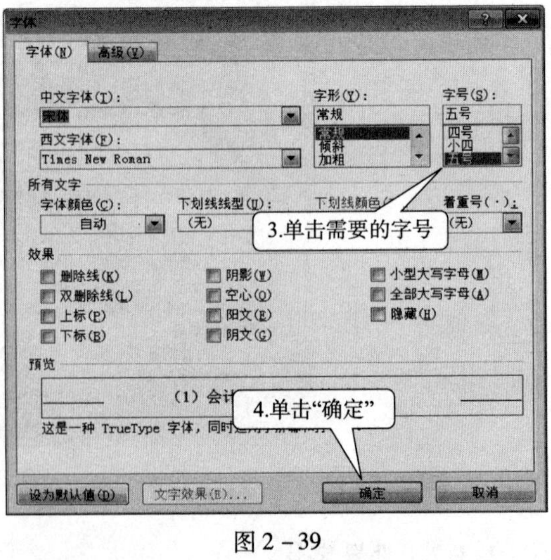

图 2－39

3. 通过浮动面板工具栏设置字号

选中要设置字号的文本后，会自动显示浮动工具栏，单击“字号”右侧的下拉菜单按钮，在弹出的下拉菜单中选择需要的字号，也可手动输入字号值，如图 2－40 所示。

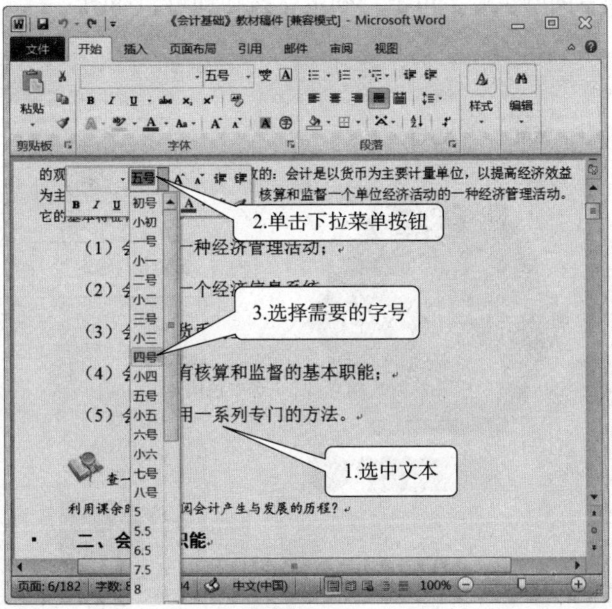

图 2－40

2.3.3　设置字体颜色

Word 2010 默认显示的字体颜色为“黑色”，可以通过以下几种方式来设置字体颜色。

1. 通过“开始”选项卡“字体”组来设置字体颜色

选中要设置字体颜色的文本，在“开始”选项卡中单击“字体颜色”右侧的下拉按钮，在弹出的下拉菜单中选择需要的字体颜色即可，如图 2－41 所示。

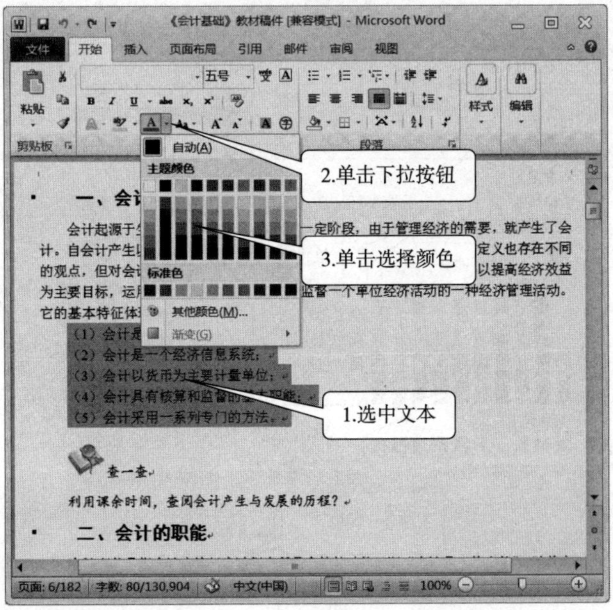

图 2－41

如果列出的色块没有满意的，可以单击“其他颜色”，此时会弹出“颜色”对话框，在对话框中选择自己满意的颜色后，单击“确定”按钮即可，如图 2－42 所示。

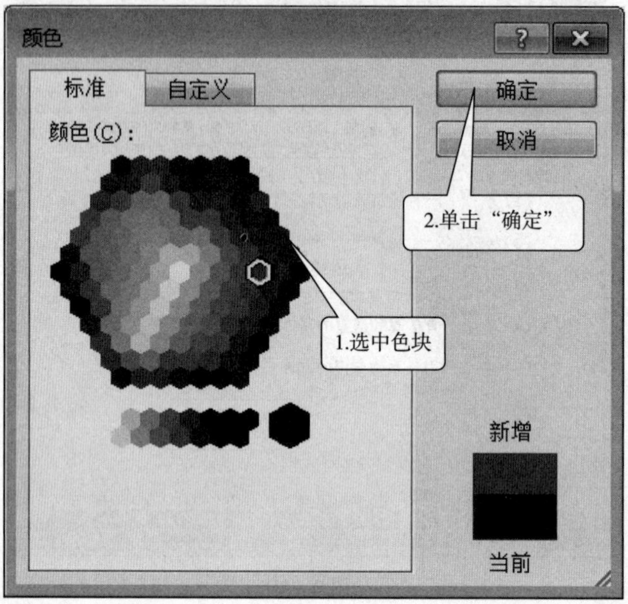

图 2－42

2. 通过右键菜单设置字体颜色

选中要设置字体颜色的文本，在选中文本上单击右键，在弹出的菜单中选择“字体”，此时会出现“字体”对话框，单击对话框中的“字体颜色”下拉按钮，在弹出的下拉菜单中选择需要的字体颜色，单击“确定”按钮即可，如图 2－43 所示。

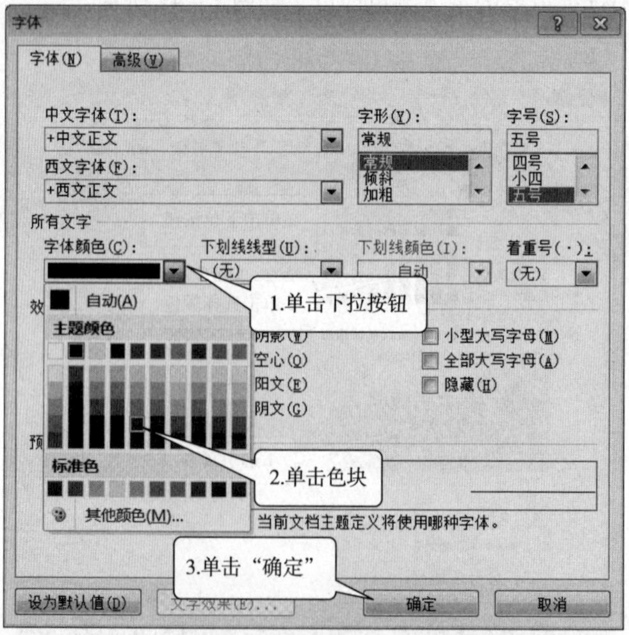

图 2－43

3. 通过浮动面板工具栏设置字体颜色

选中需要设置字体颜色的文本后，会自动显示浮动工具栏，单击“字体颜色”按钮右侧的下拉按钮，在弹出的下拉菜单中选择需要的字体颜色即可，如图 2－44 所示。

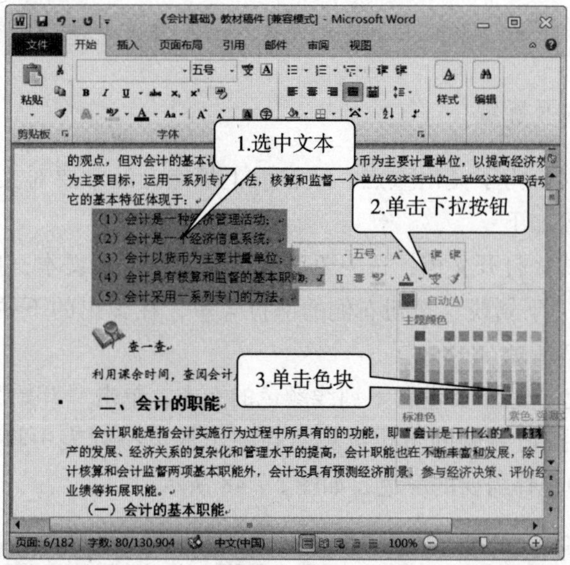

图 2－44

2.3.4 设置字体加粗倾斜

在设置文本格式时，有时为了突出重点，需要将文字设置加粗或倾斜效果，具体操作步骤如下：

①设置“加粗”效果。打开文档，选中要设置加粗的文本，单击“开始”选项卡，在“字体”组中单击“加粗”即可，如图 2－45 所示。

②设置“倾斜”效果。打开文档，选中要设置倾斜的文本，单击“开始”选项卡，在“字体”组中单击“倾斜”即可，如图 2－46 所示。

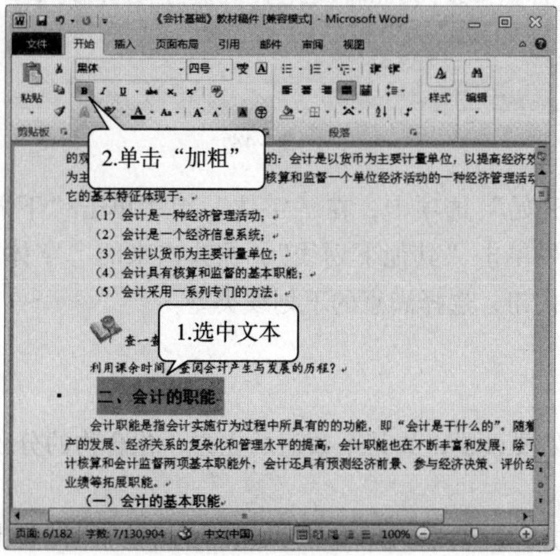

图 2－45

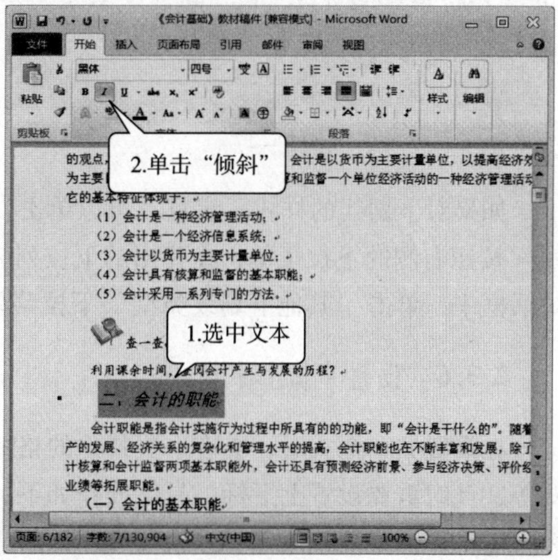

图 2－46

与“字体”设置一样，“加粗”和“倾斜”的设置也可以通过右键菜单和“浮动面板工具栏”来实现，具体操作与设置“字体”“字号”的相似，不再细说。

小技巧：选中文本内容，按下 Ctrl + B 组合键，可实现设置字体“加粗”效果；按下 Ctrl + I 组合键，可实现设置字体“倾斜”效果。注意，重复按键会取消相应的设置。

2.3.5 设置字体下划线

在设置文本格式时，为了突出重点，或在线上填空，经常要对文本或空白文字加下划线。添加下划线的设置如下：

①设置下划线样式。打开文档，选中要设置下划线样式的文本，单击“开始”选项卡，在“字体”组中单击“下划线”按钮右侧的下拉菜单，在弹出的下拉列表中选择需要的下划线样式，如图 2 – 47 所示。

②设置下划线颜色。选中要设置下划线颜色的文本，单击“开始”选项卡，在“字体”组中单击“下划线”按钮右侧的下拉菜单，在弹出的下拉列表中将光标移至“下划线颜色”，在弹出的列表中选择需要的颜色，如图 2 – 48 所示。

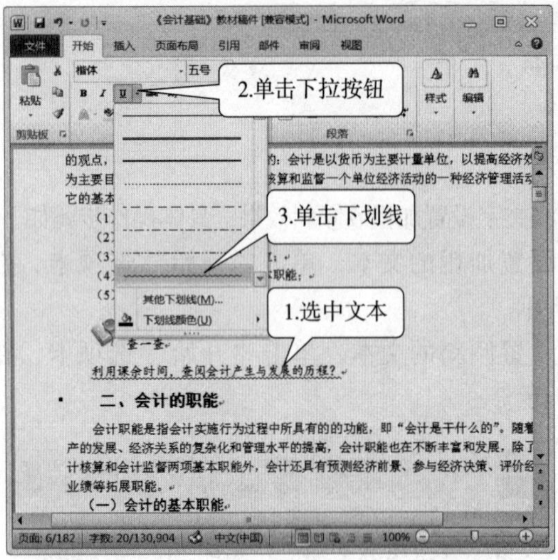

图 2 – 47

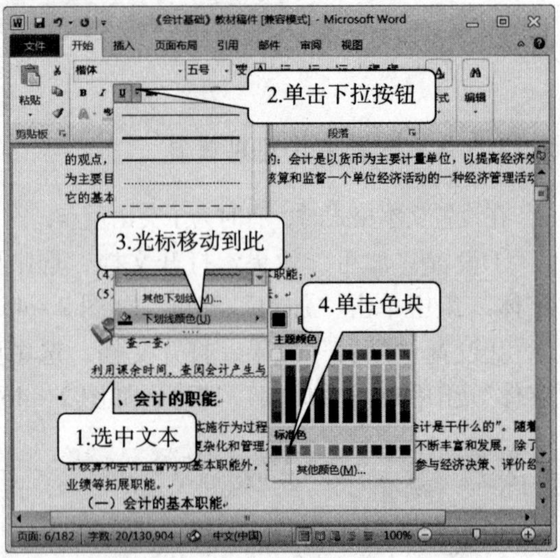

图 2 – 48

如果对下划线的样式不满意，可以单击“开始”选项卡，在“字体”组中单击“下划线”按钮右侧的下拉菜单，在弹出的下拉列表中单击“其他下划线”，在弹出来的“字体”对话框中，单击“其他下划线类型”下拉菜单按钮，选择满意的下划线类型。

2.3.6 设置字体上下标

在设置文本格式时，会有一些特殊的格式需要设置，如某个数值的立方、化合物的分子式等，此时需要设置上下标。具体操作如下：

①上标。首先正常输入文本，如 12 的立方，需要输入“123”，然后选中“3”，单击“开始”选项卡，在“字体”组中单击“上标”按钮，结果显示为“12^3”。

②下标。首先正常输入文本，如水的分子式“H2O”，然后选中“2”，单击“开始”选项卡，在“字体”组中单击“下标”按钮，结果显示为“H_2O”。

小技巧：选中文本内容，按下 Ctrl + = 组合键，可实现设置字体的“下标”效果，再次按下 Ctrl + = 组合键，可实现取消字体的“下标”效果；按下 Ctrl + Shift + = 组合键，可实现设置字体的“上标”效果，再次按下 Ctrl + Shift + = 组合键，可实现取消字体的“上标”效果。

当不想要设置好的上下标时，选中文本，再次单击对应的上下标按钮就可取消，如“H_2O”，选中“$_2$”，单击“下标”按钮即可。

2.3.7 设置带圈字符、字符边框、字符底纹、删除线、拼音指南

1. 带圈字符

选中要设置带圈字符的文本，如选中“我”字，单击“开始”选项卡，在“字体”组中单击“带圈字符”按钮㊫，此时会弹出“带圈字符”对话框，选好自己需要的“样式”“圈号”等，如图 2 – 49 所示，单击“确定”按钮即可。结果显示为“我”。如果不再需要带圈字符效果，可选中文本后单击“带圈字符”按钮，在弹出的“带圈字符”对话框中，选择“样式”为“无”。

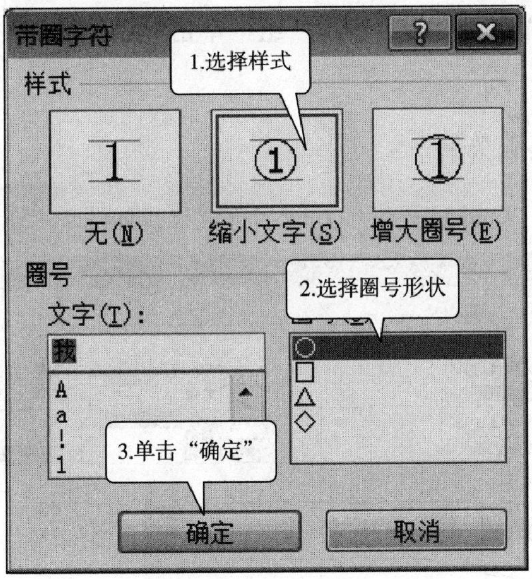

图 2 – 49

2. 字符边框

选中要设置字符边框的文本，单击“开始”选项卡，在“字体”组中单击“字符边框”按钮，此时选中的文本就会实现字符边框效果，如“我呀”。

3. 字符底纹

选中要设置字符底纹的文本，单击“开始”选项卡，在“字体”组中单击“字符底纹”按钮，此时选中的文本就会实现字符底纹效果，如“我呀”。

4. 删除线

选中要设置删除线的文本，单击“开始”选项卡，在“字体”组中单击“删除线”按钮，此时选中的文本就会实现删除线效果，如“我呀”。

5. 拼音指南

选中要设置拼音指南的文本，单击“开始”选项卡，在“字体”组中单击“拼音指南”按钮，此时会弹出“拼音指南”对话框。对“字体”“字号”等加以设置后单击“确定”按钮。效果如图 2－50 所示。

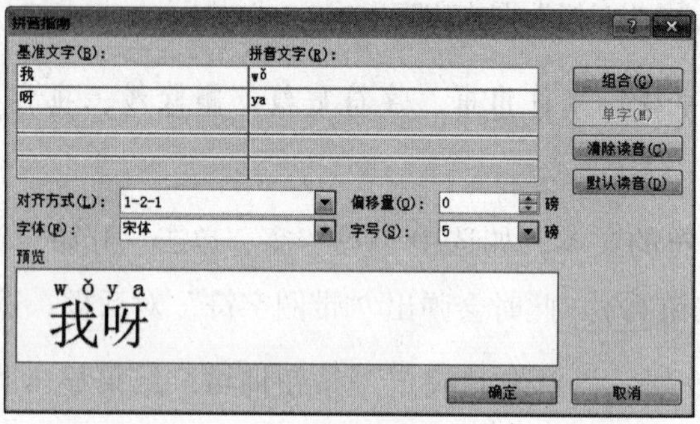

图 2－50

当对设置的文本格式不满意时，Word 还提供了清除文本格式功能。选中要清除格式的文本后，单击“开始”选项卡，在“字体”组中单击“清除格式”按钮，此时只保留纯文本，格式全部清楚。

2.3.8 设置字体其他效果

除了以上字体格式，Word 还提供了其他字符效果，如图 2－51 所示。

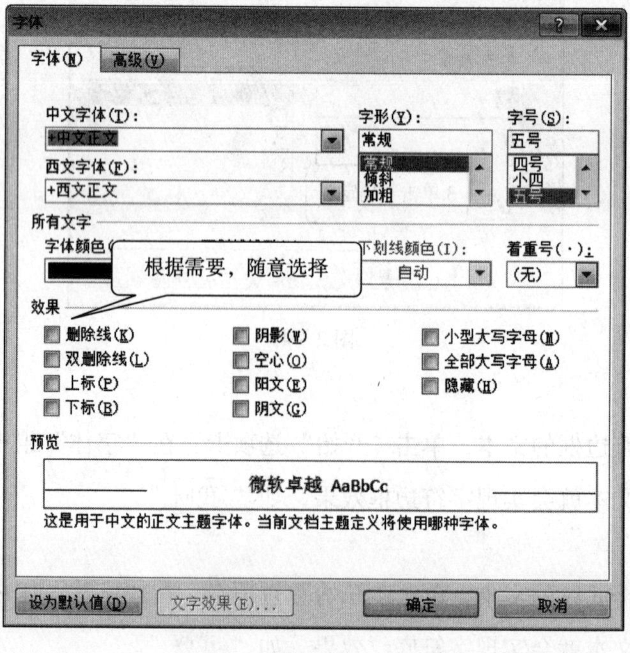

图 2－51

2.3.9　设置字符间距、缩放与位置

在 Word 中编辑文档时，字符在默认情况下都采用标准状态，即字符间距为标准状态、水平缩放比例为 100%、字符中的位置为标准垂直居中。用户可以根据自己的情况自定义设置字符间距、缩放比例和位置。

1. 设置字符间距

为了使文档版面协调，有时需要设置字符间距。字符间距是指字符之间的距离。通过调整字符间距，可使文字排列更紧凑或更疏散。操作步骤如下：

①打开文档，选中要设置字符间距的文本，单击“开始”选项卡，单击“字体”组右下角的“扩展”按钮，如图 2－52 所示。

②在弹出的“字体”对话框中单击“高级”选项卡，设置间距：加宽，磅值：3 磅，然后单击“确定”按钮即可，如图 2－53 所示。

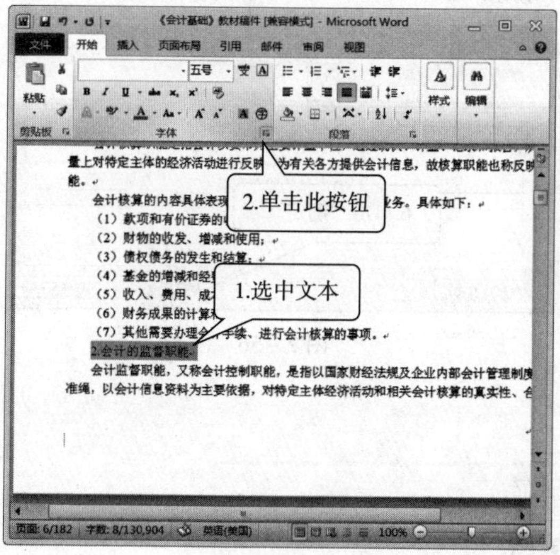

图 2－52

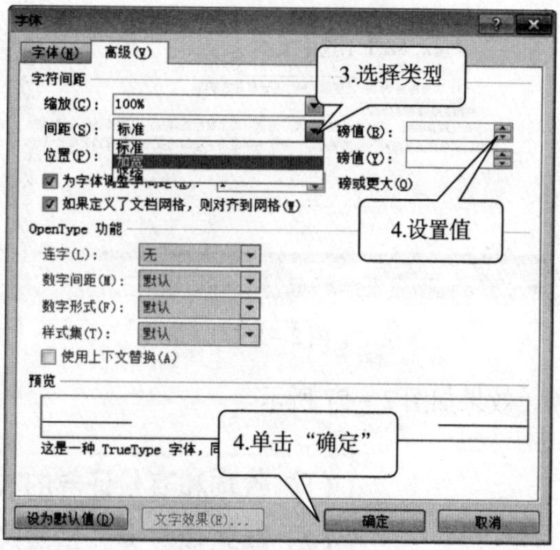

图 2－53

效果如图 2－54 所示。

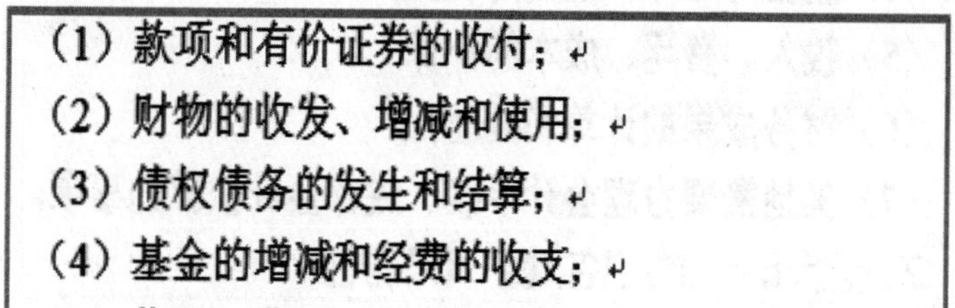
（1）款项和有价证券的收付；
（2）财物的收发、增减和使用；
（3）债权债务的发生和结算；
（4）基金的增减和经费的收支；
（5）收入、费用、成本的计算；
（6）财务成果的计算和处理；
（7）其他需要办理会计手续、进行会计核算的事项。
2. 会 计 的 监 督 职 能

图 2－54

2. 设置字符缩放

在 Word 中编辑文本时，字符之间缩放比例默认情况下都为“100%”，可以根据自己的需要设置缩放比例，具体操作步骤如下：

①打开文档，选中要设置字符间距的文本，单击“开始”选项卡，单击“字体”组右下角的“扩展”按钮，如图 2－55 所示。

②在弹出的“字体”对话框中单击“高级”选项卡，设置缩放：200%，然后单击“确定”按钮即可，如图 2－56 所示。

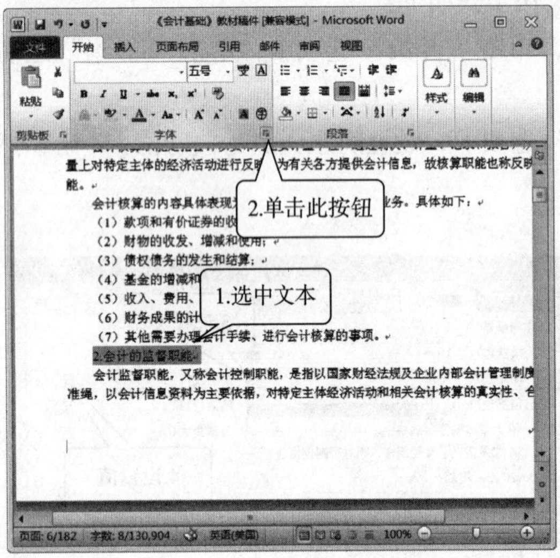

图 2－55

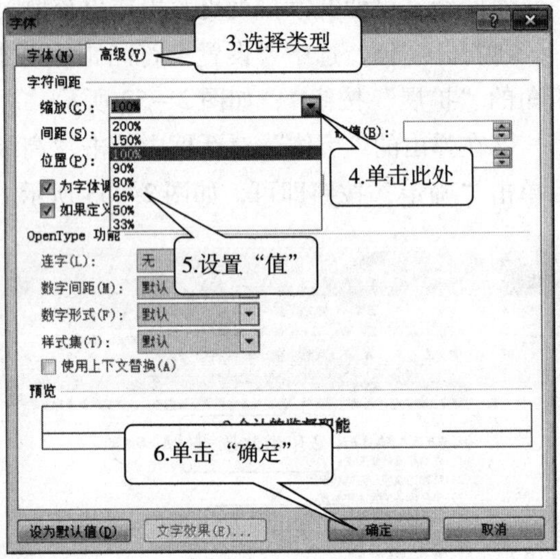

图 2－56

效果如图 2－57 所示。

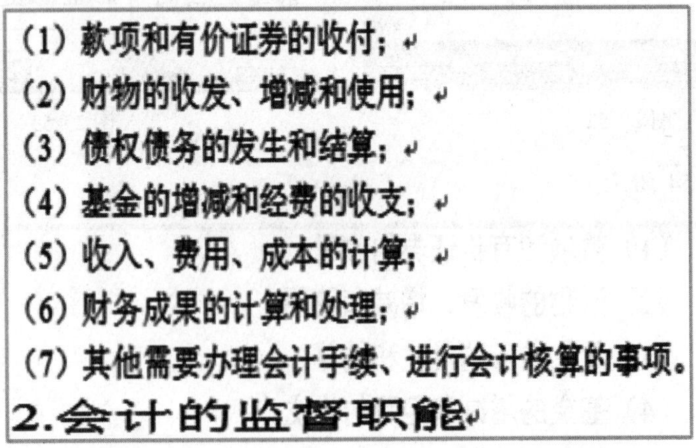
(1) 款项和有价证券的收付；
(2) 财物的收发、增减和使用；
(3) 债权债务的发生和结算；
(4) 基金的增减和经费的收支；
(5) 收入、费用、成本的计算；
(6) 财务成果的计算和处理；
(7) 其他需要办理会计手续、进行会计核算的事项。
2.会计的监督职能

图 2－57

3. 设置字符位置

在 Word 中编辑文本时，字符位置默认情况下为“标准”，此外，还有“提高”和“降低”，操作步骤如下：

①打开文档，选中要设置字符间距的文本，单击“开始”选项卡，单击“字体”组右

下角的“扩展”按钮，如图 2－58 所示。

②在弹出的“字体”对话框中单击“高级”选项卡。单击“位置”下拉按钮，如选择“提升”，磅值为“6 磅”，然后单击“确定”按钮即可，如图 2－59 所示。

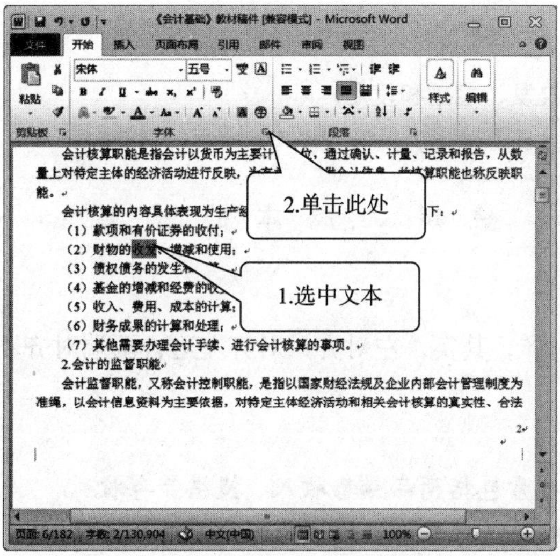

图 2－58

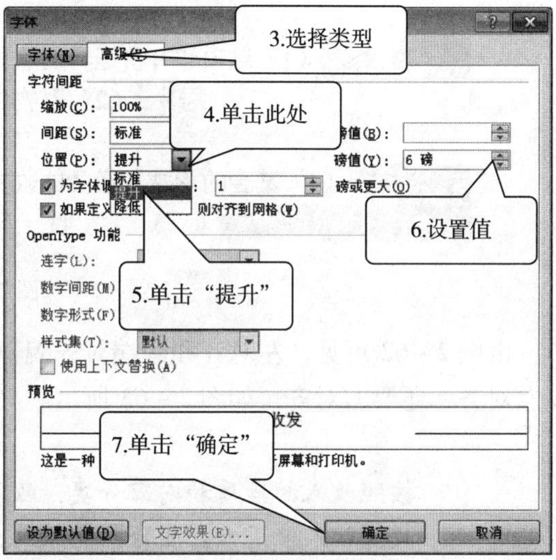

图 2－59

设置“提升”6 磅的效果如图 2－60 所示。

设置“降低”6 磅的效果如图 2－61 所示。

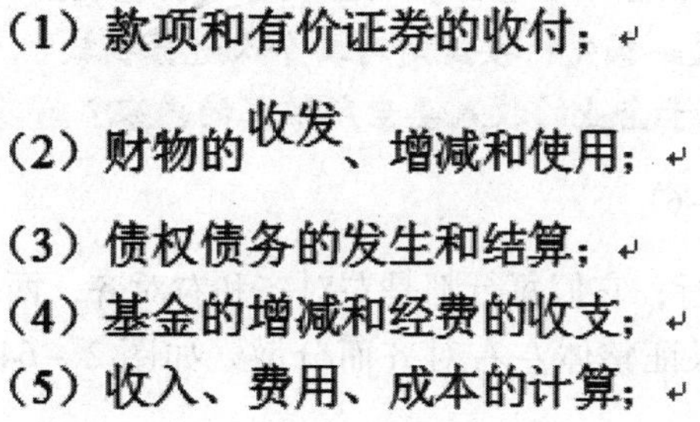

图 2－60

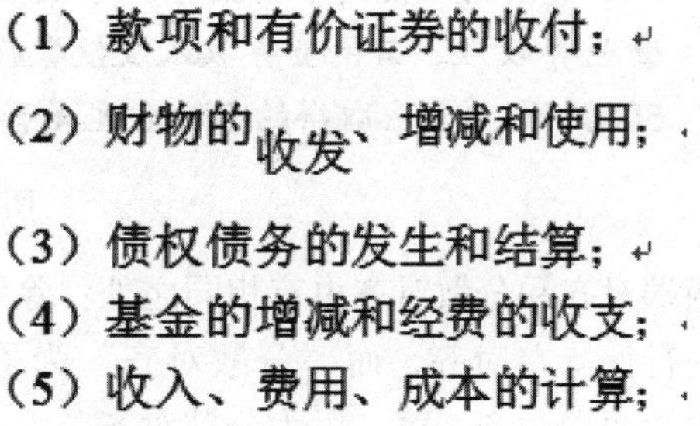

图 2－61

2.4 设置段落格式

在排版时，当把字体格式设置好后，下一步通常会设置段落格式。段落格式主要包括对齐方式、缩进、间距、边框底纹、项目符号、编号列表等，这些格式的设置可使文字结构清晰、层次分明。在输入文本时，经常会按键盘上面的 Enter 键，此时界面会出现“↵”标记，此标记为段落标记。凡是出现段落标记的，就意味着段落的生成。下面从段落对齐方式、段落缩进、段落间距、段落的边框底纹及段落的项目编号符号这几个方面介绍段落的设置。

2.4.1 设置段落对齐方式

段落的对齐是指一段文章在文档中的位置，段落的对齐方式有文本左对齐、居中、文本右对齐、两端对齐和分散对齐，在“开始”选项卡“段落”组中显示的标志按钮分别为，默认的对齐方式为左对齐。用户选择文本后，单击对应的对齐按钮即可设置成功，效果如图 2－62 所示。

文本左对齐：（1）款项和有价证券的收付；

居中：（2）财物的收发、增减和使用；

文本右对齐：（3）债权债务的发生和结算；

两端对齐：（4）基金的增减和经费的收支；

分 散 对 齐 ：（ 5 ） 收 入 、 费 用 、 成 本 的 计 算 ；

图 2－62

由图 2－62 可见，左对齐和两端对齐貌似一样，其实，左对齐只对齐左边，两端对齐不仅左对齐，还要右对齐，如图 2－63 所示。

按照收入的性质和内容分类，收入要素包括商品销售收入、提供劳务收入、提供他人使用本企业资产的收入；按企业经营业务的主次分类，包括主营业务收入、其他业务收入及投资收益。损失：按规定对其个人进行罚款 50000 元，企业取得的 50000 元是否属于企业的收入要素所核算的内容？

按照收入的性质和内容分类，收入要素包括商品销售收入、提供劳务收入、提供他人使用本企业资产的收入；按企业经营业务的主次分类，包括主营业务收入、其他业务收入及投资收益。损失：按规定对其个人进行罚款 50000 元，企业取得的 50000 元是否属于企业的收入要素所核算的内容？

仔细看“款”字的位置，第一段为两端对齐，第二段为左对齐。

图 2－63

两端对齐和分散对齐也有相同之处：除尾行，它们每行都是左对齐和右对齐，两端对齐最后一行保持左对齐，而“分散对齐”为了保证整体左右对齐而分散。如图 2－64 所示，第一段为两端对齐，第二段为分散对齐。

按照收入的性质和内容分类，收入要素包括商品销售收入、提供劳务收入、提供他人使用本企业资产的收入；按企业经营业务的主次分类，包括主营业务收入、其他业务收入及投资收益。损失：按规定对其个人进行罚款 50000 元。

按照收入的性质和内容分类，收入要素包括商品销售收入、提供劳务收入、提供他人使用本企业资产的收入；按企业经营业务的主次分类，包括主营业务收入、其他业务收入及投资收益。损失：按规定对其个人进行罚款 5 0 0 0 0 元 。

图 2－64

2.4.2 设置段落缩进

段落的缩进方式有四种：左缩进、右缩进、首行缩进和悬挂缩进。

①左缩进：指的是文章段落的左边界距离页面左侧的缩进量。

②右缩进：指的是文章段落的右边界距离页面右侧的缩进量。

③首行缩进：指的是段落的第一行的第一个字符距离页面左侧的缩进量。正如平时写字一样，每段开头都会空两格。段落一般都会设置首行缩进，缩进量为2字符。

④悬挂缩进：指的是段落中除去第一行外，其他行距离页面左侧的缩进量。

四种缩进方式的设置操作基本相同，操作如下：

①打开文档，选中要设置缩进的段落，单击“开始”选项卡，单击“段落”组右下角的“扩展”按钮，如图2－65所示。

②在弹出的“段落”对话框中，可以设置各种缩进的值，然后单击“确定”按钮即可，如图2－66所示。

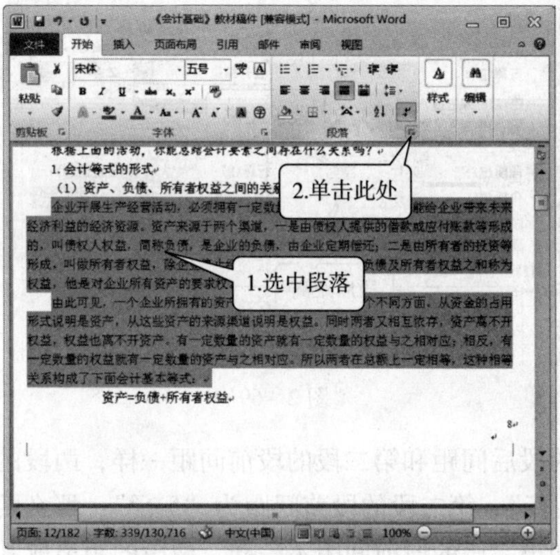

图2－65

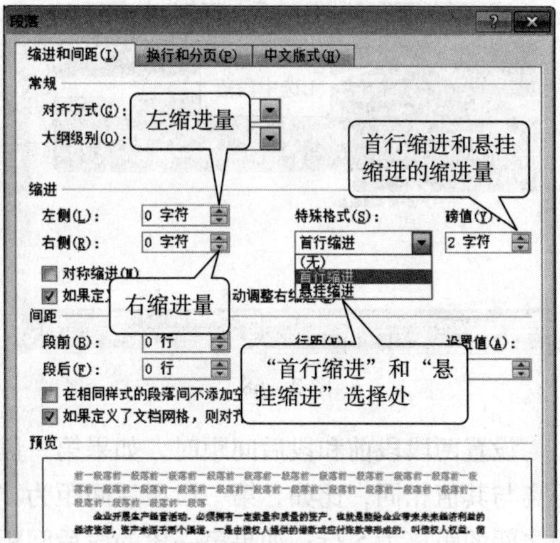

图2－66

除了利用上述方式进行设置外，还可以通过界面的设置，粗略地设置各种缩进，操作如下：单击“视图”选项卡，在“显示”组中勾选“标尺”，在弹出的水平标尺上有四个小按钮，它们分别负责设置四种缩进，通过拖动对应的按钮就可以随意调整对应缩进值，如图2－67所示。

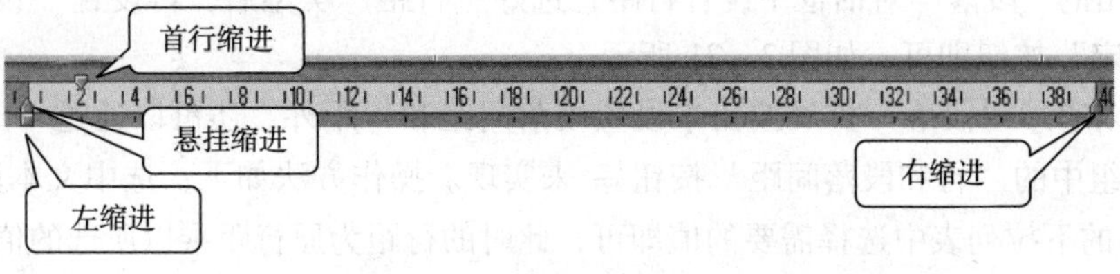

图2－67

2.4.3 设置段落间距

为了让整篇文章看起来疏密合理，除了要设置字号，还要设置段落之间的距离及行与行之间的距离。

段与段之间的距离分为段前间距和段后间距，设置操作如下：

①打开文档，选中要设置的段落，单击“开始”选项卡，单击“段落”组右下角的“扩展”按钮，如图 2－68 所示。

②在弹出的“段落”对话框中设置“段前”和“段后”间距，然后单击“确定”按钮即可，如图 2－69 所示。

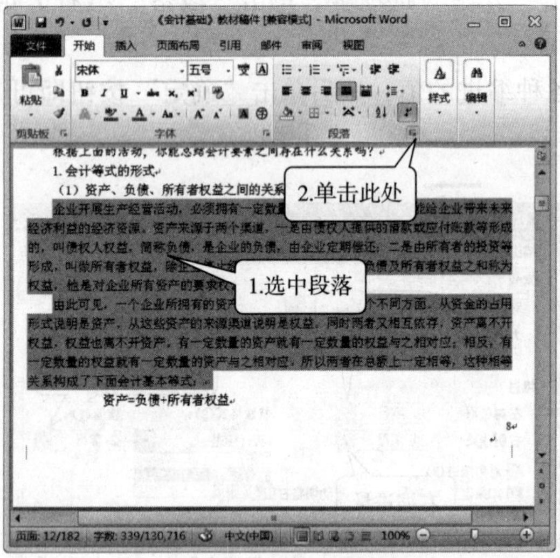

图 2－68

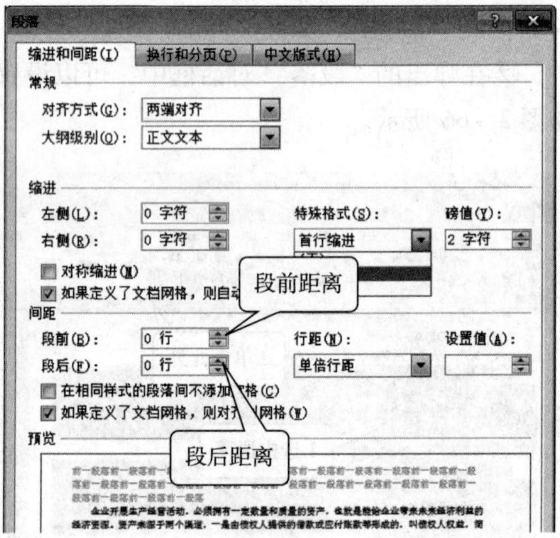

图 2－69

设置两段段前和段后间距时，如果第一段的段后间距和第二段的段前间距一样，两段的距离与其值相同，比如，第一段段后间距为“5 行”，第二段的段前间距为“5 行”，那么两段之间的距离为 5 行；如果第一段的段后间距和第二段的段前间距不一样，两段的距离取其最大值，比如，第一段段后间距为“2 行”，第二段的段前间距为“3 行”，那么两段之间的距离为 3 行。

行距：即行与行之间的距离。操作方法如下：

①打开文档，选中要设置的文本，单击“开始”选项卡，单击“段落”组右下角的“扩展”按钮，如图 2－70 所示。

②在弹出的“段落”对话框中设置行距，选好“行距”类型后，再设置“设置值”，然后单击“确定”按钮即可，如图 2－71 所示。

除了可以通过“段落”扩展按钮来设置段落间距和行距外，还可以通过“开始”选项卡“段落”组中的“行和段落间距”按钮来实现。操作方法如下：选中文本段落，单击，在弹出的下拉列表中选择需要的值即可，此时的行距为原行距乘以所选的值。

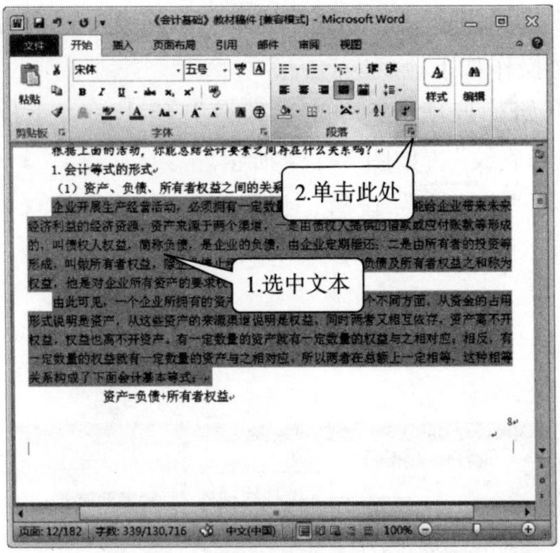

图 2－70

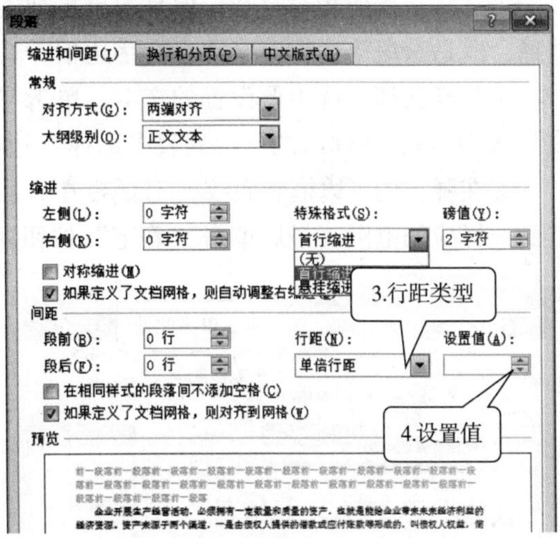

图 2－71

2.4.4 设置边框、底纹

为了突出某些内容的重要性，在设置文本格式时，经常会对重点强调的内容添加边框或底纹。

边框分为段落边框和文字边框。与之前的“字符边框”按钮相比，此操作更为复杂，但也更为美观。一般通过以下两种方式实现。

第一种：操作简单，效果也一般，只适合设置段落边框，具体操作如下。

①打开文档，选中要设置的文本，单击“开始”选项卡，单击“段落”组中的“下框线”下拉按钮，在弹出的下拉列表中选择需要的边框样式，如图 2－72 所示。

②此时可以看到设置后的效果。此操作可重复，第一次为加边框，第二次为取消对应的边框，如图 2－73 所示。

图 2－72

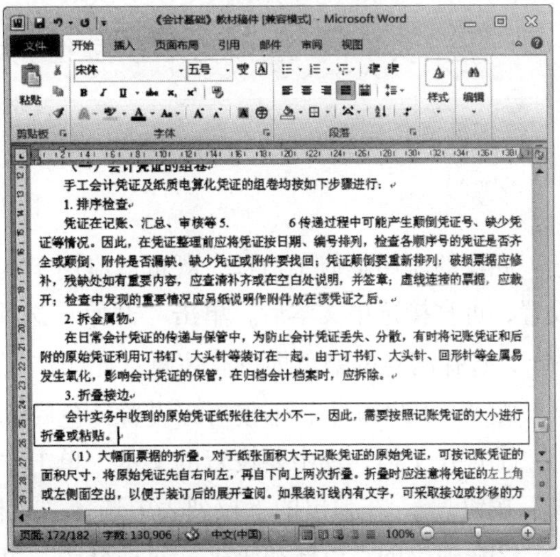

图 2－73

第二种：操作相对复杂，但是效果更加美观，操作也灵活，边框的颜色和线条样式都可选择，既适合段落边框，又适合文字边框，具体操作如下。

①打开文档，选中要设置的文本，单击“开始”选项卡，单击“段落”组中的“下框线”按钮，在弹出的下拉列表中选择“边框和底纹”，如图 2－74 所示。

②在弹出的“边框和底纹”对话框中，可以“自定义”设置，设置好各种选项后，一定要选择应用范围，最后单击“确定”按钮即可，如图 2－75 所示。

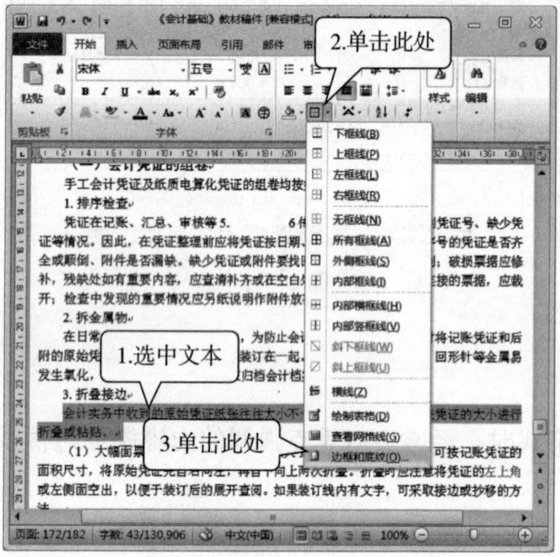

图 2－74

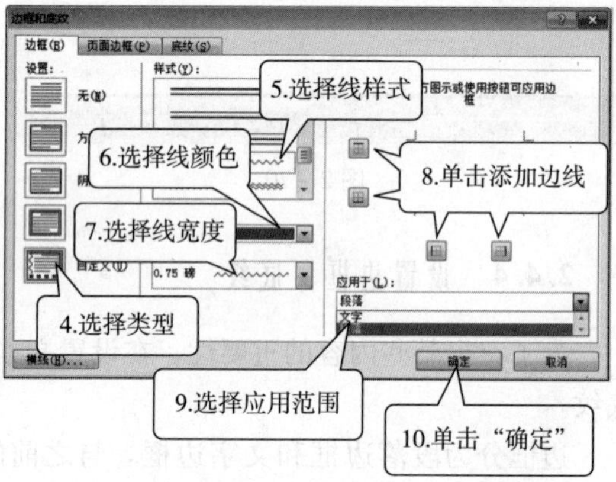

图 2－75

选择的应用范围不同，效果也不同。如图 2－76 所示，第一段边框应用于段落，第二段边框应用于文字。

会计实务中收到的原始凭证纸张往往大小不一，因此，需要按照记账凭证的大小进行折叠或粘贴。

会计实务中收到的原始凭证纸张往往大小不一，因此，需要按照记账凭证的大小进行折叠或粘贴。

图 2－76

底纹的应用类似于边框，既可以应用于文字，也可以应用于段落。对于文字底纹的简单设置，可直接选中文本后，单击“开始”选项卡的“段落”组的“底纹”按钮的下拉按钮，选择满意的颜色即可。注意：此操作只适合设置文字底纹，不能设置段落底纹。

在 Word 2010 中，不仅可以设置纯色底纹，还可以设置有图案的底纹，具体操作如下：

①打开文档，选中要设置的文本，单击“开始”选项卡，单击“段落”组中的“下框线”按钮，在弹出的下拉列表中选择“边框和底纹”，如图 2－77 所示。

②在弹出的“边框和底纹”对话框中，单击“底纹”选项卡，可以对“填充”和“图案”进行设置。注意，一定要选择应用范围，最后单击“确定”按钮即可，如图 2－78

所示。

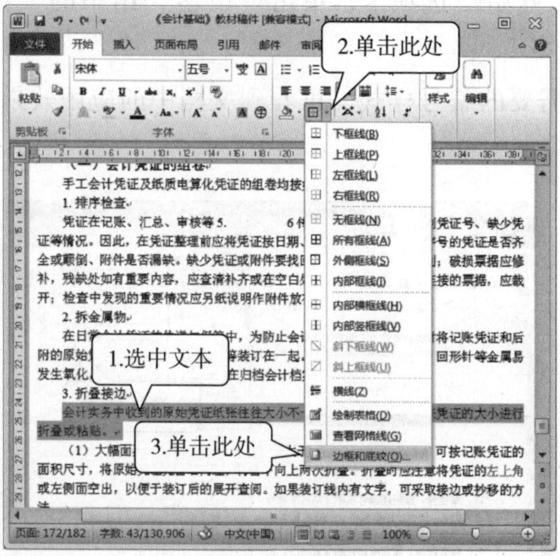

图 2－77

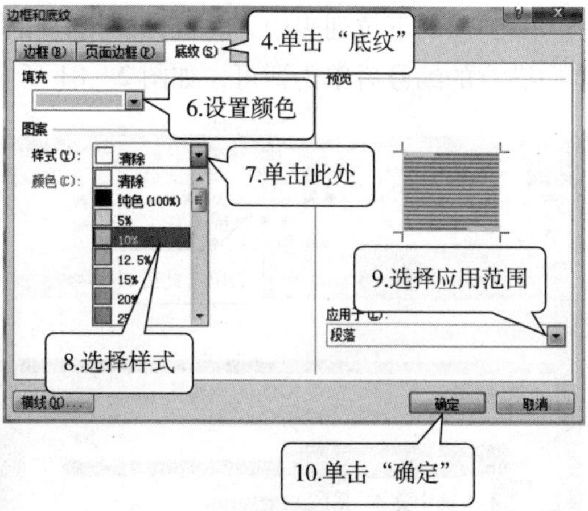

图 2－78

选择的应用范围不同，效果也不同。如图 2－79 所示，第一段边框应用于段落，第二段边框应用于文字。

会计实务中收到的原始凭证纸张往往大小不一，因此，需要按照记账凭证的大小进行折叠或粘贴。

会计实务中收到的原始凭证纸张往往大小不一，因此，需要按照记账凭证的大小进行折叠或粘贴。

图 2－79

小技巧：如果想设置文字边框或底纹，选中文本内容时，不要选中回车符，则默认的应用于为“文字”；设置段落边框或底纹，选中文本内容时，一定要选中回车符，则默认的应用于为“段落”。

2.4.5　设置项目编号

为了更加清晰地显示文本之间的结构和关系，用户可以在文档中的各个要点前添加编号，以增加文档的条理性。

在默认情况下，当在段落开头输入“一、”“1.”“第一章”等编号及对应编号后的文本内容后，按下 Enter 键换到下一段时，下一段会自动产生连续的编号“二、”“2.”“第二章”等。如果不需要输入项目符号，当输入“1.”后，按下 Ctrl + Z 组合键就会取消项目编号成为普通文本；陆续输入“1.”“2.”“3.”及对应编号后的文本内容，此时出现“4.”，如果不再需要“4.”，按下 Ctrl + Z 组合键就会取消项目编号，前面的三段依然正常显示项目符号。

如要对已经存在的段落添加编号，可以通过“段落”组中的“编号”按钮来实现，具体操作步骤如下：

①打开文档，选中要设置的文本，单击“开始”选项卡，单击“段落”组中的“编号”的下拉按钮，如图 2－80 所示。

②弹出的下拉列表中，将鼠标的指针指向需要的编号样式，可看到文档中的应用效果，指向满意的编号后单击即可，如图 2－81 所示。

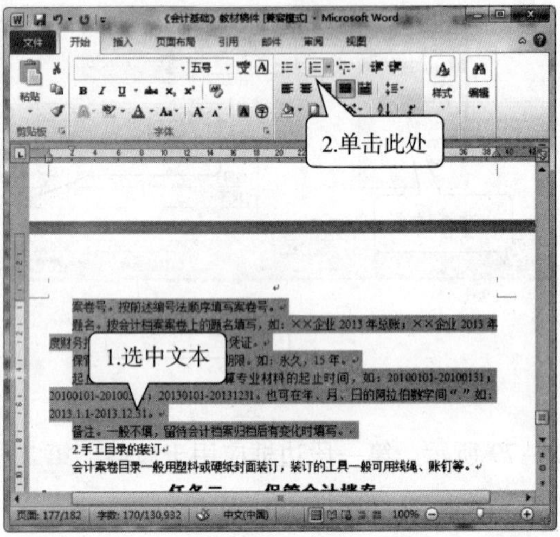

图 2－80

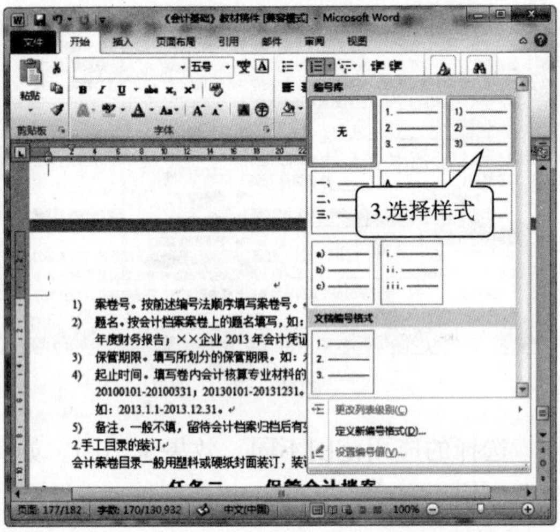

图 2－81

Word 本身提供的编号是有限的，如果对里面的编号不满意，可以根据自己的需要对段落添加自定义样式的编号，具体操作如下：

①单击“开始”选项卡，单击“段落”组中“编号”的下拉按钮，在弹出的下拉列表中单击“定义新编号格式”，如图 2－82 所示。

②在编号样式中选择样式，如“1，2，3，…”，此时“编号格式”中出现“1.”，在其前加上“第”、在其后加上“条”，单击“确定”按钮，如图 2－83 所示。

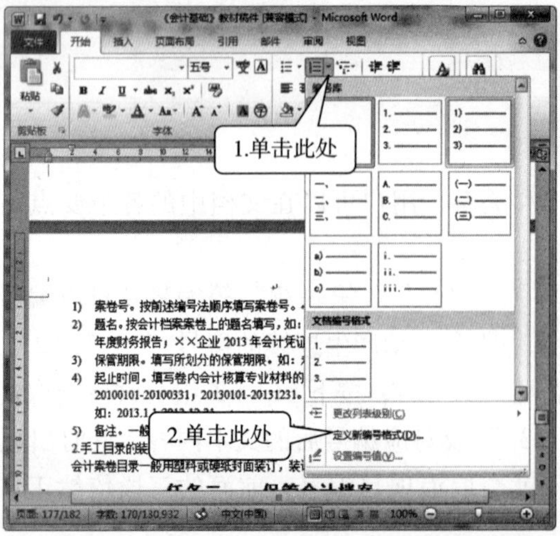

图 2－82

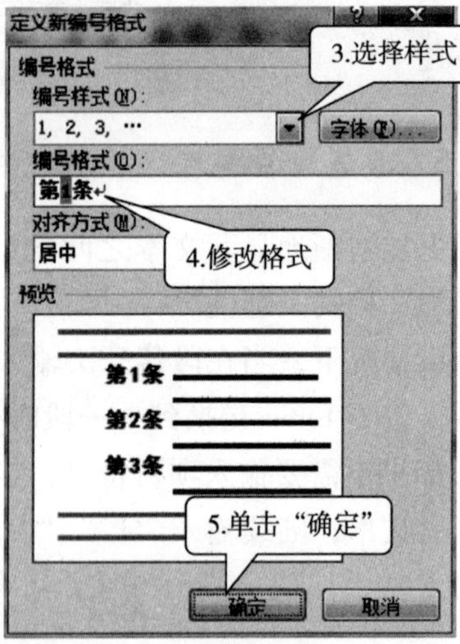

图 2－83

做好如上设置后，选中文本，单击“开始”选项卡，单击“段落”组中“编号”的下拉按钮，就可以找到设置好的编号了，单击“应用”按钮即可，如图2－84所示。

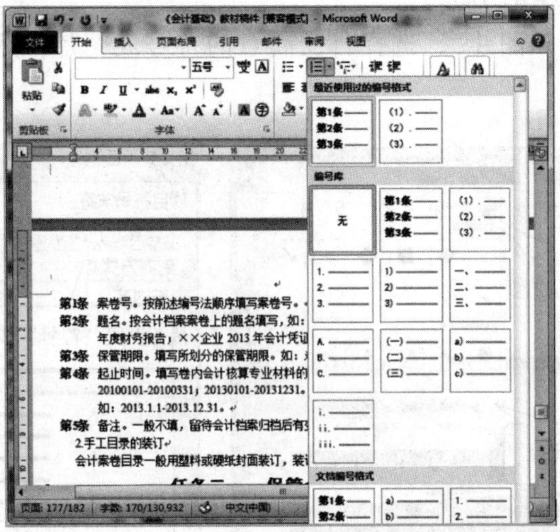

图2－84

2.4.6 设置项目符号

项目编号是指添加在段落前的符号，添加的目的是通过项目符号组织内容，使文档结构清晰。具体操作如下：

①打开文档，选中要设置的文本，单击“开始”选项卡，单击“段落”组中“项目编号”的下拉按钮，如图2－85所示。

②在弹出的下拉列表中，将鼠标的指针指向需要的项目编号样式，可看到其在文档中的应用效果，如满意，单击即可，如图2－86所示。

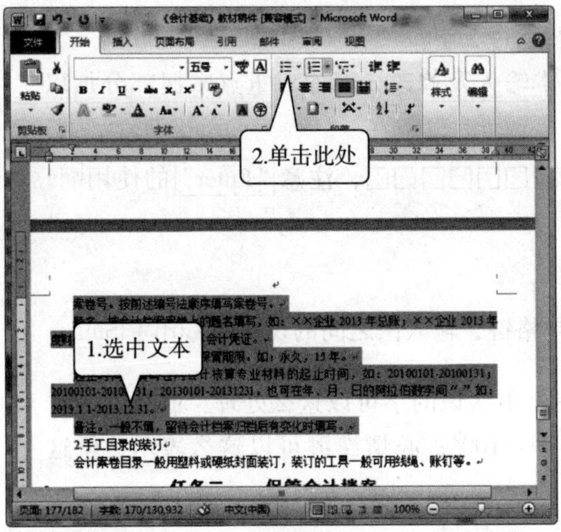

图2－85

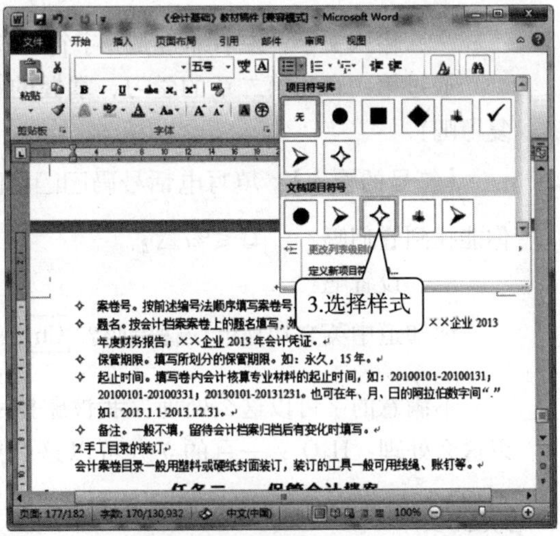

图2－86

Word本身提供的项目编号是有限的，如果对里面的项目编号不满意，可以根据自己的需要，对段落添加自定义样式的项目编号，具体操作如下：

①单击“开始”选项卡，单击“段落”组中“项目编号”的下拉按钮☰▾，单击“定义新项目符号”，如图 2－87 所示。

②单击“符号”或“图片”，选择自己满意的符号或图片，然后单击“确定”按钮，如图 2－88 所示。

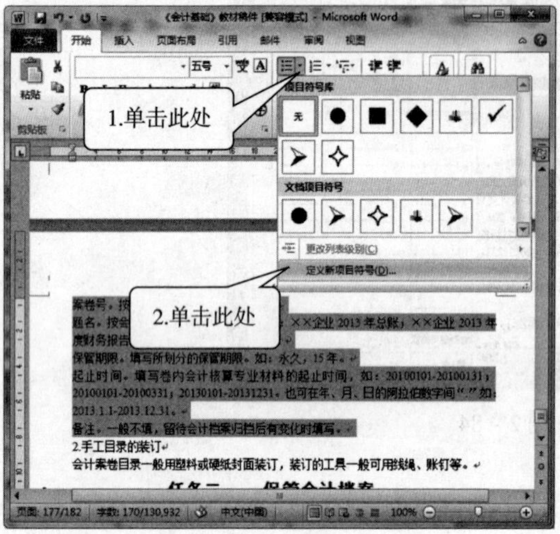

图 2－87

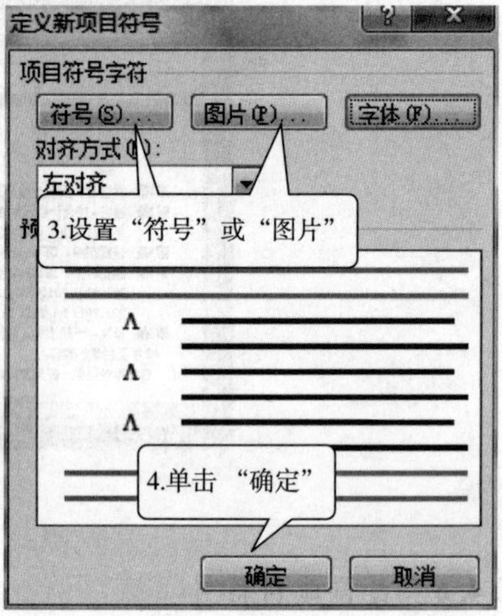

图 2－88

添加好新的项目符号后，就可以对选中的段落加以设置应用了。

习　题

操作题

1. 启动 Word 2010，输入如图 2－89 所示文本，保存文档：“D:\符号字体格式.docx”。

一、输入文字：左右缩进是 5 字符，首行缩进 2 字符

通过第一章和第二章的学习，掌握的文本输入及修改，下面对重点掌握部分加以复习吧！

【符号的输入】：填写电话号码□□□□□□□□□□□□□，注意“Enter”的使用啊！你能找到它们吗？〖¶‖◎≤‰△〗。

二、设置吧！

你知道中英文切换的快捷键吗？Ctrl＋空格键，输入法之间的切换时 Ctrl＋Shift

不满意的字可以这么处理：~~我被删掉子!~~；不认识的字可以这么处理：豇豆(jiāng dòu)；水可以这么处理：H_2O；一百的立方可以这么处理：100^3；心情澎湃可以这么表示：就这么㊈爽！

弄乱套了不要忘记了“清楚格式”按钮喔，它就像个小刷子！

图 2－89

2. 启动“D:\符号字体格式.docx”，将其存储到“C:\段落格式我会设置.docx”。

3. 启动“C:\段落格式我会设置.docx”，把查找到的“第一章和第二章”替换为“前两章”；将第6自然段复制到第4、5自然段之间，成为第5自然段；将新的第5自然段移到第6自然段后面；存盘位置名字不变。

4. 启动“C:\段落格式我会设置.docx”，给第1题加个题目“字符练习”，将其设置为：隶书、一号字、加粗，居中；选中正文，将字体设置为黑体，四号字，深蓝色；存储到电脑桌面，命名为“学号and你的名字”。

5. 打开文件“学号and你的名字”；将每个自然段首行缩进到适当位置（可以考虑调整“水平标尺”、“段落”中的“缩进”；将“段前”和“段后”间距调整为“1行”；当“行距”设置为“15磅”；选中第2自然段，设置字体为“华文行楷”，三号字；使用“格式刷”，将第2自然段的格式应用在其余段落中；在第1自然段中添加红色“双线”边框，且边框线条宽度为“0.75”磅；将本段文字设置底纹，样式自拟；在通篇文档中添加颜色为“淡紫色”、宽度为“6磅”、三维阴影线型的边框；存盘位置名字不变。

第3章

编辑图文混排文档

【本章导读】

在文档中添加一些图片，可以使文档更加生动形象。Word 2010 具有很强的图形图像处理功能，除能在文档中添加一些图片、剪贴画、形状和艺术字外，还可利用插入 SmartArt 功能建立和编辑艺术图形。Word 2010 文本框功能也有很大程度的改善。Word 2010 中的插入选项卡可以让用户方便地在文档中插入所需图形。

另外，表格在设计、生活中应用也很广泛，应用表格不但可以简化复杂的说明，使内容一目了然，还可以辅助排版。

【本章学习要点】

- 创建与编辑图片
- 插入与设置形状
- 插入与设置艺术字
- 插入与设置 SmartArt 图形
- 插入与设置文本框
- 表格的创建与使用
- 公式的插入

3.1　创建与编辑图片

3.1.1　插入图片

在打开的 Word 2010 文档窗口中将光标置于要插入图形的位置，在“插入”功能区的“插图”分组中单击“图片”即可打开“插入图片”的对话框，如图 3－1 所示。

在打开的对话框中，“文件类型”编辑框中将列出最常见的图片格式。找到并选中需要插入 Word 2010 文档中的图片，然后单击“插入”按钮即可。

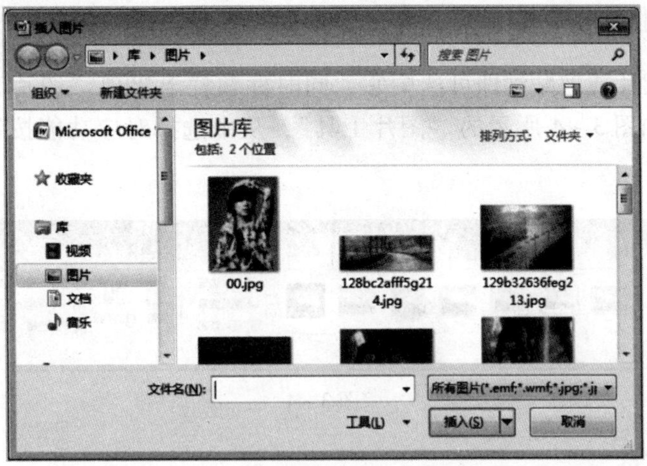

图 3－1

3.1.2 插入剪贴画

①在打开的 Word 2010 文档窗口中将光标置于要插入图形的位置，在“插入”功能区的“插图”分组中单击“剪贴画”即可打开“剪贴画”的任务窗格，如图 3－2 所示。

②在“搜索文字”对话框中输入关键词，例如“人物”，如图 3－3 所示，单击“搜索”按钮。还可限定“结果类型”，如“插图”“照片”“视频”“音频”等，然后单击“搜索”按钮，即可在系统中找到所需类型的剪贴画，选择所需要的一张，从快捷菜单中选择“插入”即可。或选择“复制”，回到文档中进行“粘贴”，即可将剪贴画插入文档中。

图 3－2

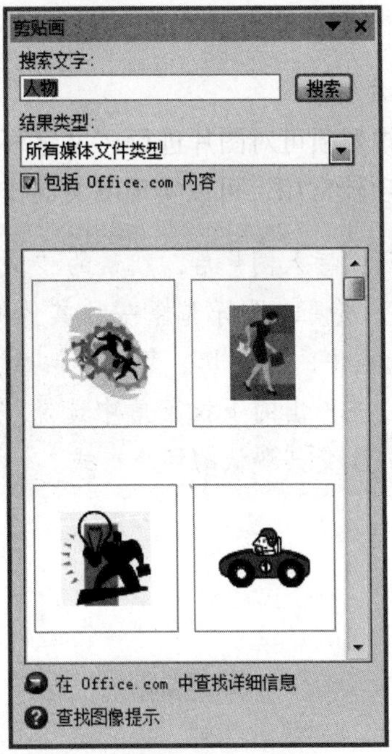

图 3－3

3.1.3 编辑图片或剪贴画

单击插入的图片或剪贴画即可选中它，同时标题栏上出现“图片工具”按钮，单击该按钮，则出现如图3－4所示的“图片工具”，从中选择对应功能按钮即可对图片进行编辑。

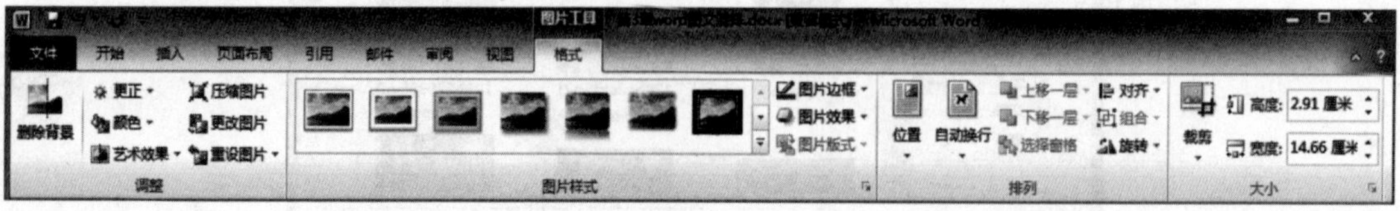

图3－4

1. 图片样式修改

在该选项中可进行图片形状、边框和效果的设置。设置方式多种多样，可根据需要自由发挥。如图3－5所示是对一张风景照片进行“椭圆”“圆台”“透视”等修饰后的效果图。

图3－5

2. 图片排列

图片排列项可对图片进行“文字环绕”“旋转”和“叠放次序”等的设置，其中“文字环绕”项较常用，可以实现图文混排的效果，如图3－6所示。

小技巧： 插入图片后，默认的“文字环绕”方式是“嵌入型”，该环绕方式对图片的移动等操作不方便，最好选择一种其他的“文字环绕”方式。可在“文件”选项卡中找到“高级”选项中的“剪切、复制和粘贴”栏，单击该栏下的“将图片插入/粘贴为”右边的选择按钮，在弹出的下拉菜单中选择“四周型”“嵌入型”等文字环绕图片的方式，如图3－7所示，改变其默认的环绕方式。

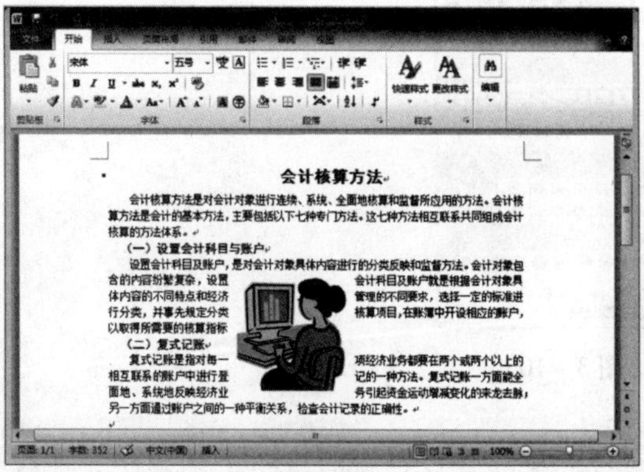

图 3－6

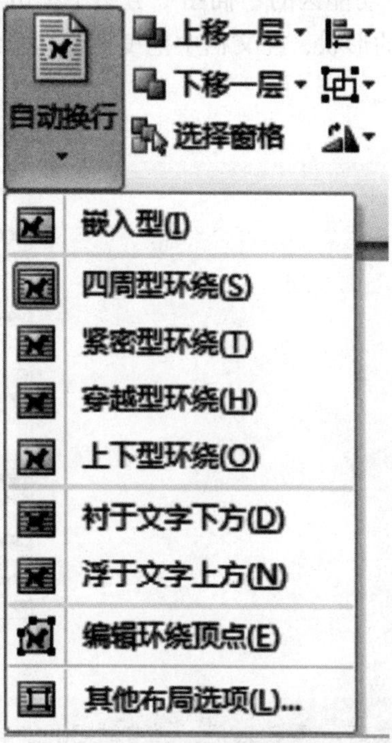

图 3－7

3. 图片大小

该选项可以对图片大小进行具体的设置，可整体修改图片大小，也可裁剪图片。单击图片工具选项卡中的“大小”选项组中的相应按钮，可调整图片大小，如图 3－8 所示；单击“大小”选项右侧的对话框启动器，弹出“布局”对话框，依需要设置即可，如图 3－9 所示。

图 3－8

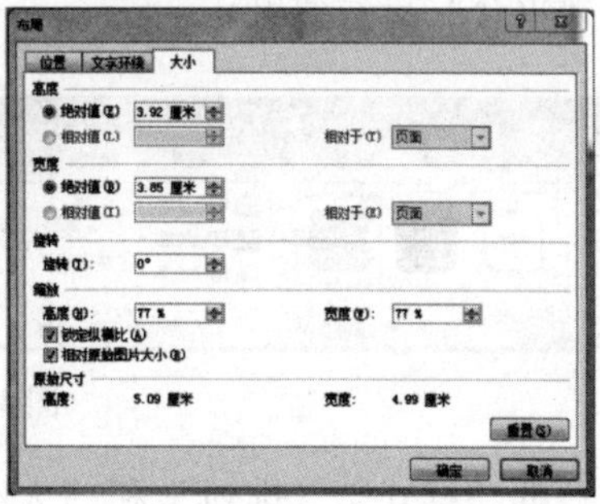

图 3－9

3.2　插入与设置形状

3.2.1　插入形状

如果要绘制图形，在打开的 Word 2010 文档窗口中将光标置于要插入图形的位置，在

“插入”功能区的“插图”分组中单击“形状”即可打开如图 3－10 所示的选项，从中选择欲绘制的形状，在文档中拖曳鼠标即可绘制完成。

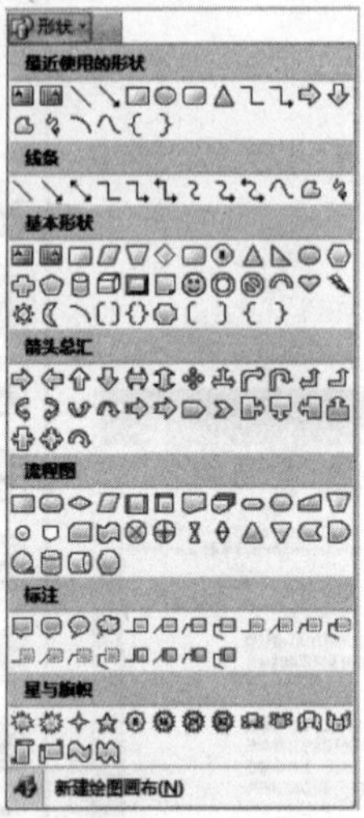

图 3－10

小技巧：要画水平、垂直或 30°、45°、75°角的直线，则固定一个端点后，在按住 Shift 键的同时拖曳鼠标即可实现。另外，按住 Ctrl 键并拖曳鼠标，可以图形的中心点为中心对图形进行缩放。

3.2.2 设置形状

绘制完“形状”后，单击插入的图片或剪贴画即可选中它，同时标题栏上出现“绘制工具”图标，单击该按钮，则出现如图 3－11 所示的“绘图工具”面板，从中选择对应功能按钮即可对“形状”进行编辑。

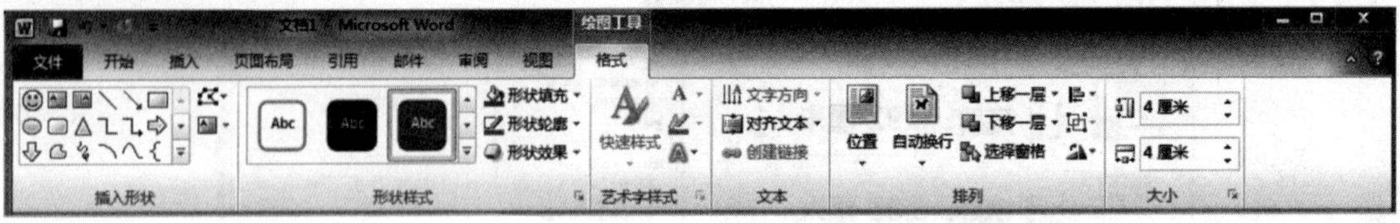

图 3－11

①“形状”的“样式”“排列”和“大小”的设置与图片工具的类似；选择“形状”后，其上面的绿色圆圈为“旋转”工具，黄色菱形为“变形”工具；形状效果有“阴影”“映像”“发光”等。

②要想在“形状”上添加文字，则在“形状”上单击右键，从快捷菜单中选择“添加文字”。

③多个“形状”可“组合”成一个整体，具体操作为：单击选择其中一个“形状”，然后按 Shift 键，分别单击其他“形状”，在“形状”范围内单击右键，在快捷菜单中选择“组合”或“重新组合”。

设置“形状”后的效果如图 3－12 所示。

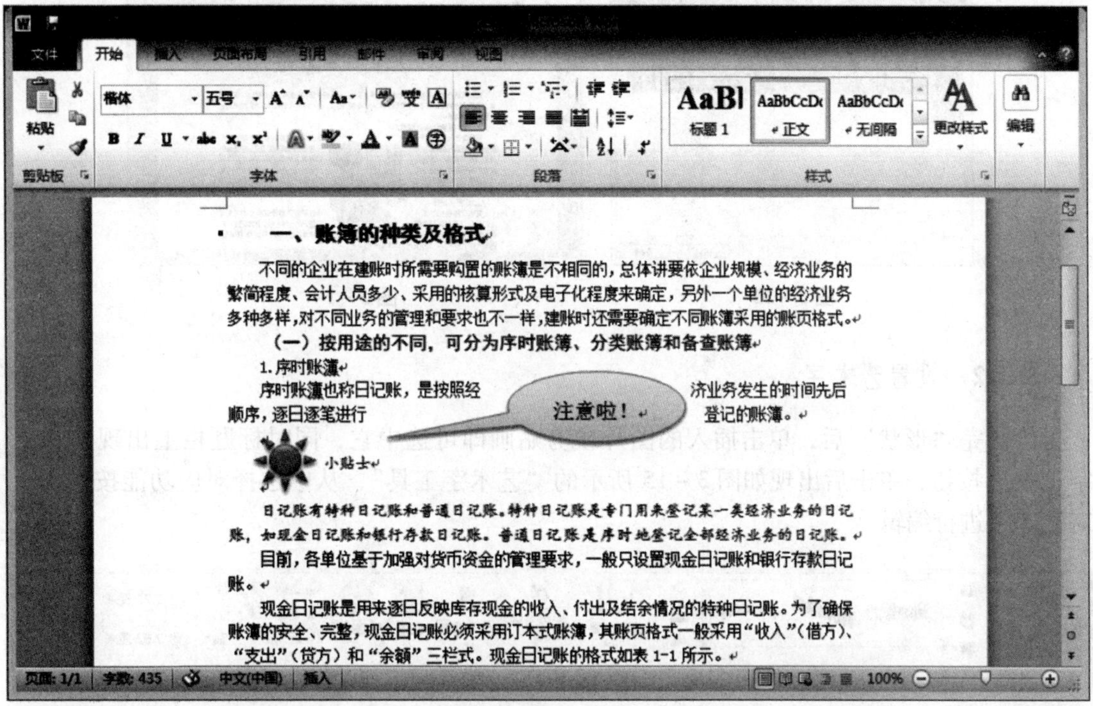

图 3－12

小技巧：多个形状可组合成一个图形，实现共同的缩放、移动等功能；还可进行叠放次序的调整。组合后的图形通过“取消组合”命令来取消组合并实现单独编辑。

3.3　插入与设置艺术字

3.3.1　插入艺术字

Word 2010 提供了“艺术字”功能，可以把文档的标题及需要特别突出的地方用艺术字显示出来，从而使文章更生动、醒目。

Word 2010 中的艺术字是一种图形的格式，所以可以像对待图形一样插入和编辑艺术字，操作步骤如下：

①首先把光标定位在准备插入艺术字的位置。

②在“插入”功能区的“文本”分组中单击“艺术字”按钮，出现“艺术字库”，从中选择最想要的样式。

③弹出的“编辑艺术字文字”对话框如图 3－13 所示，在该对话框中输入文字，在“字体”框中选择字体、字号、加粗或斜体。比如，输入“会计核算方法”，设置成隶书、加粗，设置完毕后，单击“确定”按钮，就会出现图 3－14 所示的效果。

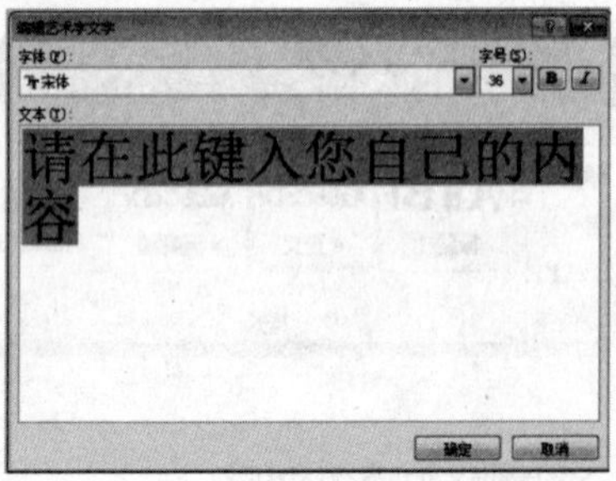

图 3－13

图 3－14

3.3.2 设置艺术字

绘制完“形状”后，单击插入的图片或剪贴画即可选中它，同时标题栏上出现“艺术字工具”按钮，单击后出现如图 3－15 所示的“艺术字工具”，从中选择对应功能按钮即可对艺术字进行编辑。

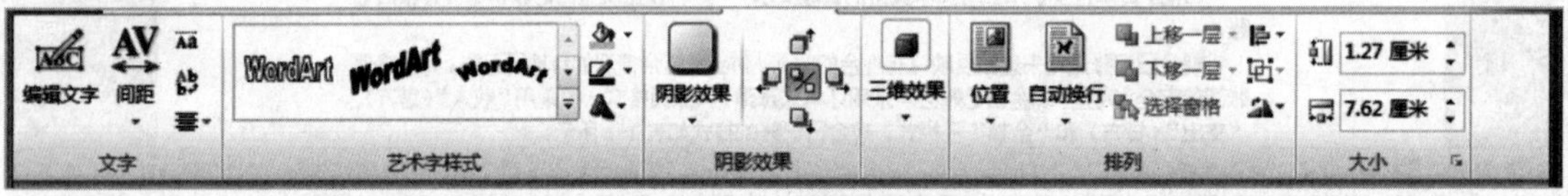

图 3－15

“艺术字”的“样式”“排列”和“大小”的设置与图片、形状工具的类似。选择艺术字，单击“更改艺术字形状”按钮，出现如图 3－16 所示选项，可选择其中的形状进行修改。单击“艺术字竖排文字”按钮，可将横排的艺术字变为竖排文字，再次单击该按钮，则恢复为横排。除此之外，还可以通过“编辑文字”按钮、“间距”按钮和“等高”按钮对“艺术字”文字进行编辑。效果如图 3－17 所示。

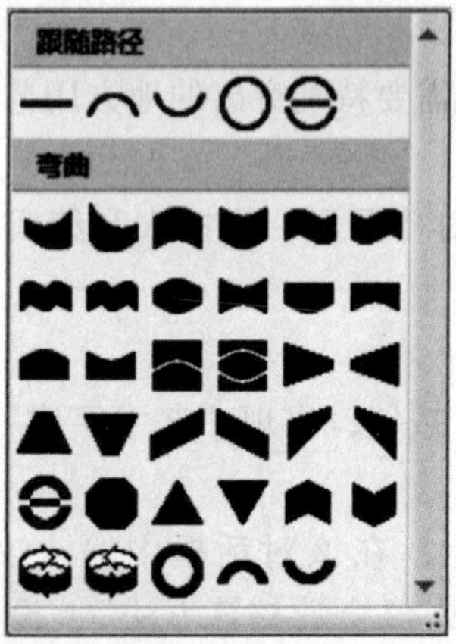

图 3－16

图 3－17

3.4 插入与设置 SmartArt 图形

3.4.1 插入 SmartArt 图形

SmartArt 图形主要用于演示流程、层次结构、循环或关系。SmartArt 图形包括水平列表和垂直列表、组织结构图、射线图和维恩图等。

在 Word 2010 中插入 SmartArt 图形的操作步骤如下：

①把光标定位在准备插入“SmartArt 图形”的位置。

②在“插入”功能区的“插图”分组中单击“SmartArt 图形”按钮 

，出现“选择 SmartArt 图形”对话框，从中选择最想要的样式。如图 3－18 所示，选择“垂直 V 形列表”，单击“确定”按钮。

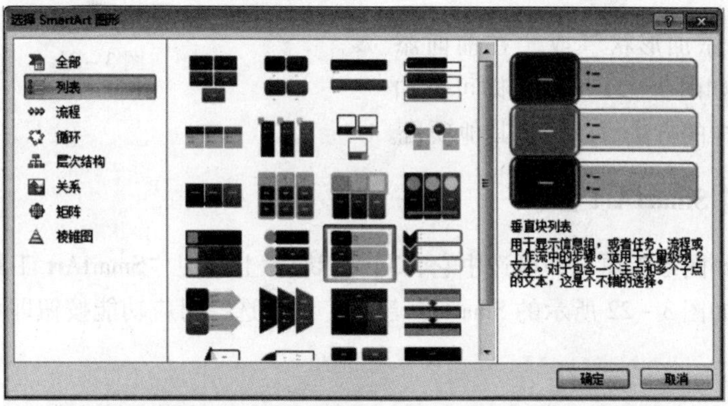

图 3－18

③在文档中出现如图 3－19 所示的图形，其中右侧为 SmartArt 图形，左侧为辅助工具。

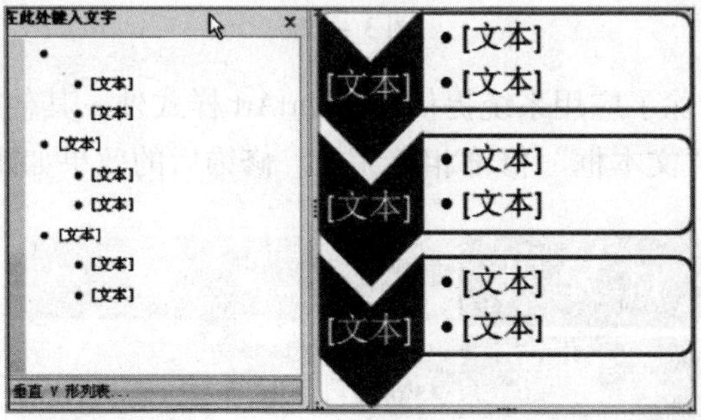

图 3－19

④输入文字。输入文字有两种方法：第一种方法是在左侧辅助工具中单击“［文本］”字样，然后输入文字；第二种方法是直接在“SmartArt 图形”中单击“［文本］”字样，然后输入文字。SmartArt 图形右侧默认为两行文字，如果只想输入一行，可以在输入一行之后按下 Del 键删除下一行预置文本。输入完成后如图 3－20 所示。

图 3－20

⑤增加项目。默认插入的 SmartArt 图形只有三个项目，而往往需要三个以上的项目，因此需要增加项目。选择对应的 SmartArt 图形框，然后在“SmartArt 工具”中“设计”选项卡上单击“创建图形”项目组中的“添加形状”按钮 ，在下拉菜单中选择“在后面添加形状”或“在前面添加形状”命令，如图 3－21 所示，即可添加一个项目，用同样的方法可以添加其他项目。

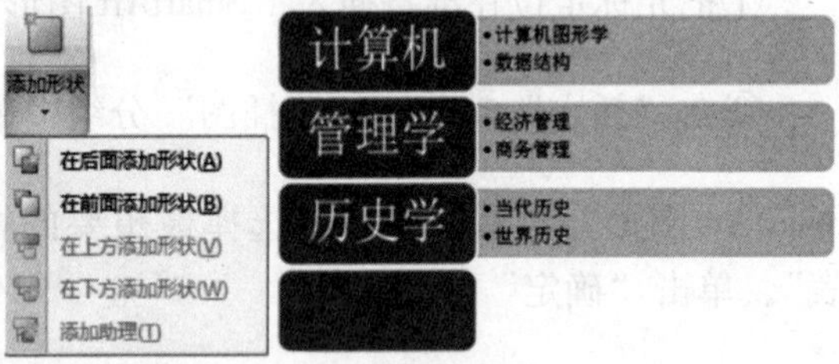

图 3－21

3.4.2　设置 SmartArt 图形

插入 SmartArt 图形后单击即可选中它，同时标题栏上出现“SmartArt 工具”面板，单击该按钮，则出现如图 3－22 所示的 SmartArt 工具，从中选择对应功能按钮即可对 SmartArt 图形进行编辑。

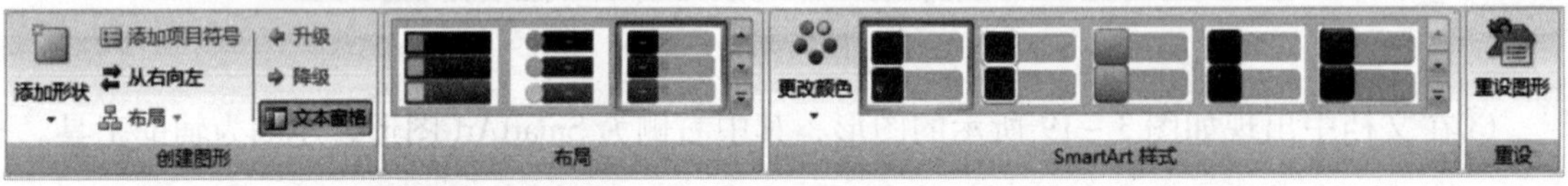

图 3－22

SmartArt 图形的编辑除了应用系统提供的 SmartArt 样式外，其他操作与早期版本的“组织结构图”类似，也与“文本框”修饰相差无几。修饰后的效果如图 3－23 所示。

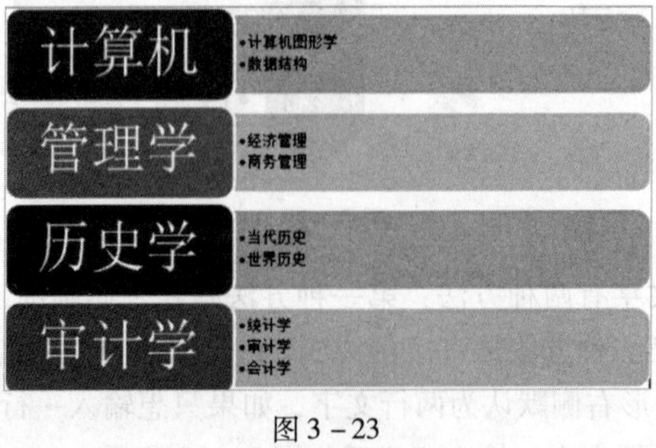

图 3－23

小技巧：当插入了图片或剪切画后，选中该图片，单击“图片工具”的“图片版式”选项，可实现将所选的图片转换为 SmartArt 图形，这样便可以轻松地进行排列、添加标题、调整图片的大小等操作了。

3.5　插入与设置文本框

在较早版本的 Word 中同样有文本框，但是其功能显得有些单薄。Word 2010 对文本框做了改进，可以在插入文本框时进行装饰和美观方面的处理。其提供的强大的样式库可以制作出变化万千的精美的文本框。

3.5.1　插入文本框

①把光标定位在准备插入文本框的位置。

②在“插入”功能区的“文本”分组中单击“文本框”按钮，出现“文本框样式库”，如图 3－24 所示，从中选择想要的样式。

③Word 2010 提供了三十多种样式，可根据需要选择一种。插入后弹出文本框工具栏，输入所需要的内容即可，如图 3－25 所示。

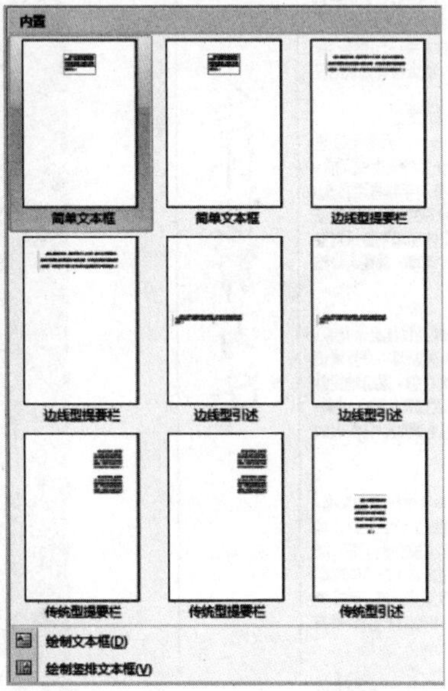

图 3－24

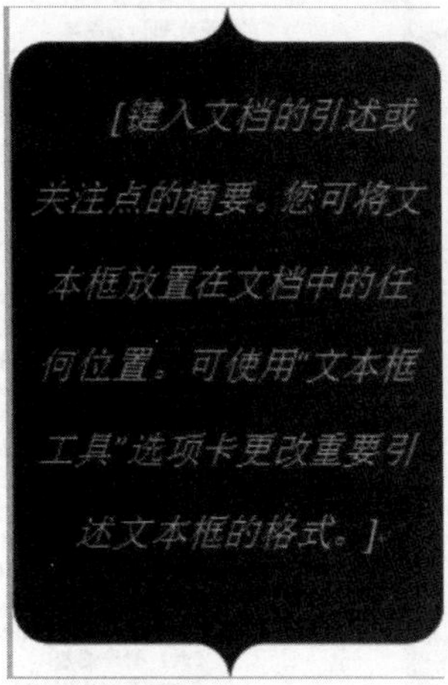

图 3－25

3.5.2　设置文本框

插入文本框后，单击即可选中它，同时标题栏上出现“文本框工具”按钮，单击则出现如图 3－26 所示的文本框工具，从中选择对应功能按钮即可对文本框进行编辑。

图 3－26

“文本框”的编辑除了应用系统所提供的模板样式、横排与竖排转换外，其他操作与“形状”的相同。修饰后的效果图如图 3－27 所示。

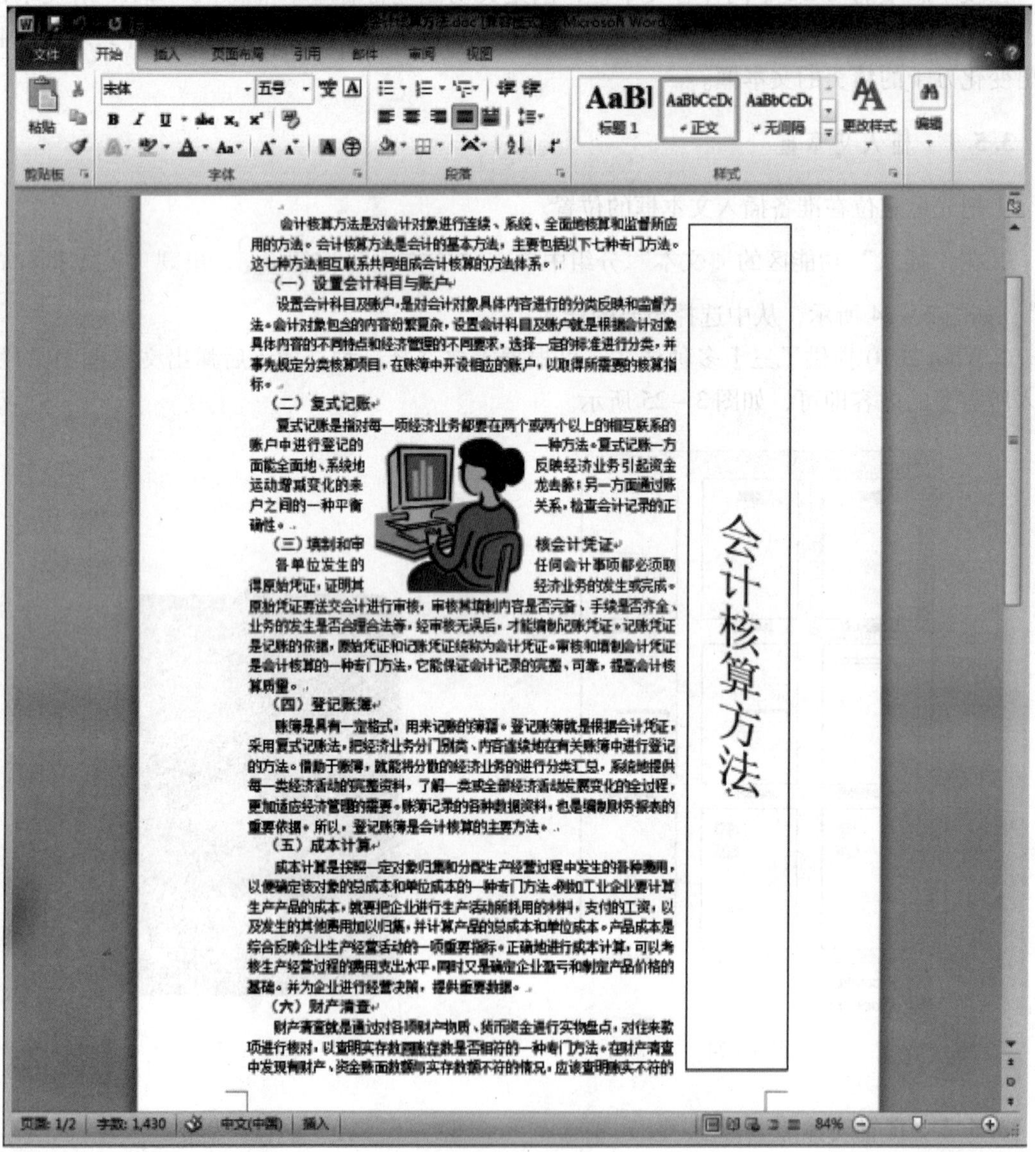

图 3－27

3.6 表格的创建与使用

用户可以根据实际情况在 Word 文档中插入表格、手绘表格、插入 Excel 表格，也可以应用 Word 2010 的快速表格样式创建表格，还可以将表格插入文档中或将一个表格插入其他表格中以创建更复杂的表格。

3.6.1 插入表格

在要插入表格的位置单击，然后执行下列操作之一即可插入表格。

①在“插入”选项卡上的“表格”组中，单击“表格”按钮 ，用鼠标在表格配置上选择所需要插入的行数和列数，如图 3－28 所示。这是目前为止创建表格的最简易的方式。

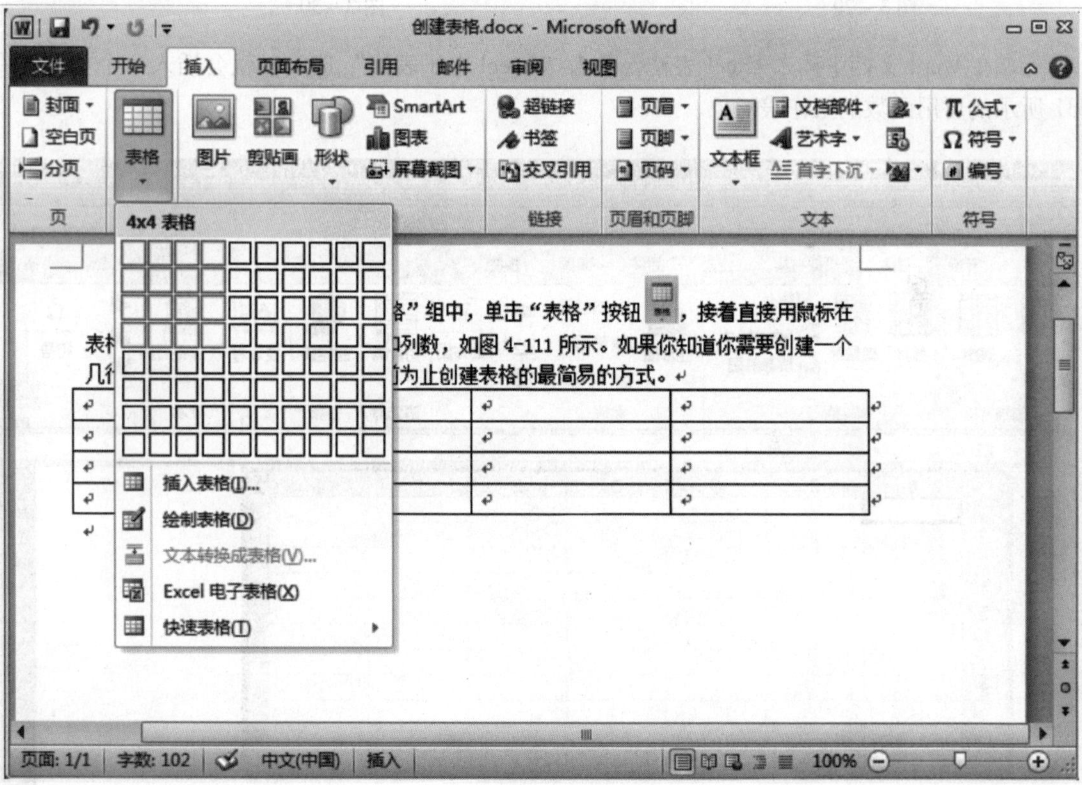

图 3－28

②选择图 3－29 中的其他菜单项，并通过对弹出的对话框中的选项进行设置来插入表格，或者是绘制出一个表格。单击“插入表格”，出现图 3－30 所示对话框。在“表格尺寸”下，输入列数和行数。在“自动调整”操作下，选择选项以调整表格尺寸。单击“确定”按钮，即可在该文档中插入一个规则表格。

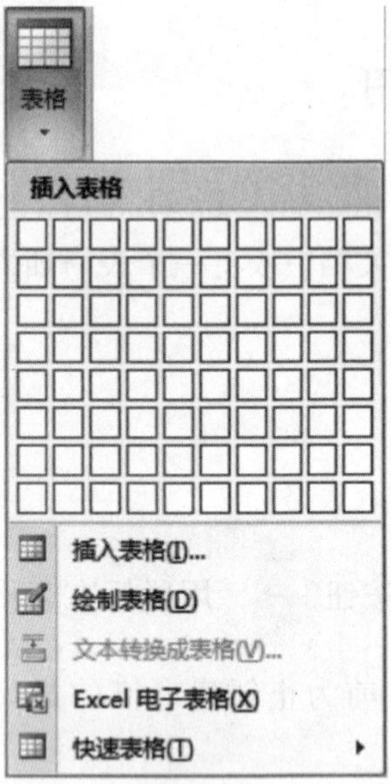

图 3－29

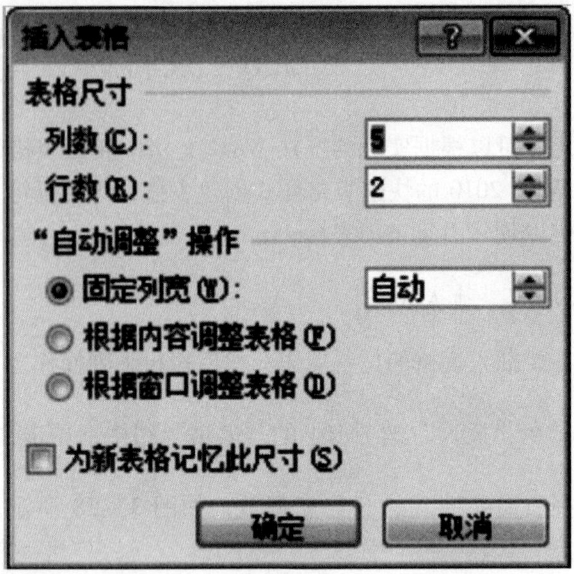

图 3－30

③在 Word 文档中插入 Excel 表格，单击“Excel 电子表格”选项，就会插入一个如图 3－31 所示的可用函数的工作表对象。

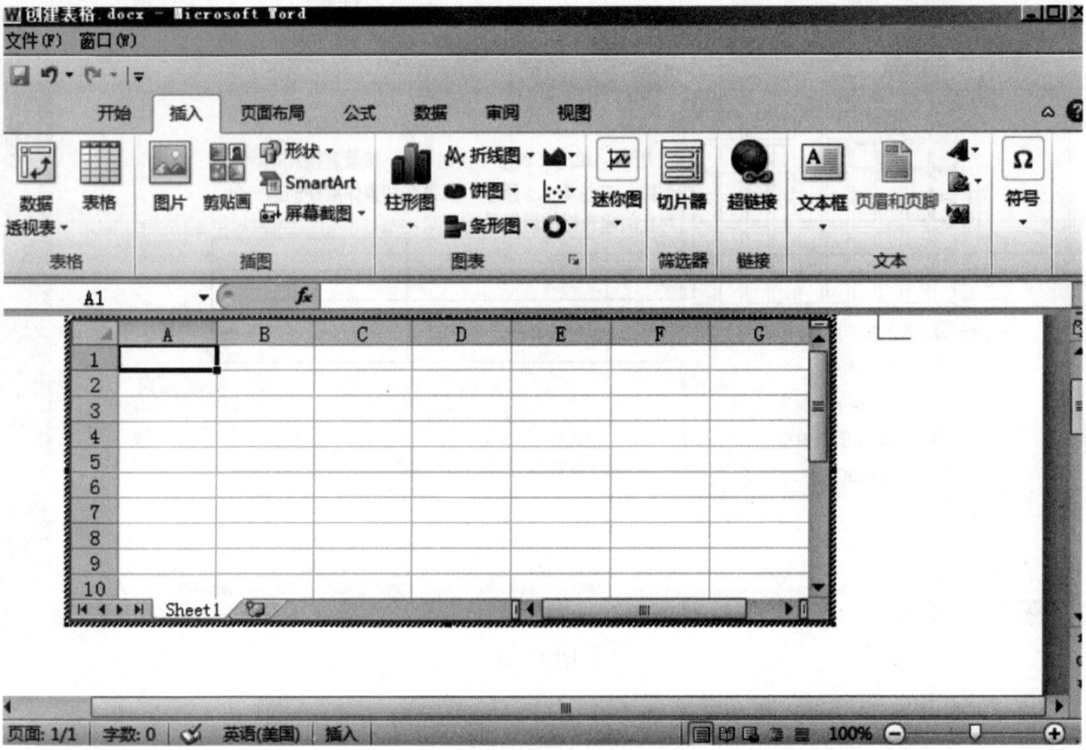

图 3－31

④在“快速表格”菜单项中选择表格模板，如图 3－32 所示。可以插入表格式列表、日历及双表，只需要对表格中的名称等进行更改即可。

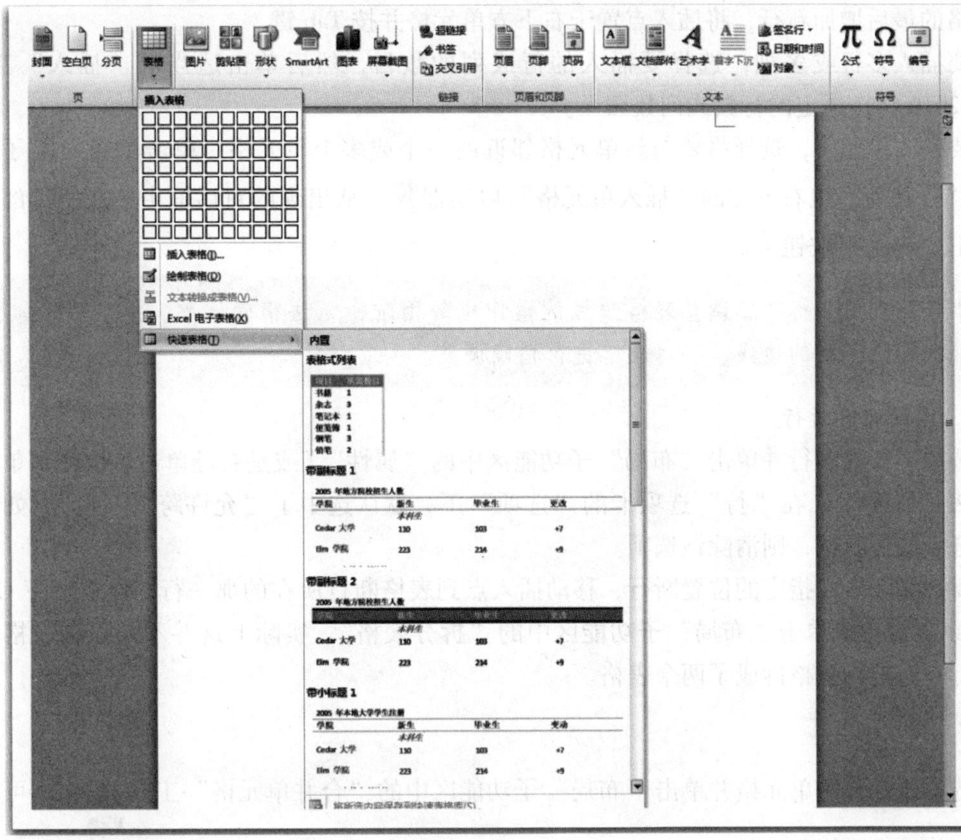

图 3－32

3.6.2 表格的修改

创建表格后，可进行如下操作。

注意：本书所提及的“布局”功能区实际上指的是“表格工具”的“布局”子功能区。布局工具不提供实时预览功能。

1. 删除表格、行或单元格

有时需要删除行或列来修整表格，有时不得不删除整个表格，有时这个简单的操作比想象中更令人生畏和复杂。如果选中一个表格后按 Del 键，表格里的数据被删除了，但表格本身仍在那儿。有时删除一个单元格、行或列时，也会发生同样的事情。如果要删除单元格、行、列或表格中的内容，选中要删除的，按“布局”功能区中的“删除”按钮，从菜单中选择符合的条件，如图3－33所示。

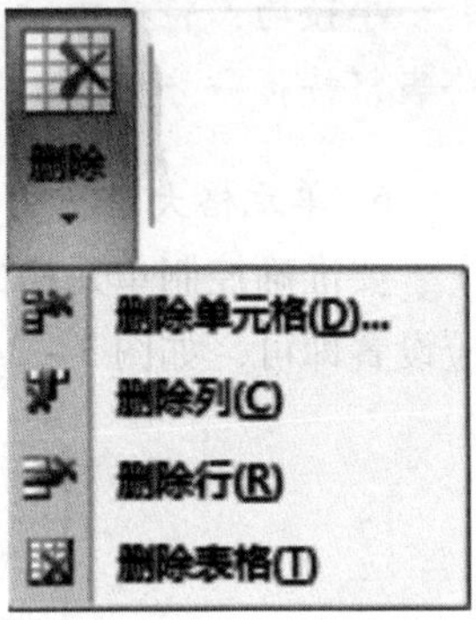

图 3－33

2. 插入行、列和单元格

要在表格中插入一行或一列，单击与插入位置邻近的行或列，然后单击“在上方插入”“在下方插入”“在左侧插入”或“在右侧插入”工具，具体取决于新的行或列将出现的位置，如果不成功，通常可以拖动新的行或列到所需的位置。要在现有表格的最后增加新行，将插入点置于右下方单元格并按 Tab 键。

要插入多行或多列，选择要插入的行或列的数目，然后单击适当的“插入”工具。Word 2010 将按选定的行数或列数插入。

要插入单元格，选择将要与新单元格邻近的一个或多个单元格，单击“布局”子功能区中“行和列”组右下方的“插入单元格”启动器，从出现的对话框中选择所需的操作并单击“确定”按钮。

小技巧： 用鼠标手工调整表格边线的操作比较困难，无法精确调整。按下 Alt 键不放，再用鼠标调整表格的边线，可对表格进行精确调整。

3. 控制表格断行

选中一行或多行并单击“布局”子功能区中的“属性”（或是右键单击从快捷菜单中选择“表格属性”），在“行”选项卡的“选项”下，默认选中了“允许跨页断行”。如果不想让选中的行断行，则清除该选项。

要强制表格在指定的位置断行，移动插入点到表格断行所在的那一行，然后按下 Ctrl + Enter 组合键，或单击“布局”子功能区中的“拆分表格”。实际上这并不是强制表格在该处断行，而是将表格拆成了两个表格。

4. 合并单元格

选中要合并的单元格并单击“布局”子功能区中的“合并单元格”工具 合并单元格，即可将两个及两个以上的连续单元格合并为一个单元格。

5. 拆分单元格

选定要拆分的单元格，单击“表格工具”中“布局”子功能区上面的“拆分单元格”按钮 拆分单元格，即可将一个及一个以上的连续单元格拆分为多个单元格。

小技巧： 将鼠标放在表格某一行外侧的回车符处，按 Ctrl + Shift + Enter 组合键即可实现将表格按行一分为二。删除两表格之间的回车符，还可将两表格合并。

6. 单元格大小

要准确控制单元格的高度和宽度，单击“布局”子功能区“单元格大小”组，进行相应设置即可，如图 3 – 34 所示。

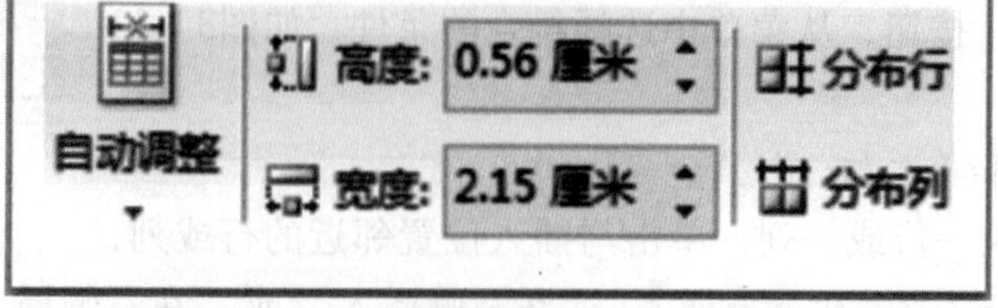

图 3 – 34

如果希望所选定的行具有同样的高度，单击“分布行”按钮。同样地，单击“分布列”可设置选中的列或所有列宽度相同。这个命令只在所有行中的列具有相同宽度时才起作用。

7. 单元格对齐

单元格对齐方式有 9 种，如图 3－35 所示。要设置或修改单元格的对齐方式，单击或选中要修改的单元格，然后进行设置即可。

图 3－35

8. 表格对齐方式

选中整个表格并使用“开始”功能区中的“段落对齐”工具，或是使用“表格属性”对话框中的“对齐方式”进行设置。

9. 文字方向

要控制 Word 2010 表格单元格中的文字方向，单击“布局”子功能区中的“文字方向”工具。这个选项通常可以使表格纵向显示文字，否则可能要用多个分散的横向文字实现。

10. 单元格边距和间距

Word 2010 为单元格边距提供了几种不同的控制方法。单元格边距是单元格内容与划分单元格的虚构的线条之间的距离。适当的边距能避免单元格间过于拥挤；增加间隔有助于生成合适的外观。用表格来格式化预打印表格中的数据时，也能防止打印的数据跨过边界。要查看单元格的边距和间距，单击“布局功能区”的“单元格边距”工具 

，出现“表格选项”对话框，如图3－36所示，从中可以查看。

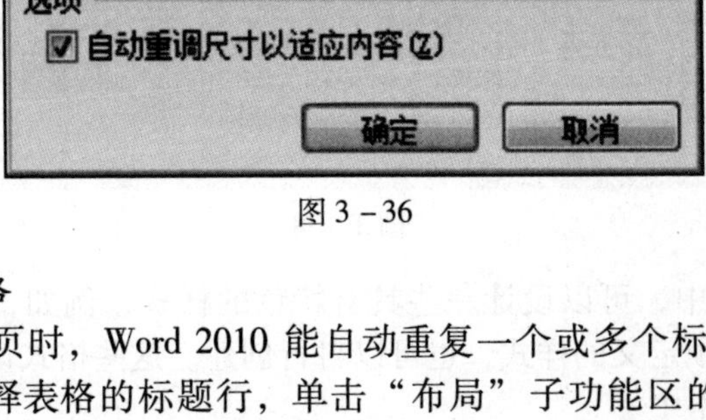

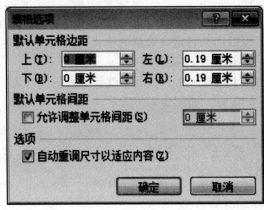

图 3－36

11. 跨过多页的表格

当一个表格跨过多页时，Word 2010 能自动重复一个或多个标题行，使表格更易于管理。如果要求更高，选择表格的标题行，单击“布局”子功能区的“重复标题行”工具，选中的标题行可在有需要的地方重复。可以为每个单独的表格打开或关闭此设置。因为标题行的数目各异，所以该设置不能作为所有表格的默认设置，也不能纳入样式定义。

对于只显示或打印到一个页面的表格，这项设置没有明显的效果。它同时对“Web 版式视图”下的页面不起作用，因为 Web 页面在内容上是无缝且不分页的。

12. 表格排序

Word 2010 提供了快速灵活的方法为表格中的数据排序。要对表格进行排序，单击表格中的任一处并单击“布局”子功能区的“排序”工具，弹出“排序”对话框，如图 3 – 37 所示。可设置“主要关键字”“次要关键字”和“第三关键字”并进行排序。

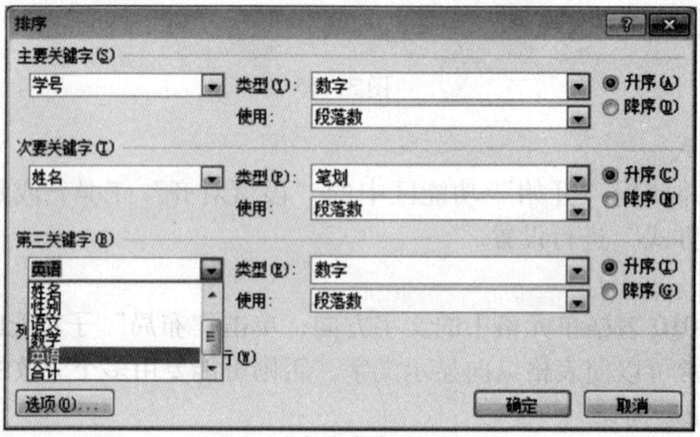

图 3 – 37

例如，设置“主要关键字”为“学号”，按“数字”排序才能以正确的排序顺序。设置“次要关键字”为“姓名”，则可按“拼音”或“笔画”进行排序。单击“选项”进行另外的设置，包括如何分隔字段（针对非表格排序）和是否区分大小写排序，还可以设置排序语言。单击“确定”按钮关闭“排序选项”对话框，然后单击“确定”按钮完成排序。

3.6.3 设计表格样式

在 Word 中，当遇到与表格有关的操作时，“表格工具”就会出现在界面中。“表格工具”选项卡中包含了许多可以用来自定义表格的格式工具。

1. “表格工具”下的“设计”选项卡

当你创建了表格并填写了数据之后，接下来就要为表格设计表样式。合适的样式设计能够让表格更好地传达其中的信息，如图 3 – 38 所示。

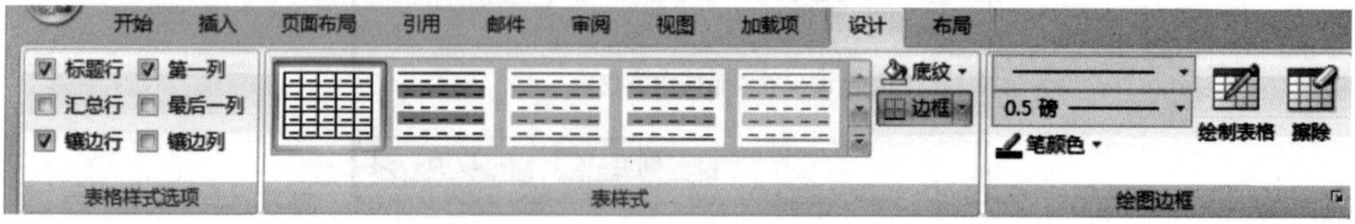

图 3 – 38

在“设计”选项卡中，可以设计一些具有特色的样式，例如，首行、首列、阴影、边框及颜色等。可以使用预定义的样式，也可以自行创建。这些格式设置都能应用到指定的单元格、行、列或整个表格中。

"表格工具"下的"设计"选项卡包含了需要使用的边框类型、粗细程度及颜色；还可以设置阴影，也可以添加或移除边框线。图3-39所示为表格边框绘制选项。

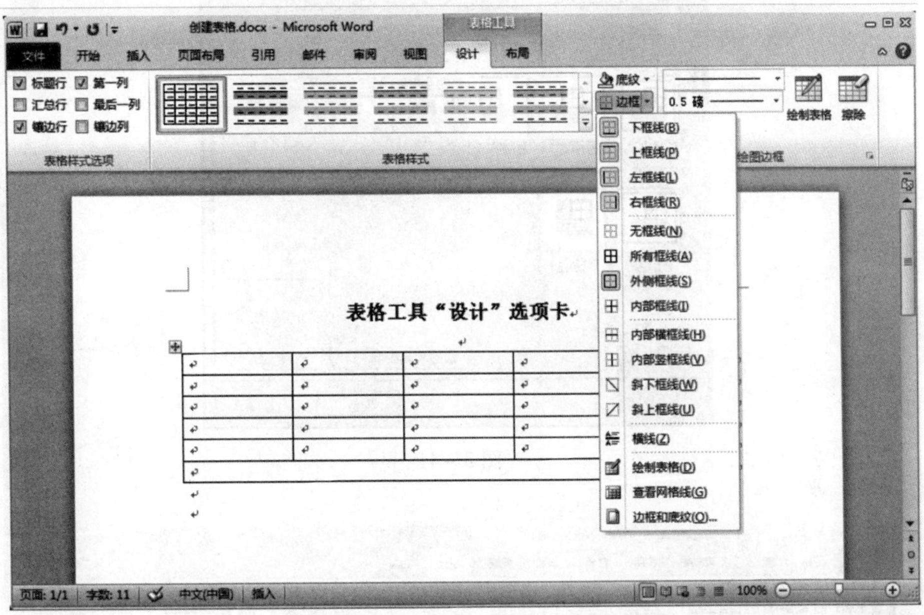

图3-39

2. "表格工具"下的"布局"选项卡

其他一些表格格式选项则在"表格工具"下的"布局"选项卡中，如图3-40所示。

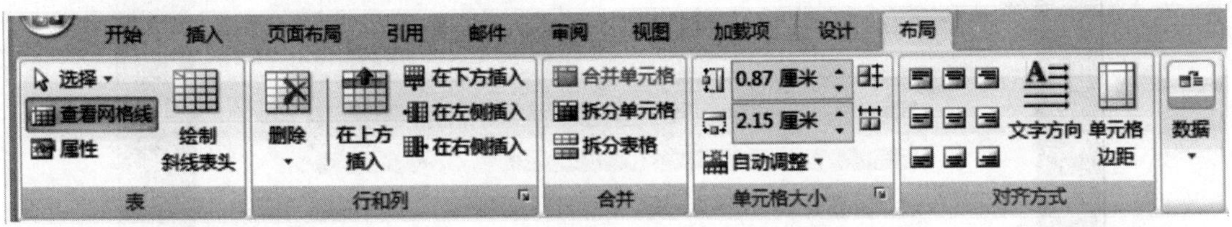

图3-40

由于表格是一个具有边缘和空白部分的对象，则可以让文档中的文本环绕在其周围。如果要这样做，必须指定表格的哪一边有文本，哪一边没有。这个操作可以使用"布局"选项卡中的"表"来完成。如果单击"属性"，可以在弹出的对话框中选择文字环绕的方式及文字的对齐方式等，如图3-41所示。

在"布局"选项卡中，可以对表格插入行和列，既可以插入表格的尾端，也可以插入现有的行和列之间。

3. 表样式

Microsoft Office 2010中的每个应用程序都包含了很多的主题和模板，将鼠标移动到"设计"选项卡中的"表格样式"上方，就能够对预设计的样式进行预览，从而决定是否应用它，如图3-42所示。

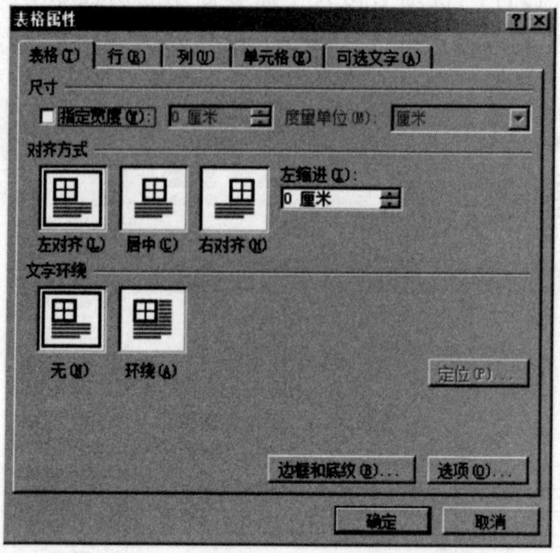

图 3－41

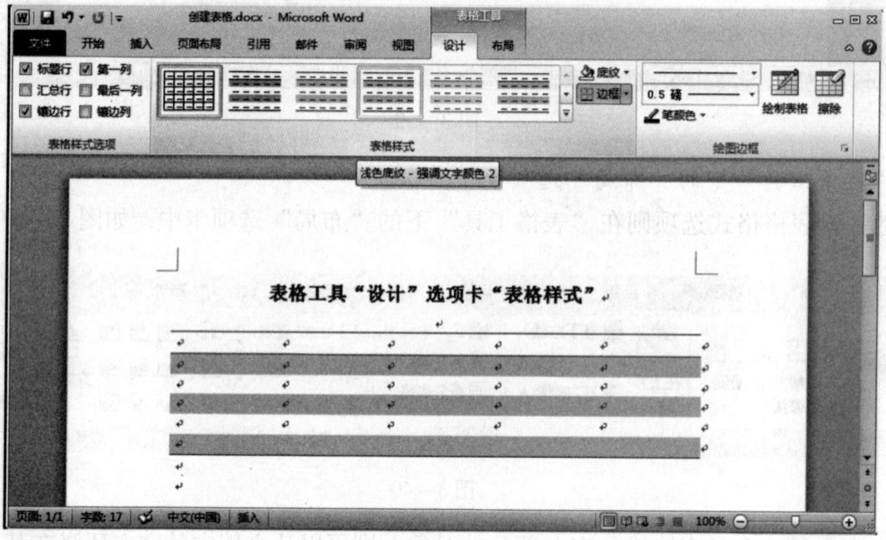

图 3－42

3.7 公式的插入

3.7.1 插入公式

①在“插入”选项卡上的“符号”组中，单击“公式”旁边的箭头，然后单击所需的公式即可。例如，二次公式 $x=\frac{-b\pm\sqrt{b^2-4ac}}{2a}$。

②单击“插入新公式”按钮 π 公式，出现 在此处键入公式。 框，单击此框，在“公式

工具”下“设计”选项卡上的“结构”组中，单击所需的结构类型（如分数$\frac{x}{y}$或根式$\sqrt[n]{X}$），如图3－43所示，然后单击所需的结构，结合相应的符号可逐步设计公式，例如：$d*\int_0^1 \cos(x)dx \pm \sum_1^{10} e^2 + E*E = \frac{\lambda\gamma}{\theta}$。如果结构包含占位符，则在占位符内单击，然后键入所需的数字或符号。公式占位符是公式中的小虚框$\frac{\square}{2}$。

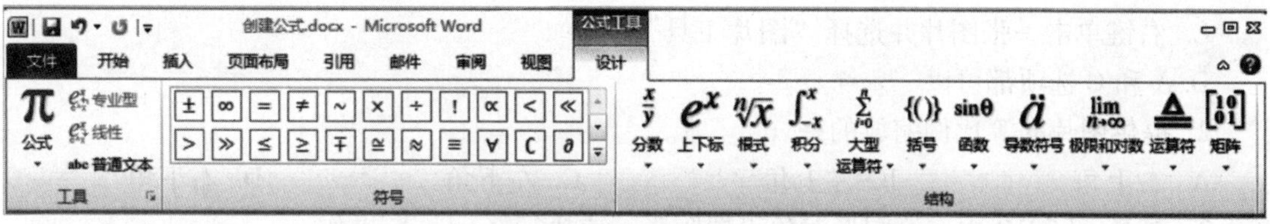

图3－43

③要在Word 2010中更改编写的公式，只需要单击要编辑的公式，进行所需的更改，修改后在编辑框外单击即可。

3.7.2 编辑公式

1. 公式挪移

需要说明的是，编辑完成的“公式”是一个整体，可以根据“排版”的需要在相应的范围内进行挪移。单击已编辑好的公式，此时页面上会显示蓝色的公式编辑框，鼠标指向编辑框的左上角，然后按下左键，可以对公式进行拖曳；也可以单击右下角的下拉箭头，打开“两端对齐”菜单，选择左对齐、右对齐、居中、整体居中等不同的格式。

2. 任意纵横

前面已经提到，“公式工具”只支持.docx格式的文档，为了在更大范围内实现文档的共享，建议将文档保存为.doc格式，此时文档中的公式会以图片形式进行显示，浏览者无法进行编辑，利用这个特性可以防止公式被非法修改。当然，保存后的.doc文档可以再次被转换为.docx格式，只需要单击Office按钮，然后从下拉菜单中执行“转换”命令即可，转换之后的公式可以被正常编辑。

3. 快速转换

考虑到排版和交流的方便，可以通过“公式工具”将公式在默认的“专业型”和“线性”两者之间进行快速转换，如图3－44所示。

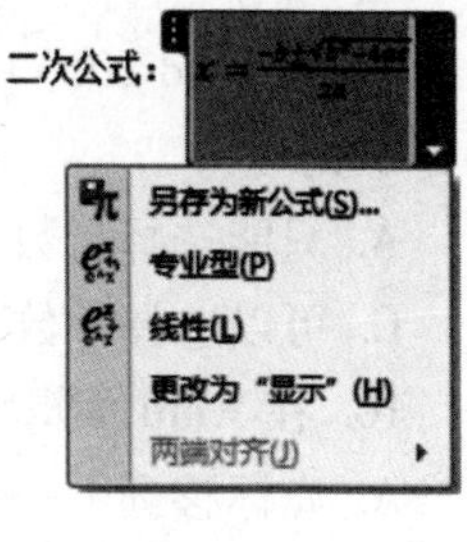

图3－44

4. 保存到公式库

公式编辑完成后，如果以后还需要经常调用，那么不妨将其保存到公式库中。单击公式右下角的下拉箭头，选择“另存为新公式”，打开“新建构建基块”的对话框，进行相应设置，最后单击“确定”按钮即可将公式保存到公式库中。以后需要使用时，只要单击“插入”选项卡中的公式按钮，打开“常规”下拉列表框，找到保存的公式即可直接将其插入当前文档。

习　题

一、选择题

1. 以下情形下，功能区会出现“图片工具”选项卡的是（　　）。

A. 单击“插入”选项卡上的“显示图片工具”命令

B. 选择一张图片

C. 右键单击一张图片并选择“图片工具”

D. A 和 C 选项都可以

2. 提供图片的等比例缩放的是（　　）。

A. 右上角　　B. 左上角　　C. 左下角　　D. 右下角

3. 在 Word 2010 中，给图形对象设置阴影，应执行（　　）操作。

A. “绘图”工具栏中的“阴影”命令　　B. “开始”选项卡中的“阴影”命令

C. “插入”选项卡中的“阴影”命令　　D. “引用”选项卡中的“阴影”命令

4. Word 2010 中，要对某一单元格进行拆分，应执行（　　）操作。

A. “设计”选项卡中的“拆分单元格”命令

B. “布局”选项卡中的“拆分单元格”命令

C. “插入”菜单中的“拆分单元格”命令

D. “开始”菜单中的“拆分单元格”命令

5. 在 Word 2010 中，删除表格中的某单元格所在行，应选择“删除单元格”对话框中的（　　）命令。

A. 右侧单元格左移　　B. 正文单元格上移　　C. 整行删除　　D. 整列删除

6. 在 Word 2010 的编辑状态下，绘制文本框命令所在的选项卡是（　　）。

A. 引用　　B. 插入　　C. 开始　　D. 视图

7. 在 Word 2010 中，要使用“格式刷”命令按钮，应选择（　　）选项卡。

A. 引用　　B. 插入　　C. 开始　　D. 视图

8. 在 Word 2010 文档中插入数学公式，应用“插入”选项卡中的（　　）命令按钮。

A. 符号　　B. 图片　　C. 形状　　D. 公式

9. 在 Word 2010 中，单击“插入”选项卡下的“表格”按钮，然后选择“插入表格”命令，则（　　）。

A. 只能选择行数　　B. 只能选择列数

C. 可以选择行数和列数　　D. 只能使用表格设定的默认值

10. 在 Word 编辑状态下，若光标位于表格外右侧的行尾处，按 Enter 键，结果为（　　）。

A. 光标移到下一行，表格行数不变　　B. 光标移到下一行

C. 在本单元格内换行，表格行数不变　　D. 插入一行，表格行数改变

11. 在 Word 2010 中，当文档中插入图片对象后，可以通过设置图片的文字环绕方式进行图文混排，下列不是 Word 提供的文字环绕方式的是（　　）。

A. 四周型　　B. 衬于文字下方

C. 嵌入型　　D. 左右型

12. 在 Word 2010 编辑状态下绘制一个图形，首先应该选择（　）。

A. “插入”选项卡→“图片”命令按钮　　B. “插入”选项卡→“形状”命令按钮

C. “开始”选项卡→“更改样式”按钮　　D. “插入”选项卡→“文本框”命令按钮

13. 在 Word 2010 中（　　），此时出现“绘图工具”的“格式”选项卡。

A. 按 F2 键　　B. 双击图形　　C. 单击图形　　D. 按 Shift 键

14. 在 Word 2010 中，如果在有文字的区域绘制图形，则在文字与图形的重叠部分，（　　）。

A. 文字不可能被覆盖　　B. 文字可能被覆盖

C. 文字小部分被覆盖　　D. 文字大部分被覆盖

二、操作题

1. 启动 Word 2010，制作如图 3-45 所示的节目单。

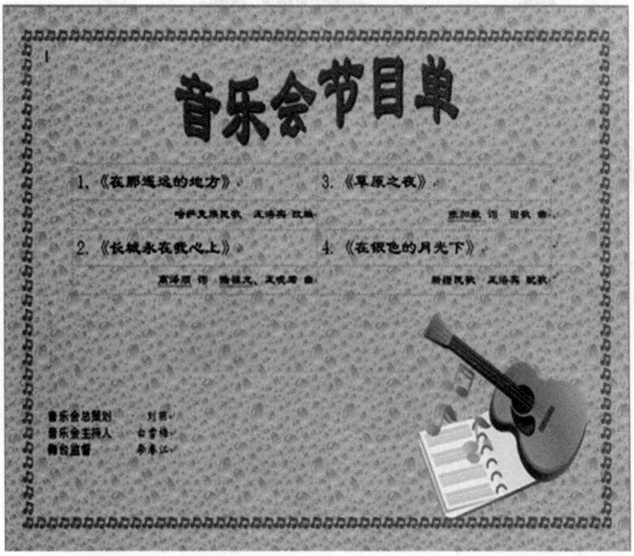

图 3-45

题目要求：

（1）页面设置为：A4 纸、纵向；页边距：上、下各 1 厘米，左、右各 2 厘米；页面边框为蓝色，宽度 16 磅，艺术型样式：　。

（2）插入艺术字：“音乐会节目单”，字体为隶书、36 磅、加粗。艺术字格式：填充色为“蓝色”，无线条，形状为“波形 2”。调整其大小和位置。

（3）插入一个 4 行 2 列的表格，调整到图 3-45 所示位置和大小。

①输入表格中文字。

②设置表格第 1 行和第 3 行的歌曲名称文字样式为隶书、黑色、二号、左对齐。

③设置表格第 2 行和第 4 行的文字样式为隶书、黑色、小三、右对齐。

④设置表格中所有文本的段前段后为 0.5 行间距。

⑤设置表格为 0.5 磅的虚线边框。

（4）在页面左下方合适位置输入文字“音乐会总策划……李春江”。设置其中描述职务的文字字体为黑色、四号；设置其中的人名的文字字体为楷体、四号。

（5）添加页面填充效果为“纹理－水滴”。

2. 用艺术字、剪贴画和图形组成如图 3－46 所示的一则笑话。

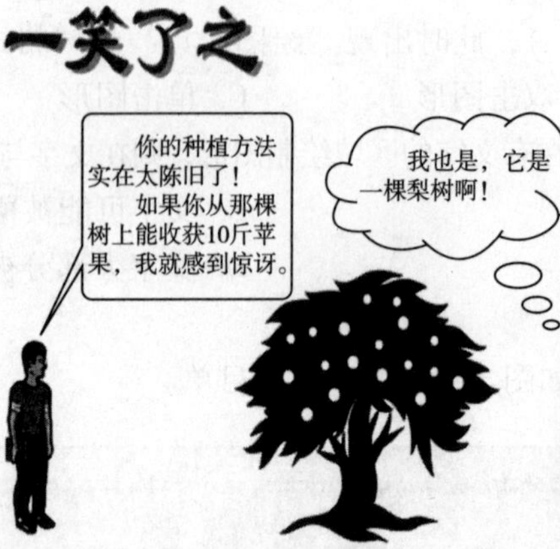

图 3－46

3. 利用“剪切画”中的半圆形状组合成风车，如图 3－47 所示。

图 3－47

4. 利用图形工具制作会计账务处理流程图，如图 3－48 所示。

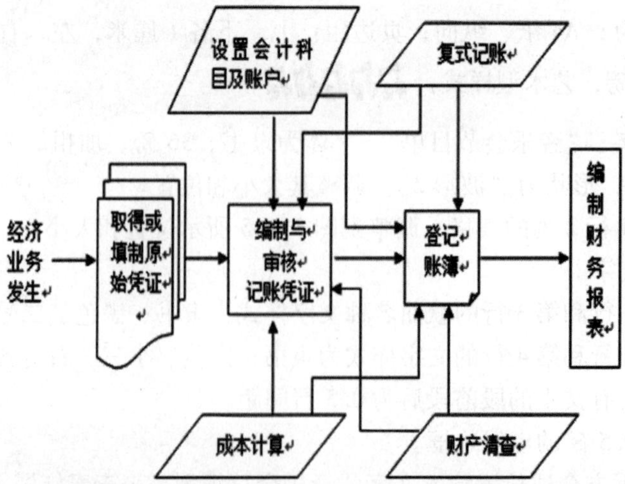

图 3－48

5. 利用艺术字、形状完成图 3－49 所示短文。

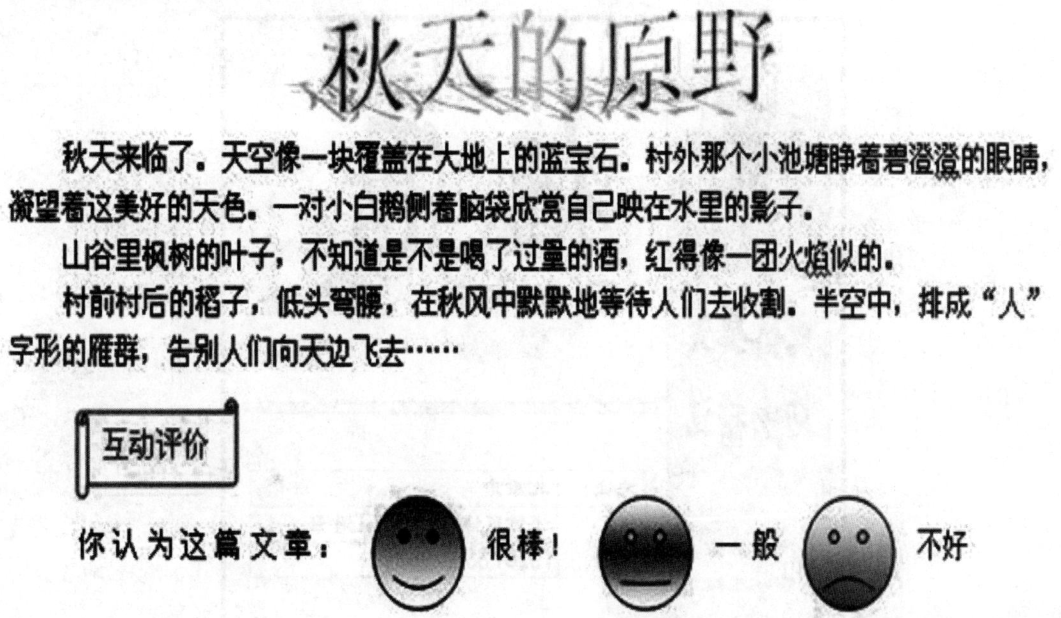
秋天的原野

秋天来临了。天空像一块覆盖在大地上的蓝宝石。村外那个小池塘睁着碧澄澄的眼睛，凝望着这美好的天色。一对小白鹅侧着脑袋欣赏自己映在水里的影子。

山谷里枫树的叶子，不知道是不是喝了过量的酒，红得像一团火焰似的。

村前村后的稻子，低头弯腰，在秋风中默默地等待人们去收割。半空中，排成“人”字形的雁群，告别人们向天边飞去……

互动评价

你认为这篇文章： 很棒！ 一般 不好

图 3－49

6. 利用艺术字、剪贴画、形状完成图 3－50 所示短文。

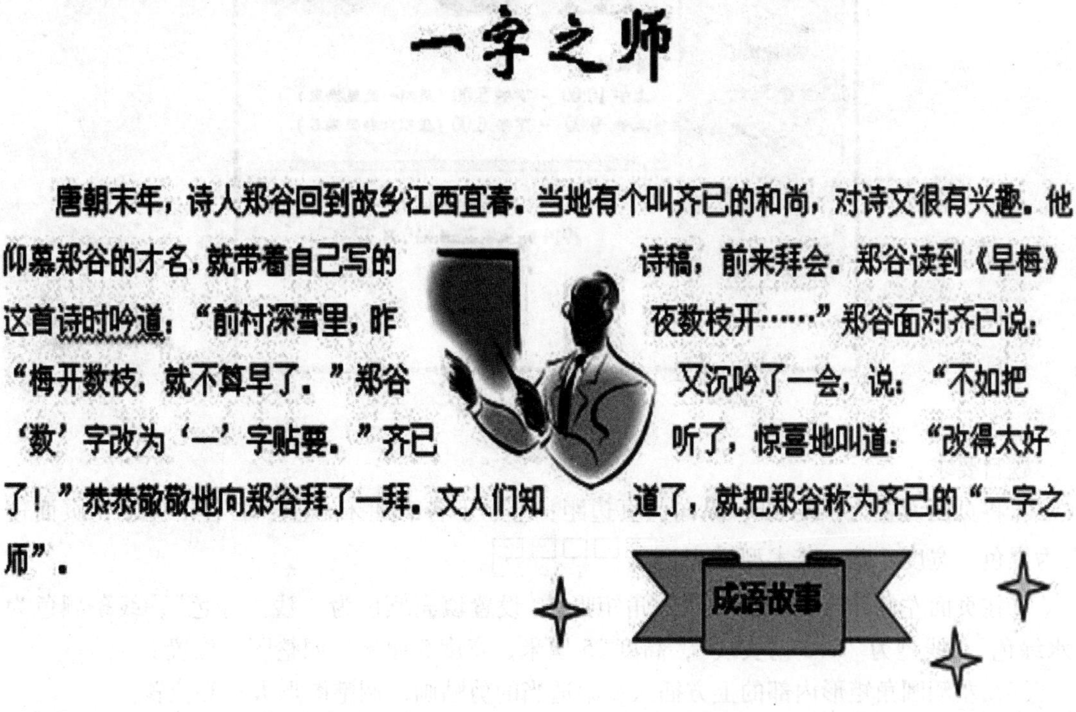
一字之师

唐朝末年，诗人郑谷回到故乡江西宜春。当地有个叫齐已的和尚，对诗文很有兴趣。他仰慕郑谷的才名，就带着自己写的诗稿，前来拜会。郑谷读到《早梅》这首诗时吟道：“前村深雪里，昨夜数枝开……”郑谷面对齐已说：“梅开数枝，就不算早了。”郑谷又沉吟了一会，说：“不如把‘数’字改为‘一’字贴要。”齐已听了，惊喜地叫道：“改得太好了！”恭恭敬敬地向郑谷拜了一拜。文人们知道了，就把郑谷称为齐已的“一字之师”。

成语故事

图 3－50

7. 用 Word 2010 制作促销海报，如图 3－51 所示。

图 3－51

题目要求：

①将页面设置为：A4 纸、纵向；页边距：上、下各 2 厘米，左、右各 1 厘米；页面边框为黑色，宽度 6 磅，艺术型样式：。

②在页面左侧插入自选图形“圆角矩形”，设置填充颜色为“浅青绿色”，线条颜色为“水绿色”，线型为“1.5 磅实线”，高度 25 厘米、宽度 5 厘米，调整图形位置。

③在左侧圆角矩形内部的上方插入一幅适当的剪贴画，调整图形大小和位置。

④插入艺术字“良机莫失　切勿错过”，字体为隶书、36 磅。艺术字形状为“腰鼓”，并调整到适当位置和大小。

⑤在左侧圆角矩形内部输入文字“所有展示……15 元起”，字体为隶书、20 磅、粗体、

青色、居中对齐。

⑥在页面左侧插入3个透明的文本框，均输入文本“狂甩”，字体为“方正舒体”，130磅、居中对齐，颜色分别为青色、自定义颜色（RGB模式，红色189，绿色211，蓝色210）、浅青绿。调整位置和层次。

⑦在页面中依次插入3个细长条形状的矩形，版式均为“浮于文字上方”，高度0.25厘米，长度适当，间距如图3－51所示。填充色为浅青绿色，线条为1.5磅水绿色实线。

⑧在第一个细长矩形下方适当位置插入透明边框的文本框，在文本框中插入一个3行2列表格，表格要求：

输入各个单元格中的文字；

设置表格字体为隶书、20磅、玫红色、左对齐；

设置表格为无边框，无内边线。

⑨在第二个细长矩形下方适当位置插入透明边框的文本框，文本框中插入3幅适当题材的图片。调整图片大小和位置。

⑩在图片下方插入透明边框的文本框，文本框中输入文字“营业时间……星期日”，字体为隶书、三号、黑色、左对齐。

⑪在第二个细长矩形下方适当位置插入透明边框的文本框，文本框中输入文字“优惠时间……17日”，字体为隶书、三号、青色、居中对齐。

8. 在Word 2010中，完成如下公式。

(1) $\varphi'(x)=f'(x)-\dfrac{f(b)-f(a)}{b-a}$

(2) $\displaystyle\int\frac{dx}{\sqrt{x^2+a^2}}=\ln(x+\sqrt{x^2+a^2})+C$

(3) $\displaystyle\frac{d}{dx}\int_{\cos x}^{1}e^{-t^2}dt=\sin xe^{-\cos^2x}$

(4) $f(x)=e^{\lambda x}[P_1(x)\cos wx+P_n(x)\sin wx]$

9. 制作人力资源基本情况表，如图3－52所示。

人力资源基本情况统计

<table>
<tr><td rowspan="2">项目
分类</td><td colspan="3">职称结构</td><td colspan="3">文化结构</td><td rowspan="2">合计</td></tr>
<tr><td>高级</td><td>中级</td><td>初级</td><td>本科</td><td>专科</td><td>中专</td></tr>
<tr><td>管理</td><td>10</td><td>5</td><td>3</td><td>8</td><td>7</td><td>3</td><td>36</td></tr>
<tr><td>技能</td><td>2</td><td>3</td><td>2</td><td>3</td><td>1</td><td>3</td><td>14</td></tr>
<tr><td rowspan="2"></td><td>12</td><td>8</td><td>5</td><td>11</td><td>8</td><td>6</td><td rowspan="2">50</td></tr>
<tr><td colspan="3">25</td><td colspan="3">25</td></tr>
</table>

图3－52

10. 制作发料凭证汇总表，如图 3－53 所示。

发料凭证汇总表					
年　月　日					
领料部门	甲材料	乙材料	丙材料	丁材料	合计
生产车间					
车间一般耗用					
行政管理部门					
合　计					
会计主管		复核		制表	

图 3－53

11. 制作增值税专用发票，如图 3－54 所示。

2100123170　　辽宁省增值税专用发票　　NO：01745327

发 票 联

开票日期：　年　月　日

<table>
<tr><td rowspan="4">购货单位</td><td colspan="4">名　　称：</td><td rowspan="4">密码区</td><td colspan="4" rowspan="4"></td></tr>
<tr><td colspan="4">纳税人识别号：</td></tr>
<tr><td colspan="4">地 址、电 话：</td></tr>
<tr><td colspan="4">开户行及账号：</td></tr>
<tr><td colspan="2">货物或应税劳务名称</td><td>规格型号</td><td>单位</td><td>数量</td><td>单 价</td><td>金 额</td><td>税率</td><td>税 额</td></tr>
<tr><td colspan="9"></td></tr>
<tr><td colspan="2">合 计</td><td colspan="7"></td></tr>
<tr><td colspan="2">价税合计（大写）</td><td colspan="7"></td></tr>
<tr><td rowspan="4">销货单位</td><td colspan="4">名　　称：</td><td rowspan="4">备注</td><td colspan="4" rowspan="4"></td></tr>
<tr><td colspan="4">纳税人识别号：</td></tr>
<tr><td colspan="4">地 址、电 话：</td></tr>
<tr><td colspan="4">开户行及账号：</td></tr>
</table>

第三联：发票联 购货方记账凭证

收款人：　　复核人：　　开票人：　　销货单位：（章）

图 3－54

12. 制作银行进账单，如图 3－55 所示。

中国工商银行进账单(收账通知)　3

年　月　日

<table>
<tr><td rowspan="3">出票人</td><td>全　称</td><td></td><td rowspan="3">收款人</td><td>全　称</td><td colspan="11"></td><td rowspan="8">此联是收款人开户银行交给收款人的收账通知</td></tr>
<tr><td>账　号</td><td></td><td>账　号</td><td colspan="11"></td></tr>
<tr><td>开户银行</td><td></td><td>开户银行</td><td colspan="11"></td></tr>
<tr><td rowspan="2">金额</td><td rowspan="2">人民币
(大写)</td><td rowspan="2" colspan="3"></td><td>亿</td><td>千</td><td>百</td><td>十</td><td>万</td><td>千</td><td>百</td><td>十</td><td>元</td><td>角</td><td>分</td></tr>
<tr><td></td><td></td><td></td><td></td><td></td><td></td><td></td><td></td><td></td><td></td><td></td></tr>
<tr><td colspan="2">票据种类</td><td>票据张数</td><td></td><td rowspan="3" colspan="12">收款人开户银行盖章</td></tr>
<tr><td colspan="2">票据号码</td><td colspan="2"></td></tr>
<tr><td colspan="4">复核　记账</td></tr>
</table>

图 3－55

13. 制作收款收据，如图 3－56 所示。

<table>
<tr><td colspan="2">收　款　收　据</td><td rowspan="7">第三联财务联</td></tr>
<tr><td colspan="2">2013年12月30日　N00025021</td></tr>
<tr><td>今　收　到：</td><td>职工马涛</td></tr>
<tr><td>交　　来：</td><td>违反规定罚款</td></tr>
<tr><td>金额（大写）</td><td>叁百元整　贰佰元整　￥200.00</td></tr>
<tr><td>交 款 方 式</td><td>现金　收款单位（盖章）　营口佳美服装有限公司 财务专用章</td></tr>
<tr><td colspan="2">核准　会计　记账　出纳 李红　经手人</td></tr>
</table>

图 3－56

第4章

页面布局与打印输出

【本章导读】

文档内容编辑完成后，一般还需对页面属性、页眉页脚、页码等格式进行设置。本章重点对各种页眉页脚的插入、修改与删除做详细的介绍，同时介绍了一些特殊页面格式的设置、打印前的页面设置及打印办法。

【本章学习要点】

- 设置页眉页脚
- 设置页面格式
- 页面设置
- 打印文档

4.1 设置页眉页脚

当用户进入页眉、页脚编辑状态之后，即可在页眉、页脚中添加内容。例如，可以添加页码、时间和日期、公司徽标、文档标题、文件名或作者姓名。如果要更改已插入的页眉或页脚，在“页眉和页脚工具”下的“页眉和页脚”中可以找到更多的页眉和页脚选项。修改页眉、页脚与修改页面正文的方法基本上是相同的，但是内容不同，页眉、页脚起到提示文章主题、设置页码等作用。

在默认情况下，Word 2010 文档中的页眉和页脚均为空白内容，只有在页眉和页脚区域输入文本或插入页码等对象后，用户才能看到页眉或页脚。

4.1.1 整个文档的页眉和页脚相同

在“插入”命令标签上的“页眉和页脚”组中，单击“页眉”或“页脚”按钮，如图4-1所示，单击所需的页眉或页脚设计，页眉或页脚即被插入文档的每一页中。

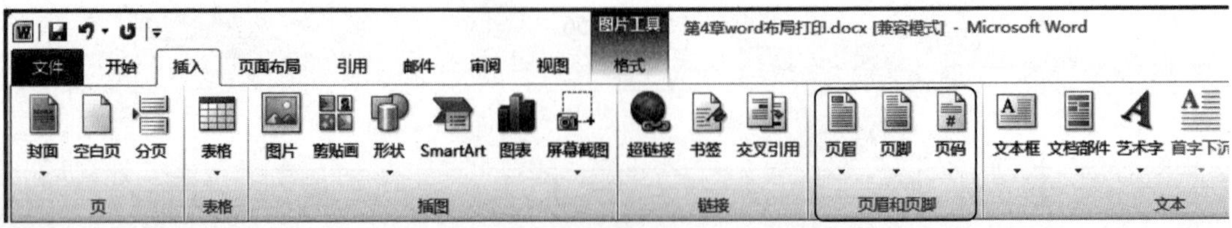

图4-1

如有必要，选中页眉或页脚中的文本，然后使用微型工具栏上的格式选项，便可以设置相应文本的格式。

4.1.2　页眉或页脚中插入文本或图形

单击“页眉”或“页脚”按钮，然后在弹出的下拉菜单中单击“编辑页眉”或“编辑页脚”命令，可插入文本或图形，如图 4－2 所示。

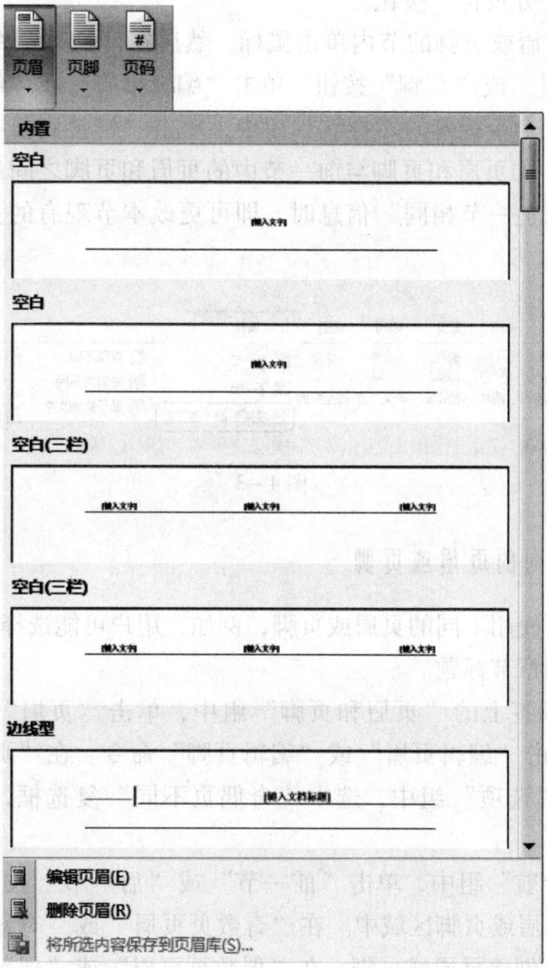

图 4－2

4.1.3　更改或删除页眉页脚

在“插入”命令标签上的“页眉和页脚”组中，单击“页眉”或“页脚”按钮，然后在弹出的下拉菜单中单击“编辑页眉”或“编辑页脚”命令，选中文本后进行修改。单击“删除页眉”或“删除页脚”命令，页眉或页脚即被从整个文档中删除。

小技巧：在页面视图中，可以在页眉、页脚与文档文本之间快速切换。只要双击灰显的页眉、页脚或灰显的文本即可。

4.1.4 创建不同的页眉或页脚

在含有节的文档中，可以在每一节插入、更改和删除不同的页眉和页脚，也可以在所有节中使用相同的页眉和页脚。

要创建分节符，在文档中需要设置节的位置单击。在“页面版式”命令标签上的“页面设置”组中，单击“分页符”按钮。

在希望创建不同页眉或页脚的节内单击鼠标，然后在“插入”命令标签上的“页眉和页脚”组中单击“页眉”或“页脚”按钮，单击“编辑页眉”或“编辑页脚”命令。

在“页眉和页脚”命令标签的“导航”组中，单击“链接到前一条页眉”按钮，如图4－3所示，断开新节中的页眉和页脚与前一节中的页眉和页脚之间的链接。当不在页眉或页脚的右上角显示“与上一节相同”信息时，即可更改本节现有的页眉或页脚，或创建新的页眉或页脚。

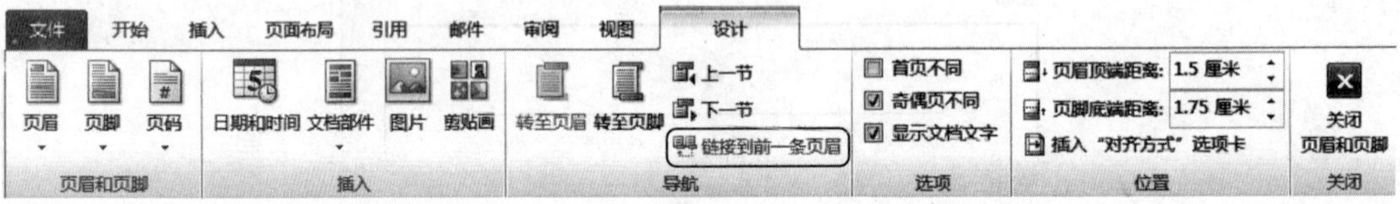

图4－3

4.1.5 奇偶页不同的页眉或页脚

奇偶页上有时需要使用不同的页眉或页脚，例如，用户可能选择在奇数页上使用文档标题，而在偶数页上使用章节标题。

在“插入”命令标签上的“页眉和页脚”组中，单击“页眉”或“页脚”按钮，然后单击“编辑页眉”或“编辑页脚”命令。在“页眉和页脚”命令标签的“选项”组中，选中“奇偶页不同”复选框，如图4－4所示。

图4－4

如有必要，在“导航”组中，单击“前一节”或“后一节”按钮，移到奇数页或偶数页页眉或页脚区域中。在“奇数页页眉”或“奇数页页脚”区域中为奇数页创建页眉或页脚；在“偶数页页眉”或“偶数页页脚”区域中为偶数页创建页眉或页脚。

小技巧： 还可以在“页面布局”选项卡中“页面设置”的“版式”中设置奇偶页不同。此外，还可以设置首页不同的页眉或页脚。

4.1.6 设置页码

在插入页码之前，应先对页码的编号格式、起始页等进行设置。之后，便可在相应的位置插入页码，如图4－5和图4－6所示。

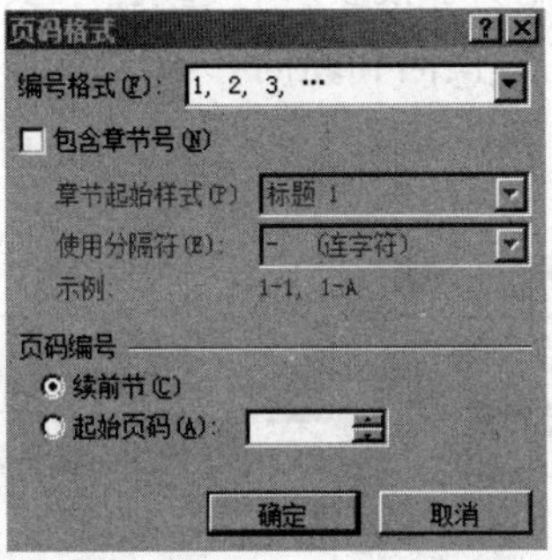

图 4-5

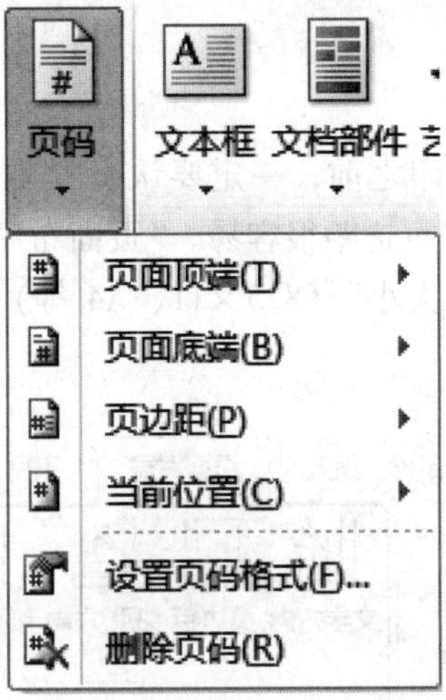

图 4-6

4.2 设置页面格式

此外，还可以给页面设置其他的一些格式。如将页面设置成稿纸、给页面添加水印效果、设置页面的背景颜色、给页面加边框等，如图 4-7 ~ 图 4-9 所示。

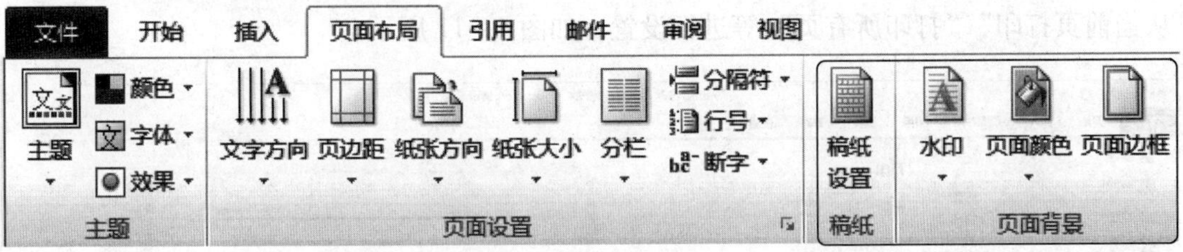

图 4-7

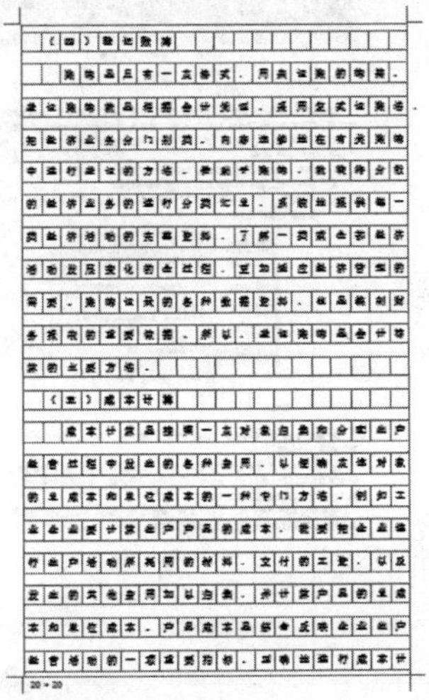

图 4-8

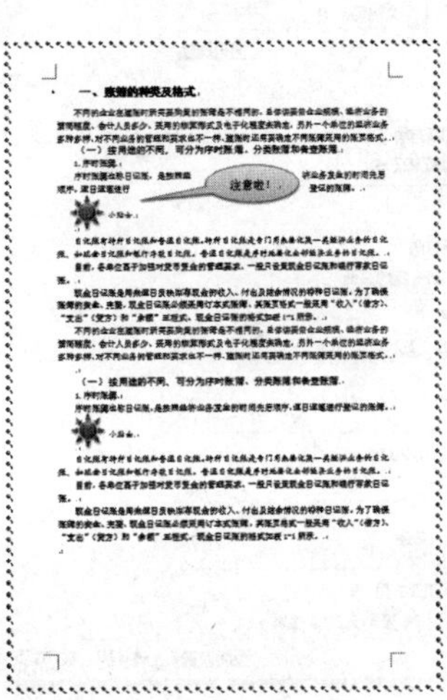

图 4-9

4.3 页面设置

在开始打印之前，一定要认真检查，最好检查文档在打印机上的页面布局。在 Word 2010 中，设置页边距很容易。“页面布局”选项卡上提供了很多所有选项。“页面设置”组中包含“纸张大小”(8.5×11、A4 等)、“纸张方向”(横向和纵向) 及“页边距”等，如图 4-10 所示。

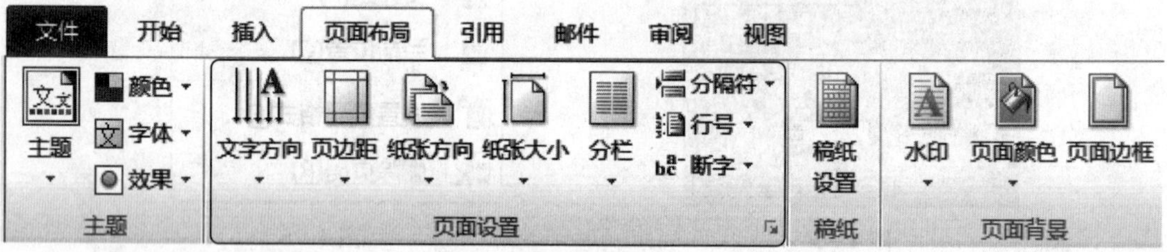

图 4-10

4.4 打印文档

当打印准备工作一切就绪后，可通过“快速访问工具栏”上提供的“快速打印”命令打印文稿，也可通过文件菜单中的“打印”命令进行打印。在实际的使用中，还可以对“从当前页打印”“打印所有页”等进行设置，如图 4-11 所示。

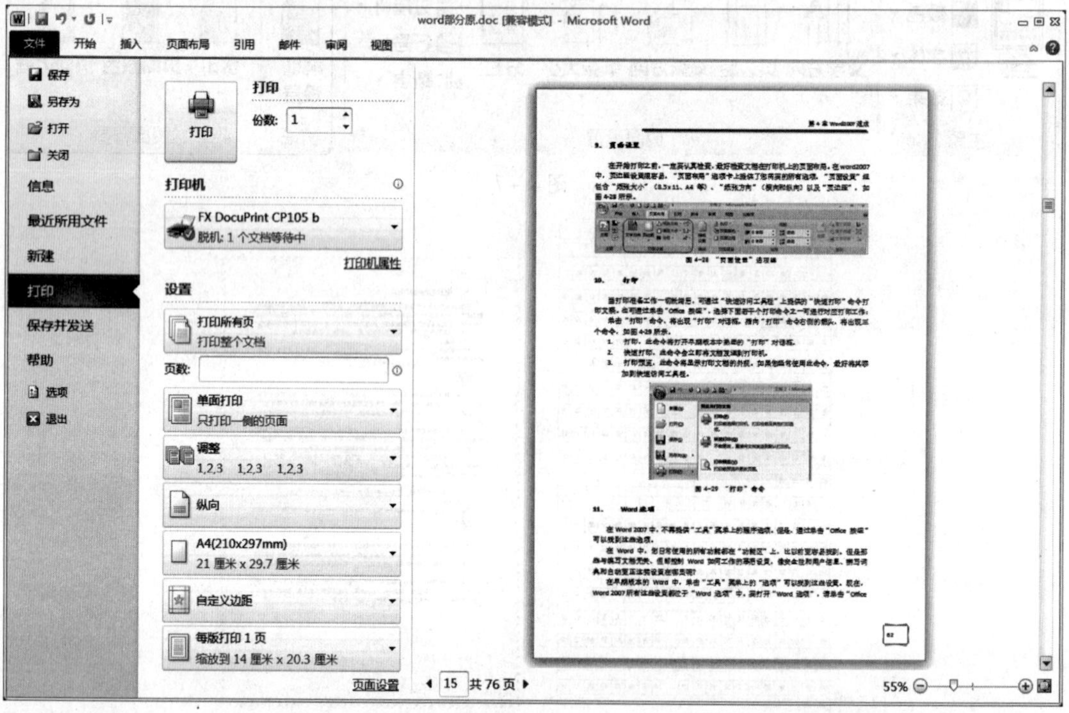

图 4-11

习 题

一、选择题

1. 在 Word 2010 中，页眉和页脚只能在（　　）中使用。

A. 大纲视图　　B. 页面视图
C. Web 版式视图　　D. 阅读版式视图

2. 在 Word 2010 中进行打印的操作，错误的是（　　）。

A. 单击“文件”中的“打印”
B. 单击快速访问工具栏上的“打印和预览”
C. 单击“页面布局”中的“打印”
D. 单击快速访问工具栏上的“快速打印”

3. Word 的页边距可以通过（　　）设置。

A. “文件”菜单下的“打印”
B. “页面布局”中的“页面设置”
C. “快速访问工具栏”中的“打印预览和打印”
D. A、B、C 选项均可以

4. 在 Word 中完成一个文档的编辑后，想知道打印的效果，可使用（　　）功能。

A. 打印预览　　B. 模拟打印
C. 提前打印　　D. 屏幕打印

5. 在 Word 2010 文档中设置页码应选择的选项卡是（　　）。

A. 文件　　B. 开始　　C. 插入　　D. 视图

6. 在 Word 2010 中，关于页眉和页脚的叙述，错误的是（　　）。

A. 一般情况下，页眉和页脚适用于整个文档
B. 在编辑“页眉与页脚”时，可同时插入时间和日期
C. 在页眉和页脚中可以设置页码
D. 一次可以为每一页设置不同的页眉和页脚

7. 若要设定打印纸张大小，在 Word 2010 中可在（　　）进行。

A. “开始”选项卡的“段落”中
B. “开始”选项卡的“字体”中
C. “页面布局”选项卡的“页面设置”中
D. 以上说法都不正确

8. 在 Word 2010 的“页面设置”中，默认的纸张大小规格是（　　）。

A. 16K　　B. A4　　C. A3　　D. B5

9. 在 Word 中，打印页码 5 -7，9，10 表示打印的页码是（　　）。

A. 第 5、7、9、10 页　　B. 第 5、6、7、9、10 页
C. 第 5、6、7、8、9、10 页　　D. 以上说法都不正确

10. 在 Word 2010 中，要打印一篇文档的第 1，3，5，6，7 和 20 页，需在打印对话框的页码范围文本框中输入（　　）。

A. 1 –3，5 –7，20　　　　　　B. 1 –3，5，6，7 –20

C. 1，3 –5，6 –7，20　　　　　D. 1，3，5 –7，20

二、操作题

1. 启动 Word 2010，进行如下页面设置，并分别制作页眉和页脚，效果如图 4 – 12 所示。

（1）设置页边距：上、下为 2 厘米，左、右为 2.6 厘米；装订线：左侧 0.6 厘米。

（2）设置页面方向：横向。

（3）纸张大小：32 开。

（4）页眉文字为“计算机应用基础教程”“CHINA RAILWAY PUBLISHING HOUSE”，页脚文字为“辽宁农业职业技术学院经济贸易系”。

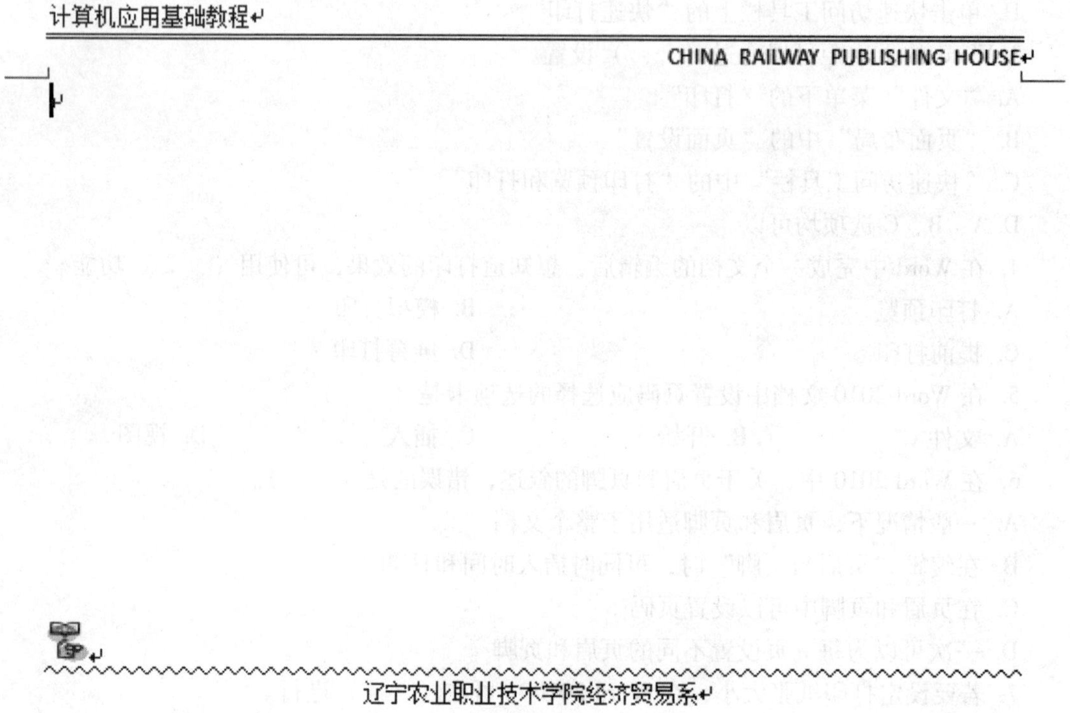

图 4 – 12

2. 启动 Word 2010，进行如下页面设置，并分别制作页眉和页脚，效果如图 4 – 13 所示。

（1）设置页面方向：纵向。

（2）纸张大小：B5。

（3）页眉：边线型。

（4）页边距：适中。

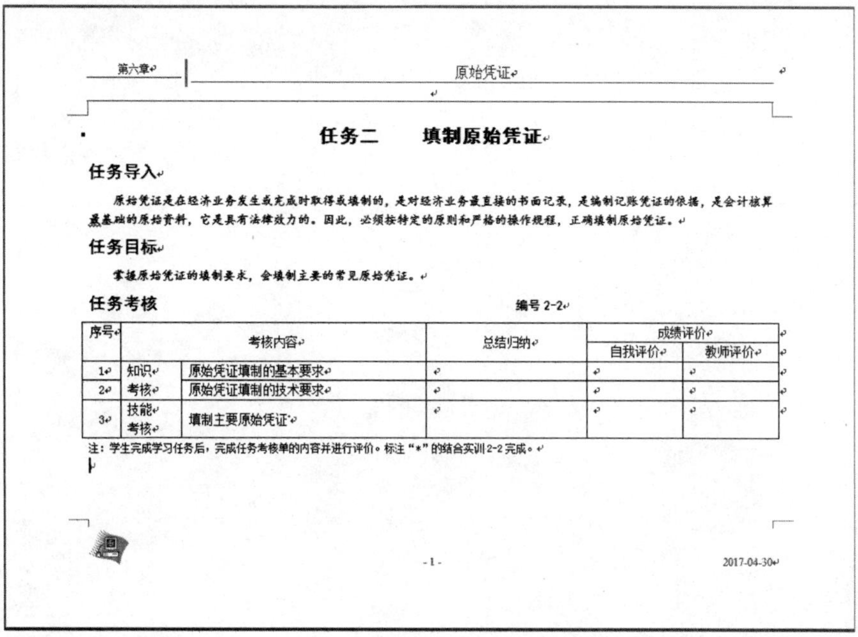

第六章　原始凭证

任务二　　填制原始凭证

任务导入

原始凭证是在经济业务发生或完成时取得或填制的，是对经济业务最直接的书面记录，是编制记账凭证的依据，是会计核算最基础的原始资料，它是具有法律效力的。因此，必须按特定的原则和严格的操作规程，正确填制原始凭证。

任务目标

掌握原始凭证的填制要求，会填制主要的常见原始凭证。

任务考核　　　　编号 2-2

序号	考核内容		总结归纳	成绩评价	
				自我评价	教师评价
1	知识	原始凭证填制的基本要求			
2	考核	原始凭证填制的技术要求			
3	技能考核	填制主要原始凭证			

注：学生完成学习任务后，完成任务考核单的内容并进行评价。标注“*”的结合实训 2-2 完成。

- 1 -　　2017-04-30

图 4－13

3. 启动 Word 2010，进行如下页面设置，效果如图 4－14 和图 4－15 所示。

（1）设置页边距：上、下为 2 厘米，左、右为 2.5 厘米；装订线：左侧 0.5 厘米。

（2）设置页面方向：纵向。

（3）纸张大小：B5。

（4）制作奇、偶页不同的页眉和页脚。奇数页眉为“会计基础”、偶数页眉为“模块二：填制和审核原始凭证”。

（5）插入页脚：“现代型－奇数页”“现代型－偶数页”。

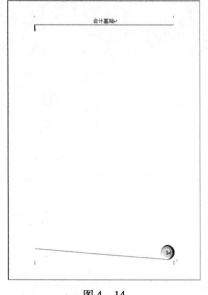

图 4－14

图 4－15

第二部分

PowerPoint 2010

第 5 章

PowerPoint 2010 概述

【本章导读】

本章将介绍一个功能强大的演示文稿制作工具——Microsoft Office PowerPoint 2010，它也是 Microsoft 公司推出的 2010 Microsoft Office System 办公套件中的重要组件。利用 PowerPoint 能够制作出集文字、图形、图像、声音及视频剪辑等多媒体元素于一体的演示文稿，是创建用于课堂教学、会议、产品展示及广告宣传等场合的演示文稿的有效工具。

本章将以个体案例的形式介绍 PowerPoint 在不同领域、不同场合的具体用法。

【本章学习要点】

- 启动和退出 PowerPoint 2010
- 认识 PowerPoint 2010 的工作界面
- 新建 PowerPoint 2010 演示文稿
- 保存 PowerPoint 2010 演示文稿

5.1 PowerPoint 2010 的基本术语

PowerPoint 引入了一些特有的术语，了解了这些术语的含义，才能顺利地创建出演示文稿。

1. 演示文稿和幻灯片

演示文稿是使用 PowerPoint 软件创建的文档；幻灯片则是演示文稿中的页面。演示文稿是由若干张幻灯片组成的，这些幻灯片能够以图、文、音、像并茂的多媒体形式展示演示文稿。

2. 主题

幻灯片主题是指对幻灯片的标题、文字、图表、背景等项目设定的一组配置方案。当选择 PowerPoint 2010 的一种主题时，演示文稿的颜色、版式等设置都将随主题的更改而发生变化。

3. 版式

版式定义了幻灯片中要显示内容的位置和格式设置信息，可以使用版式来排列幻灯片中的对象和文字。

4. 占位符

占位符在幻灯片中显示为带有虚线边框的方框，除“空白”版式外，所有幻灯片版式都提供了占位符。在占位符中可以放置标题及正文文字、图形、表格等信息。

5. 模板

在 PowerPoint 2010 中，模板记录了对幻灯片的母版、版式和主题等多种结构所进行的设置，因此，在模板的基础上可以快速创建出外观和风格相似的演示文稿。

6. 母版

母版是模板的一部分，存储关于文本和各种对象在幻灯片上的放置位置、占位符大小、文本样式、背景、主题和动画等信息。

5.2 PowerPoint 2010 的启动和退出

在学习使用 PowerPoint 2010 编辑文档之前，首先需要学习如何启动与退出其操作界面。

5.2.1 启动 PowerPoint 2010

要使用 PowerPoint 2010，首先要启动该程序，启动 PowerPoint 2010 的方式主要有两种：

①利用桌面上的快捷方式启动 PowerPoint 2010，双击其快捷图标就可启动该程序。

②单击桌面左下角的“开始”按钮图标，在弹出的开始菜单中单击“所有程序”→“Microsoft Office”→“Microsoft PowerPoint 2010”，如图 5 - 1 ~ 图 5 - 3 所示。

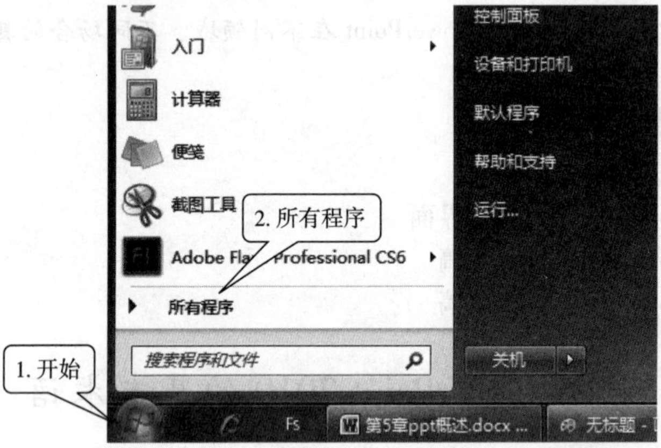

图 5 - 1

图 5 - 2

图 5 - 3

小技巧：系统安装 Office 后，只要是 PPT 文档图标，都可以用 PowerPoint 2010 打开，即双击其文档图标，这样不仅能启动 PowerPoint 2010 软件本身，还可以打开相应的文档文件。

注意：如果安装多个 Office 版本，需要在文档图标上右键单击后，选择“打开方式”，在其下级菜单中选择 PowerPoint 2010。

5.2.2 退出 PowerPoint 2010

当不再使用 PowerPoint 2010 时，可以退出该应用程序，常用的退出 PowerPoint 2010 的方式有如下四种：

①在 PowerPoint 窗口中，直接单击右上角的 X 图标，如图 5－4 所示。

②在 PowerPoint 窗口中，切换到“文件”选项卡，然后选择“退出”命令，如图 5－5 所示。

③在 PowerPoint 窗口中，直接单击左上角图标 P，选择“关闭”，如图 5－6 所示。

④在 PowerPoint 窗口中，按下 Alt＋F4 组合键，可关闭当前文档。

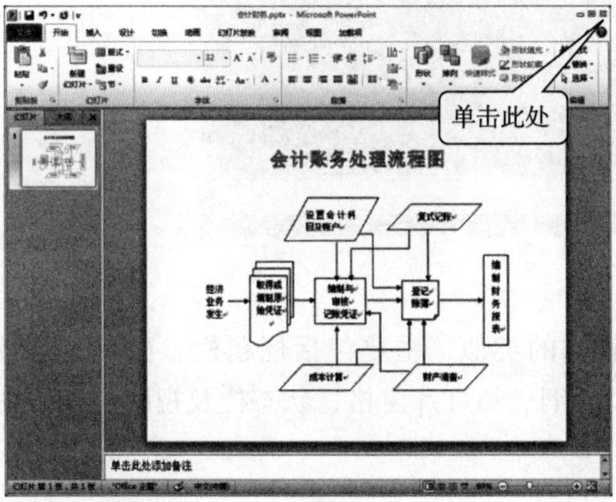

图 5－4

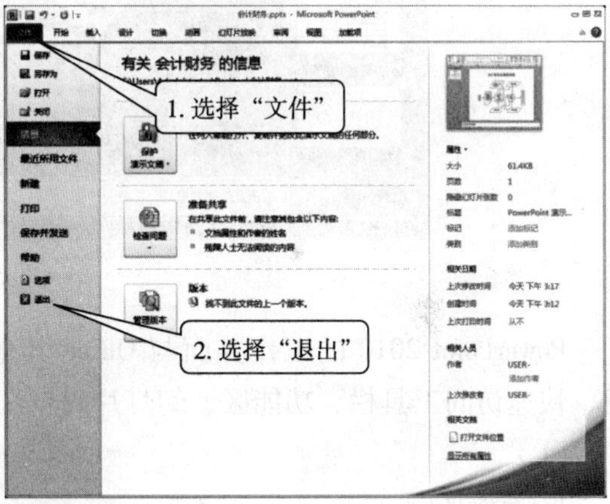

图 5－5

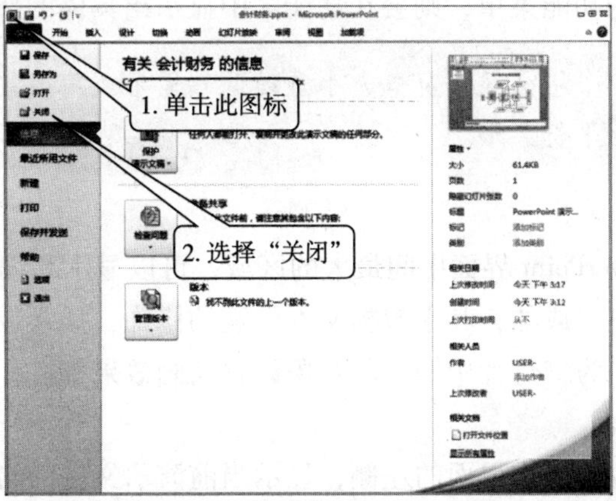

图 5－6

5.3　PowerPoint 2010 的操作界面

重新设计的 PowerPoint 2010 工作界面（图 5－7），外观焕然一新。使用功能区替代菜单和工具栏，优化了屏幕布局和面向结果的动态库，制作演示文稿将变得更快捷、更容易。

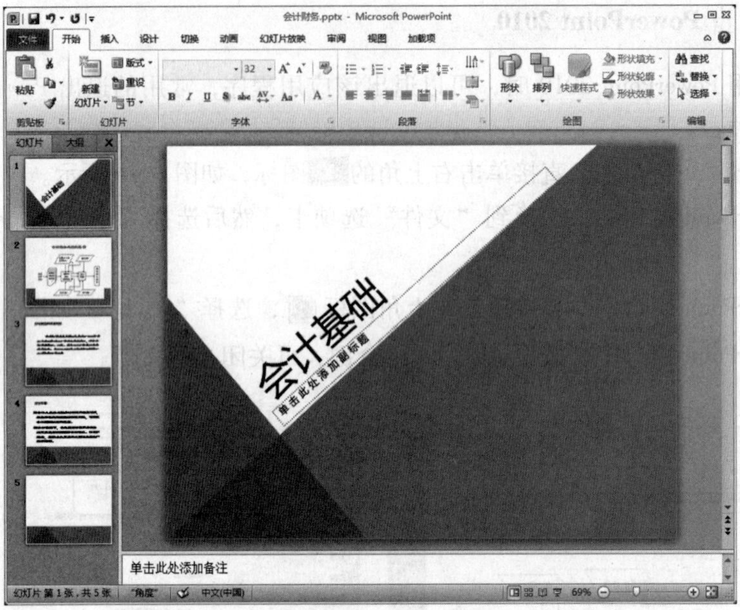

图 5－7

PowerPoint 2010 的工作界面与 Office 其他软件的类似，主要包括标题栏、窗口控制按钮、快速访问工具栏、功能区、幻灯片编辑区、大纲 / 幻灯片窗格、状态栏及视图切换按钮等部分。

1. 功能区

功能区能帮助用户快速找到完成某一任务所需的命令。命令被组织在组中，组集中在选项卡中。用户选择不同的功能菜单，则会在功能区中显示出具体的按钮和命令。

小技巧： 功能区的各个组会根据窗口大小自动调整显示或隐藏按钮，如果经常使用功能区，建议将窗口调整为水平长条形。

2. 幻灯片编辑区

幻灯片编辑区是 PowerPoint 界面中间最大的区域，可以显示和编辑幻灯片。每张幻灯片的制作都是在这个区域里完成的，其中包括文本外观的修饰，插入或编辑图形、声音、视频等对象，创建超级链接，为幻灯片中插入的对象设置动画效果等。

3. 大纲 / 幻灯片窗格

大纲 / 幻灯片窗格位于操作界面的左侧，显示当前演示文稿的幻灯片数量及位置。一般使用“大纲”窗格浏览或修改幻灯片的结构；使用“幻灯片”窗格编辑或修改幻灯片中的内容。在这个窗格中，还可以实现移动、插入和删除幻灯片等操作。

4. 视图方式切换按钮

视图方式切换按钮位于状态栏的右侧部分。PowerPoint 2010 提供了普通视图、幻灯片浏览和幻灯片放映三种视图方式，通过该按钮可以快速地进行视图切换。

5.4　新建 PowerPoint 文档

文本的输入和编辑都是在文档中进行的，所以，要进行各种文本操作，就必须先建立一个文档。新建的文档可以是一个空白的文档，也可以根据 PowerPoint 中的模板创建带有一些固定内容或格式的文档。

5.4.1　新建空白文档

启动 PowerPoint 2010 时，系统会自动创建一个空白文档，默认名字为“演示文稿 1”。再次启动 PowerPoint 2010 时，默认名字为“演示文稿 2”“演示文稿 3”，依此类推。

除此以外，在 PowerPoint 2010 已经启动的情况下，可以通过“文件”选项卡，选择“新建”命令，再选择“空白演示文稿”选项，单击“创建”来新建空白文档，如图 5－8 所示。

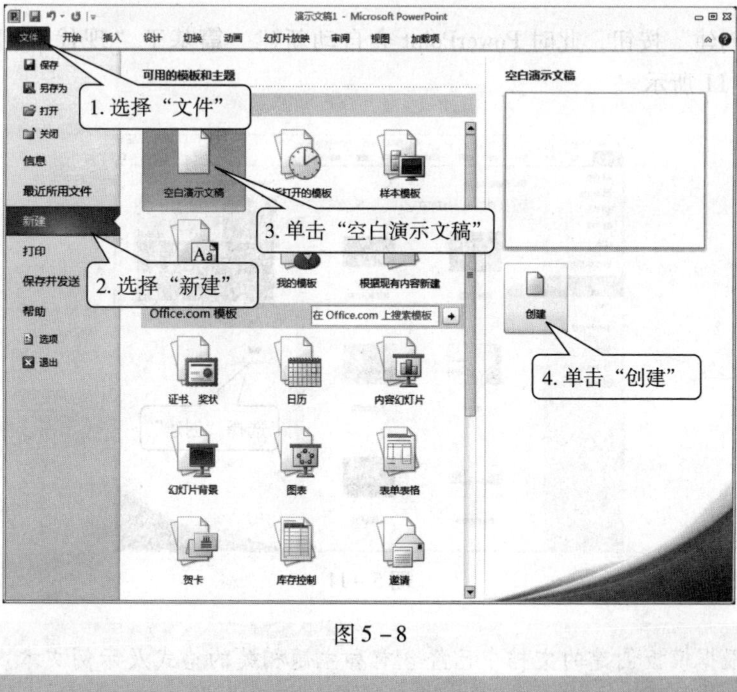

图 5－8

小技巧：在 PowerPoint 2010 已经启动的情况下，按下快捷键 Ctrl + N 组合键，也可以快速创建一个空白文档。

5.4.2　根据模板新建文档

PowerPoint 2010 为用户提供了多种模板类型，利用这些模板，用户可快速创建各种专业文档。根据模板创建文档的具体步骤如下：

①在 PowerPoint 窗口中切换到“文件”选项卡，单击“新建”命令，在左侧窗格“可用模板”栏中选择模板类型，如“样本模板”，如图 5－9 所示。

②在打开的“样本模板”界面中选择需要的模板样式，如“现代型相册”，如图 5－10 所示。

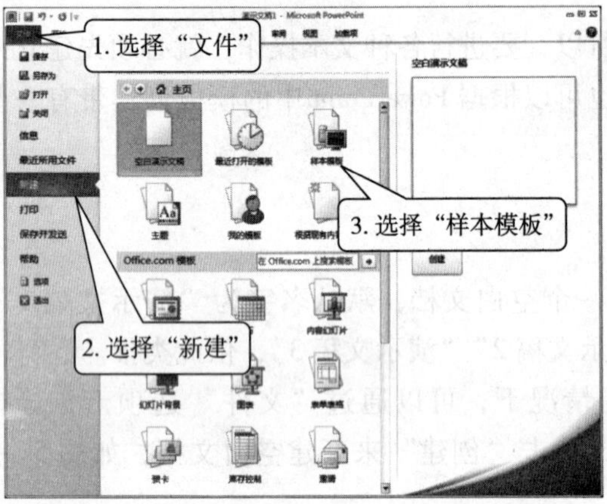

图 5－9

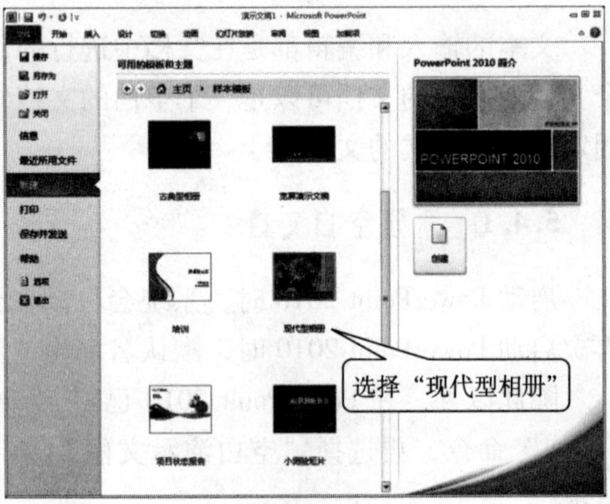

图 5－10

③单击“创建”按钮，此时 PowerPoint 会自动新建一篇基于“现代型相册”模板的新文档，如图 5－11 所示。

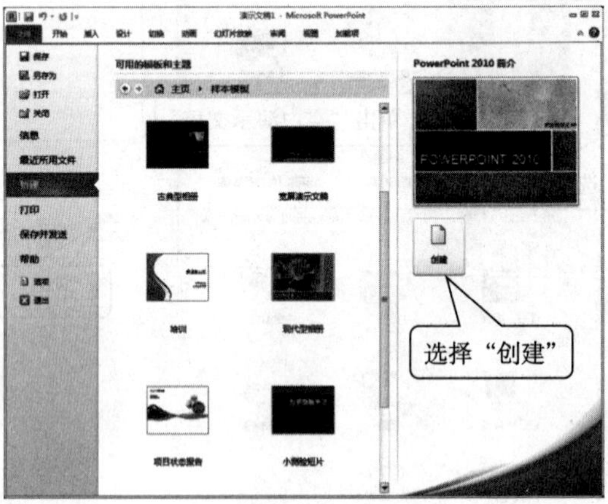

图 5－11

小技巧：根据模板创建的文档中已经含有和主题相关的格式及示例文本内容，用户只需要根据实际操作稍加修改即可。

5.5 打开和关闭文档

在学习使用 PowerPoint 2010 编辑文档过程中，除了建立新的文档外，大多数情况下还是使用已经存在的文档，所以对已有文档的打开与关闭操作应该十分熟练。

5.5.1 打开文档

例如，要打开文档“会计财务.pptx”，可以有两种方式：第一种，找到“会计财务.pptx”文档文件所在的位置，直接双击文件图标即可打开文档；第二种，当 PowerPoint 2010 已经启动时，可以选择“文件”选项卡，找到“打开”菜单项，如图 5 - 12 所示，将出现“打开”对话框，如图 5 - 13 所示，选中要打开的文档，单击“打开”按钮，或者双击要打开的文档即可。

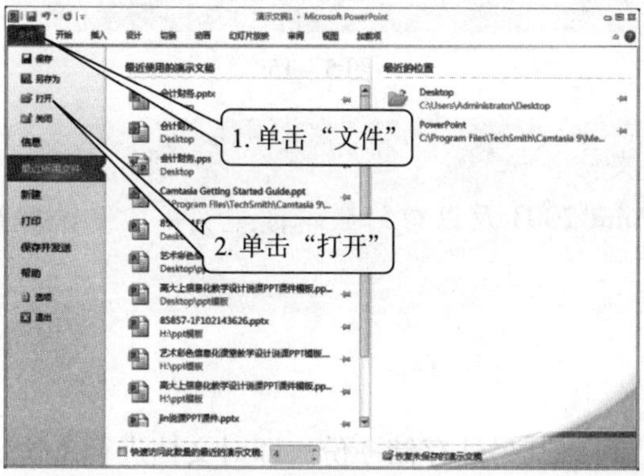

图 5 - 12

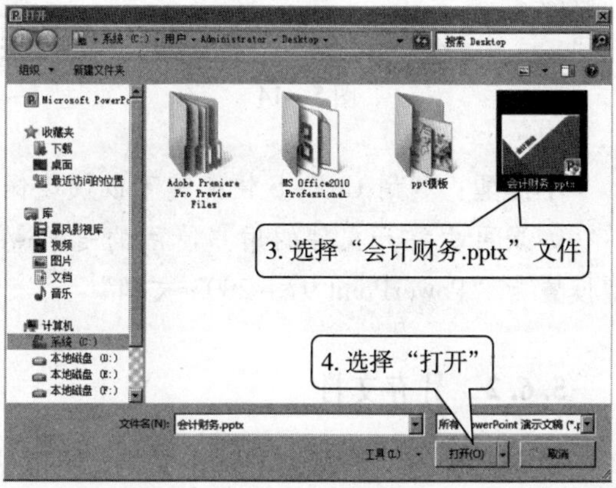

图 5 - 13

5.5.2 关闭文档

关闭文档相当于退出 PowerPoint 2010，参照 5.2.2 节退出 PowerPoint 2010 即可。

5.6 保存文档

对文档进行相应编辑后，当关闭文档时，如果未对已有文档加以保存，系统就会提示保存文档。保存文档以便以后查看和使用，如不保存，编辑文档的内容将会丢失。下面介绍保存文档的操作。

小技巧：单击“文件”→“另存为”命令，在“另存为”对话框中单击“工具”→“常规选项”，在弹出的对话框中设置“修改权限密码”即可防止 PowerPoint 文档被人修改。

5.6.1 保存新建文档

无论是新建的文档还是已有的文档，对其进行编辑处理后，都应该进行保存，以便以后再次使用。对新建的文档进行保存，常用的两种方式如下：

①在新建的文档中，单击快捷访问工具栏中的“保存”图标。

②在新建的文档中，单击“文件”选项卡下的“保存”图标，如图 5 - 14 所示。

设置好文件的位置、名字、类型后，单击“保存”按钮，如图 5 - 15 所示。

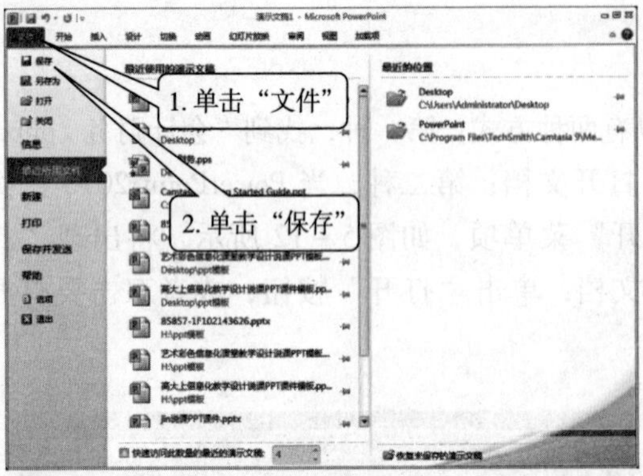

图 5 – 14

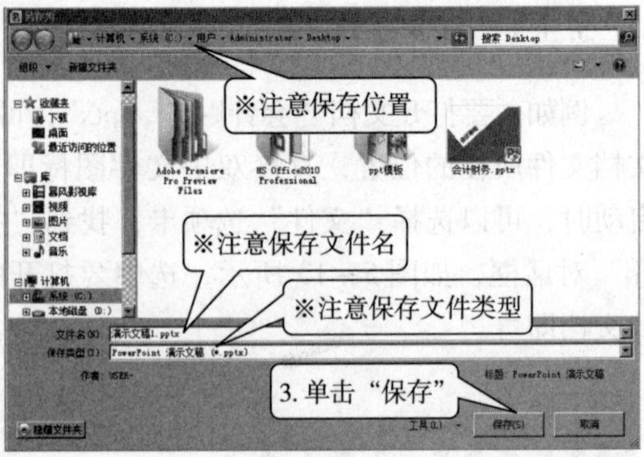

图 5 – 15

小提醒：利用 Ctrl + S 快捷键可以快速保存文档。

如果再次打开文件的用户使用的是 PowerPoint 2003 及以前的版本，建议将文件保存类型设置为“PowerPoint 97 – 2003 文档”。

5.6.2 另存文档

对于已有的文档，为了防止文档意外丢失，可将其另外存储一份，即对文档进行备份。

另外，打开已经存在的文档并进行编辑后，如选择“保存”，那么原有的文档就会更新为当前文档内容，原始的文档会被改动；如果不希望改变原文档内容，还想生成新的文档，可将修改后的文档另存为一个文档。

将文档另存的操作方法如下：在要进行另存的文档窗口中，选择“文件”选项卡，然后单击“另存为”，在弹出的“另存为”对话框中设置保存信息，如图 5 – 16 所示。接下来的操作和“保存”对话框操作相同。注意，在同一位置的同一类型文件不可以保存为同一名字，即三个“同一”必须有一个不同，如图 5 – 17 所示。

小技巧：利用“另存为”功能还可以将幻灯片导出为图片。选择“文件”选项卡，单击“另存为”，在弹出的“另存为”对话框的“保存类型”中选择“文件交换格式 . jpg”，即可将当前页或整个幻灯片导出为图片形式。

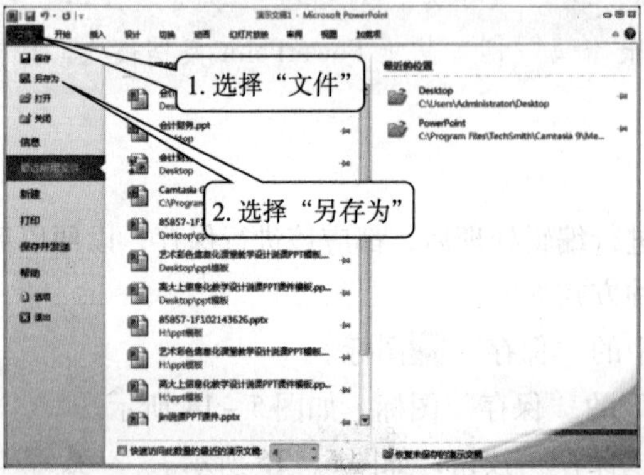

图 5 – 16

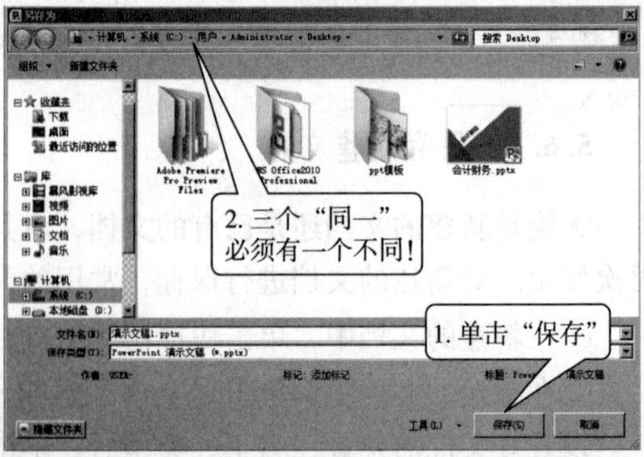

图 5 – 17

PowerPoint 2010 中的保存方式分为自动与手动两种。如果没有设置好适合自己的自动保存时间，那么电脑一旦出现故障，辛辛苦苦编辑的文档就付之东流了。下面先演示如何设置“自动保存”：单击“文件”→“选项”→“保存”选项卡，可在“保存自动恢复信息时间间隔”中设置适合自己的时间，设置完毕单击“确定”按钮，如图 5－18 和图 5－19 所示。

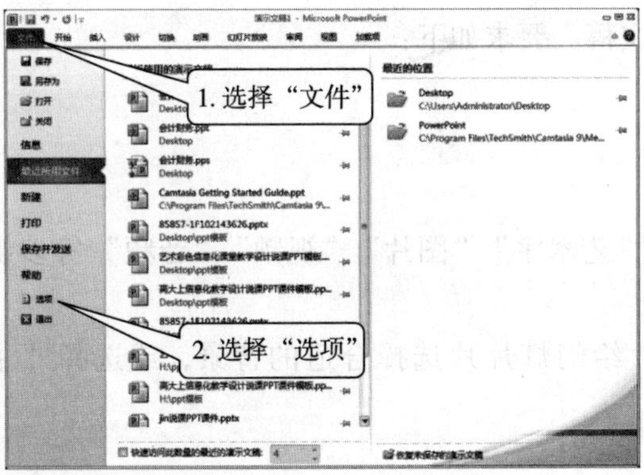

图 5－18

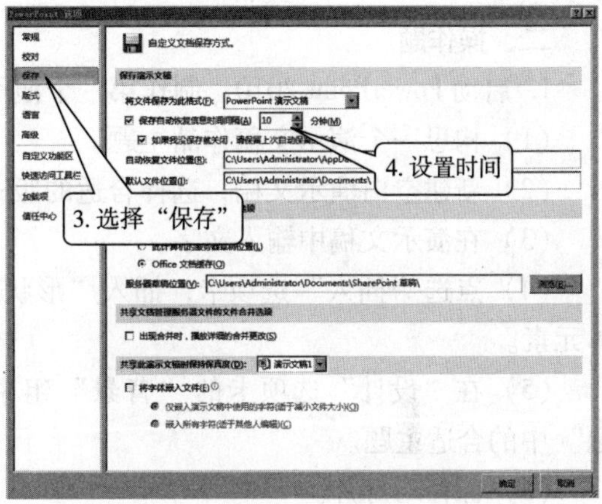

图 5－19

PowerPoint 2010 存储文档默认的文件扩展名为“. pptx”。

小技巧：保存文档时，如将文档保存为“PowerPoint 放映（＊. ppsx）”类型，可实现幻灯片的自动播放，免去了每次都要先打开这个文件才能进行放映所带来的不便。

习 题

一、选择题

1. PowerPoint 2010 是（　　）家族中的一员。

A. Linux　　B. Windows　　C. Office　　D. Word

2. PowerPoint 2010 中新建文件的默认名称是（　　）。

A. Doc1　　B. Sheet1　　C. 演示文稿 1　　D. BOOK1

3. PowerPoint 2010 的主要功能是（　　）。

A. 电子演示文稿处理　　B. 声音处理　　C. 图像处理　　D. 文字处理

4. PowerPoint 2010 制作的演示文稿扩展名是（　　）。

A. . pptx　　B. . xls　　C. . fpt　　D. . doc

5. 在 PowerPoint 2010 中，“文件”选项卡可创建（　　）。

A. 新文件，打开文件　　B. 图标

C. 页眉或页脚　　D. 动画

6. 要对幻灯片进行保存、打开、新建、打印等操作时，应在（　　）选项卡中操作。

A. 文件　　B. 开始　　C. 设计　　D. 审阅

7. 要让 PowerPoint 2010 制作的演示文稿在 PowerPoint 2003 中放映，必须将演示文稿的保存类型设置为（ ）。

A. PowerPoint 演示文稿（ *. pptx）

B. PowerPoint 97－2003 演示文稿（ *. ppt）

C. XPS 文档（ *. xps）

D. Windows Media 视频（ *. wmv）

二、操作题

1. 启动 PowerPoint 2010，制作第一个演示文稿。要求如下：

（1）构思一个演示文稿作品主题。

（2）新建空白演示文稿，选择合适的版式。

（3）在演示文稿中输入文字。

（4）点选“插入”选项卡，插入“形状”“艺术字”“图片”“视频”“音频”等多媒体元素。

（5）在“设计”选项卡的“背景”组中，给幻灯片片选择合适的背景，或选择“主题”中的合适主题。

（6）保存幻灯片。

（7）放映幻灯片。

2. 以“我的寝室”为作品主题，使用“空演示文稿”建立一个演示文稿，各张幻灯片所采用的版式依次如图 5－20 所示。

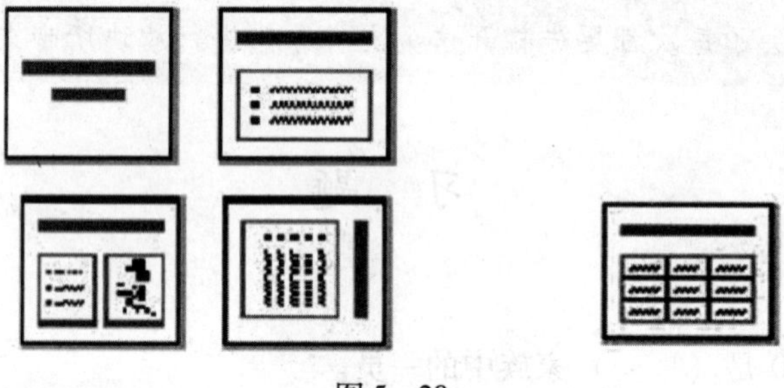

图 5－20

（1）在每张幻灯片中自行填入相应的内容。

（2）在第二张与第三张幻灯片之间插入一张新的幻灯片，格式为“两栏文本”，内容自定。

（3）将插入的幻灯片移至最后。

（4）将第二张幻灯片复制到第四张与第五张幻灯片之间。

（5）将第一张幻灯片的标题改为黑体、加粗、红色、48 磅字。

（6）给所有幻灯片使用一种新的主题颜色。

（7）给幻灯片中的对象设置动画效果。

（8）幻灯片的切换效果为“立方体”，声音为“风铃”。

（9）观看放映效果。

第 6 章

演示文稿的制作与编辑

【本章导读】

一篇完整的演示文稿由多张幻灯片组成，每张幻灯片又可以包含文本、图片、表格、声音及视频等多种元素。下面简单介绍一下如何在幻灯片中插入各种元素并进行相应的格式设置。

【本章学习要点】

- 幻灯片的编辑
- 表格的插入与编辑
- 形状与图片的插入与编辑
- 组织结构图的插入与编辑
- 图表的插入与编辑
- 添加视频对象与声音

6.1　文本对象的处理

文本是幻灯片制作过程中一个不可缺少的元素，在 PowerPoint 2010 的幻灯片中不能直接输入文字，文字只能添加到文本框、标注等特定的对象中，或者以艺术字文本的方式出现。所以，PowerPoint 幻灯片中的文本形式主要有以下四种：

1. 占位符文本

每当新建一个演示文稿或新建一张幻灯片时，系统都会给出相应的幻灯片版式，除“空白”幻灯片版式外，均包含至少一个占位符（如图 6－1 所示）。只需用鼠标单击占位符即可输入文字内容。

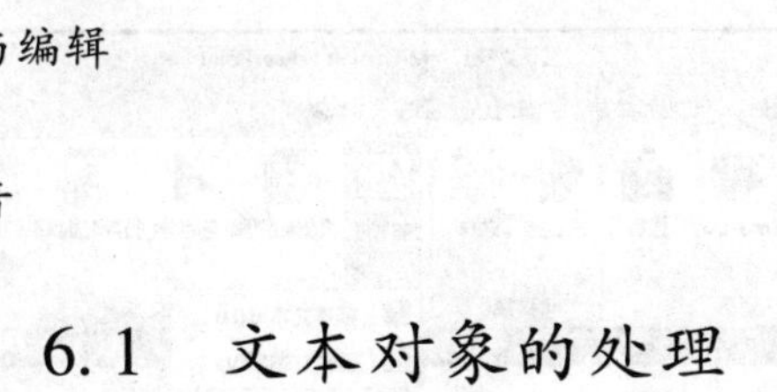

图 6－1

2. 形状文本

使用绘图工具绘制的大多数图形（如标注、流程图等）的内部都可以添加文字（如图6－2所示）。在图形中输入文本信息后，文本被附加到图形上，可以随图形移动或旋转。

图6－2

3. 文本框文本

文本框是一种可移动、可调大小的用来存放文字内容的图形容器。可以在一张幻灯片内放置多个文本框文字，这些文本框文字还可以有不同的排列方向。通过“插入”选项卡中的“文本框”按钮（如图6－3所示），可以很方便地创建一个文本框，可在其中输入文字内容并设置相应的格式。

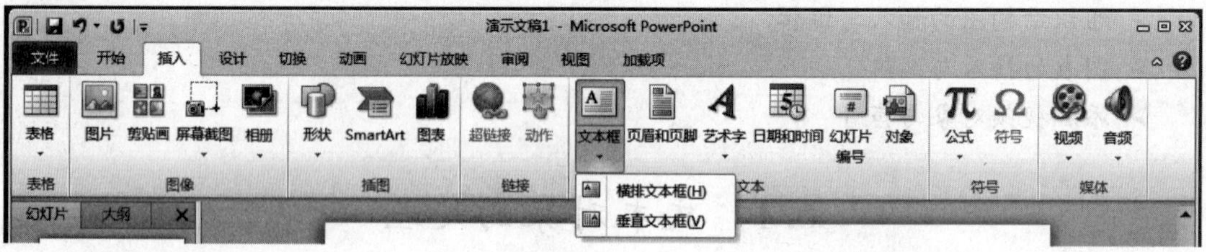

图6－3

4. 艺术字文本

艺术字是使用系统预设的效果创建的特殊文本对象，使文字具有特殊的效果并可以进行弯曲、旋转、倾斜等变形处理。通过“插入”选项卡中的“艺术字”按钮，可以很方便地创建一个艺术字文本，单击幻灯片中插入的艺术字文本，再单击“格式”选项卡，可对艺术字的样式、形状等进行调整。

不管是以哪种形式添加到幻灯片中的文本，都可以通过格式设置来美化，“开始”选项卡中的“字体”组和“段落”组可分别对文字进行字体或段落的设置。

6.2 幻灯片的编辑

幻灯片的编辑包含幻灯片的选择、插入、复制、移动与删除等操作，一般在“幻灯片浏览”视图中完成对幻灯片的各种操作。

单击“视图”选项卡，单击“演示文稿视图”组中的“幻灯片浏览”按钮，即可切换到“幻灯片浏览”视图。

1. 幻灯片的选择

如果要选择一张幻灯片，只需单击该幻灯片即可。如果选择不连续的多张幻灯片，应按下 Ctrl 键，再依次单击各张幻灯片；选择连续多张幻灯片，先单击要选中的第一张幻灯片，再按 Shift 键并单击要选中的最后一张幻灯片。

2. 幻灯片的移动、复制

可以用鼠标拖曳幻灯片进行移动或复制（Ctrl 键 + 拖曳），也可以通过剪切、复制或粘贴按钮进行移动或复制。

小技巧：选择一张或多张幻灯片后，按下 Ctrl + Shift + D 组合键，则选中的幻灯片将直接以插入方式复制到选定的幻灯片之后。此方法可快速实现复制幻灯片功能。

3. 幻灯片的删除

先选择欲删除的一张或多张幻灯片，单击“开始”选项卡中的“幻灯片”组中的“删除”按钮。

小技巧：对于制作好的幻灯片，如果希望其中部分幻灯片在放映时不显示出来，但还不想删除，可以将它设置为放映时隐藏。方法是：选中要隐藏的幻灯片，右击，单击“隐藏幻灯片”命令。如果想取消隐藏，再次单击“隐藏幻灯片”即可。

4. 添加幻灯片

在整个演示文稿的制作过程中，经常需要添加新的幻灯片，其方法为：

①确定要插入新幻灯片的位置。

②单击“开始”选项卡中的“幻灯片”组中的“新建幻灯片”按钮。

另外，在“普通视图”的“大纲/幻灯片”窗格中，右击幻灯片缩图，通过弹出的“快捷菜单”也可对幻灯片进行插入、复制或删除等操作，拖曳幻灯片可进行移动操作。

6.3 表格的插入与编辑

表格是组织数据最有用的工具之一，能够以易于理解的方式显示数字或者文本。在 PowerPoint 2010 的幻灯片中可以直接创建表格，也可以将其他程序制作的表格导入或嵌入幻灯片中。表格创建完成后，可以对其样式和布局进行设置或调整。

1. 创建表格

切换到“插入”选项卡，单击“表格”组中的“表格”按钮，在弹出的下拉列表中可以直接拖曳出表格的行数和列数，即可在幻灯片中插入表格（如图 6 - 4 所示）。

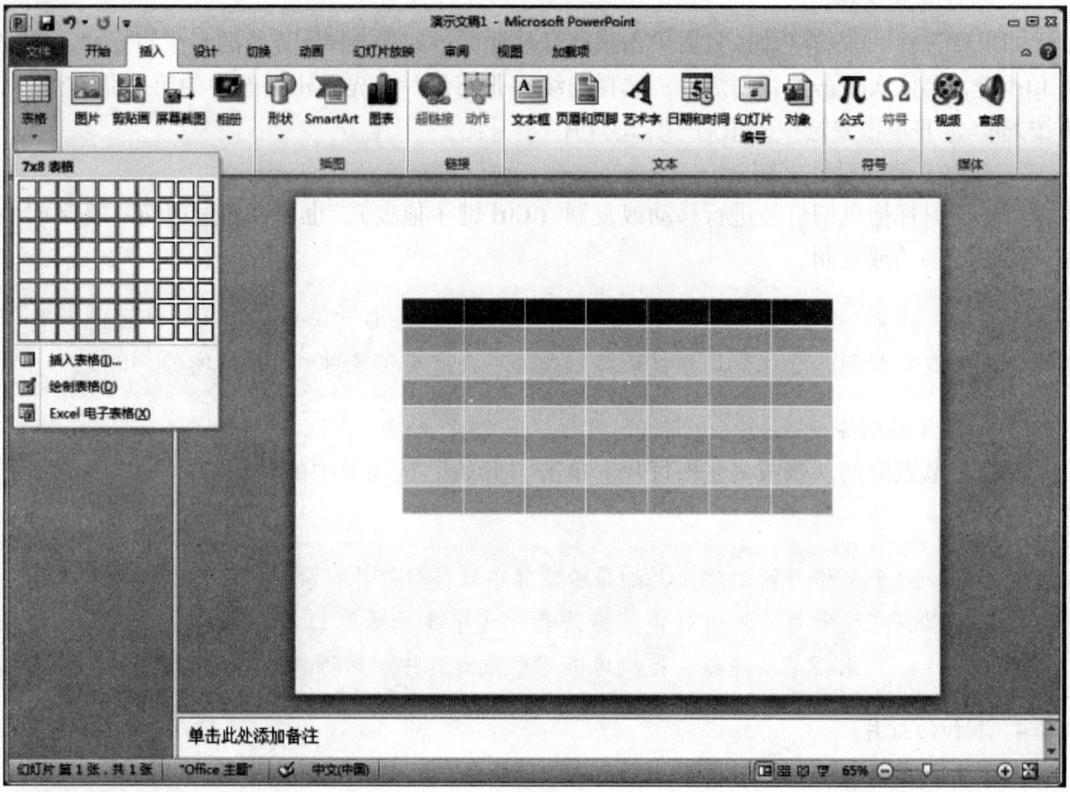

图 6－4

如果在弹出的下拉列表中执行“插入表格”命令，则弹出“插入表格”对话框（如图 6－5 所示），输入所需的行数和列数，也可在幻灯片中插入表格。

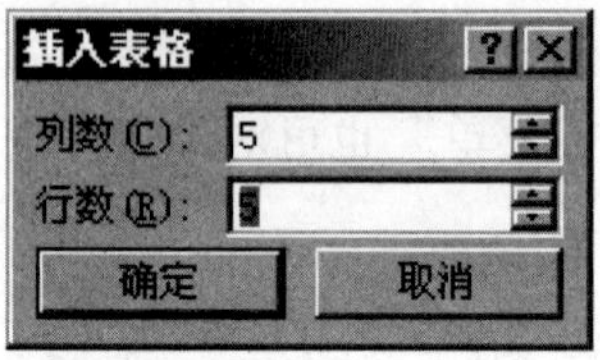

图 6－5

另外，选择带有“内容”版式的幻灯片，单击对应的“插入表格”占位符，同样可以插入表格。

2. 编辑美化表格

选中表格，单击“表格工具”下的“设计”选项卡，可以对表格的边框、填充颜色、文本样式等进行相应设置。

选中表格，单击“表格工具”下的“布局”选项卡，可以对表格的行或列进行调整、插入、删除等操作。通过“布局”选项卡还可以合并、拆分单元格，设置单元格的对齐方式等。

小技巧： PowerPoint 2010 还可以实现一边编辑一边放映的功能。只需按住 Ctrl 键不放，单击“幻灯片放映”→“开始放映幻灯片”→“从头开始”就可以了，此时幻灯片将演示窗口缩小到屏幕左上角。修改幻灯片时，演示窗口会最小化，修改完成后再切换到演示窗口就可看到相应的效果了。

6.4 形状与图片的插入与编辑

在 PowerPoint 2010 中可以插入形状、图片、剪贴画、SmartArt 图形等对象，使幻灯片的表现形式更加丰富多彩，更加形象地表现主题和中心思想。

6.4.1 形状的插入与编辑

在 PowerPoint 2010 中，形状是指各种矩形、圆、箭头、线条、流程图和标注等图形对象，这些图形是矢量图形，不会因为放大或缩小而失真。

1. 绘制形状

切换到“插入”选项卡，单击“插图”组中的“形状”按钮，在弹出的列表中选择一种形状，这时鼠标指针变成十字形，在幻灯片的适当位置拖动鼠标即可绘制该形状。

小技巧： 绘制形状时，如果按下 Shift 键，如果画直线，则该线条为水平、垂直或45°角线条；如果画圆，则画出的是正圆形。

2. 在形状中插入文字

在图形中添加文字，可以使演示文稿真正做到图文并茂。在图形上右击，在弹出的快捷菜单中执行“编辑文字”命令，可输入文字并进行字体格式设置。

3. 设置形状格式

选中图形，切换到“格式”选项卡，在“形状样式”组中可以直接选择一种预先设置好的形状样式，也可以通过“形状填充”“形状轮廓”或“形状效果”按钮单独设置形状的填充、线条格式或阴影、三维等效果。

通过“设置形状格式”对话框可对图形进行详细、精确的格式设置。

6.4.2 图片的插入与编辑

剪贴画是 PowerPoint 2010 自带的媒体剪辑库中的图片，有很多种类，可满足制作幻灯片时的多种需要。

1. 插入剪贴画

切换到“插入”选项卡，单击“插图”组中的“剪贴画”按钮，弹出“剪贴画”任务窗格（如图6-6所示），在“搜索文字”对话框中输入关键词，例如“人物”，单击“搜索”按钮。还可限定“结果类型”，如“插图”“照片”“视频”“音频”等，如图6-7所示，然后单击“搜索”按钮，即可在系统中找到所需类型的剪贴画，选择所需要的一张，从快捷菜单中选择“插入”即可。或选择“复制”，回到文档中“粘贴”，即可将剪贴画插入文档中。

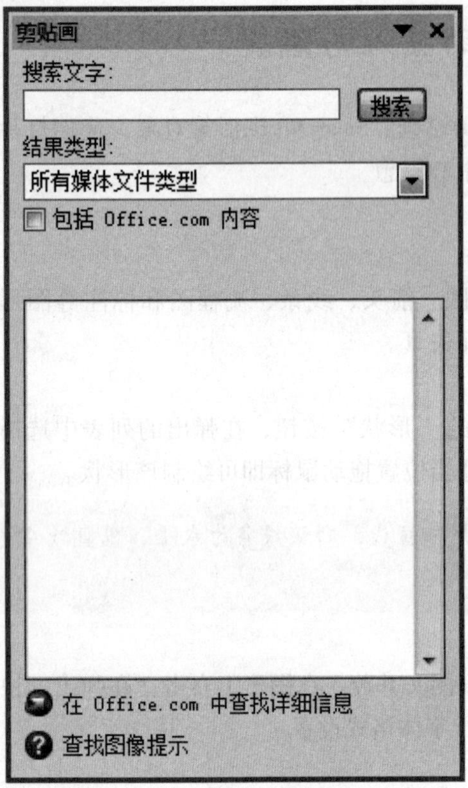

图 6-6

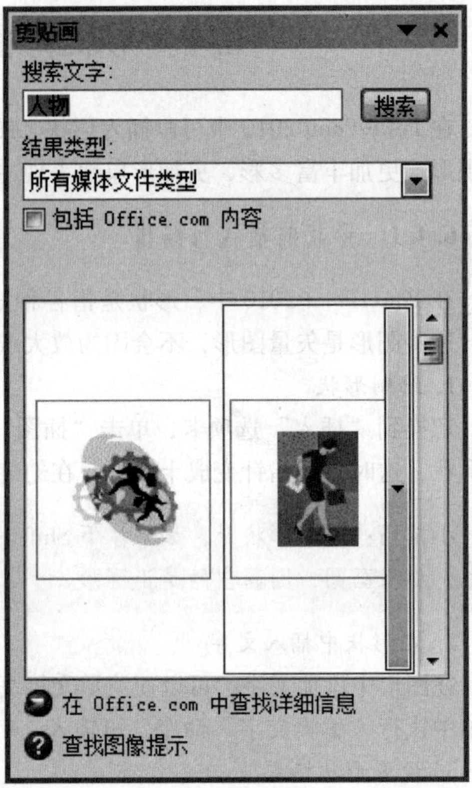

图 6-7

2. 在剪贴画上添加文字

通过“文本框文本”可以实现在剪贴画上添加文字的效果。具体方法是：在剪贴画的合适位置插入一个“文本框”并输入文字，同时选中“剪贴画”和“文本框”并右击，在弹出的快捷菜单中执行“组合”命令。注意：有些剪贴画不能和文本框组合。

3. 设置剪贴画格式

选中剪贴画，切换到“格式”选项卡，在其中可以选择合适的选项来对剪贴画的大小、样式、边框、色调等进行调整，还可以对剪贴画进行裁剪操作。

通过“设置图片格式”对话框可对图形进行详细、精确的格式设置。

在 PowerPoint 2010 中可以插入各种来源的图片，如通过 Internet 下载的图片、利用扫描仪和数码相机输入的图片等。

4. 插入图片文件

切换到“插入”选项卡，单击“插图”组中的“图片”按钮，弹出“插入图片”对话框（如图 6-8 所示），找到要插入图片所在的位置，并单击待插入的图片即可。

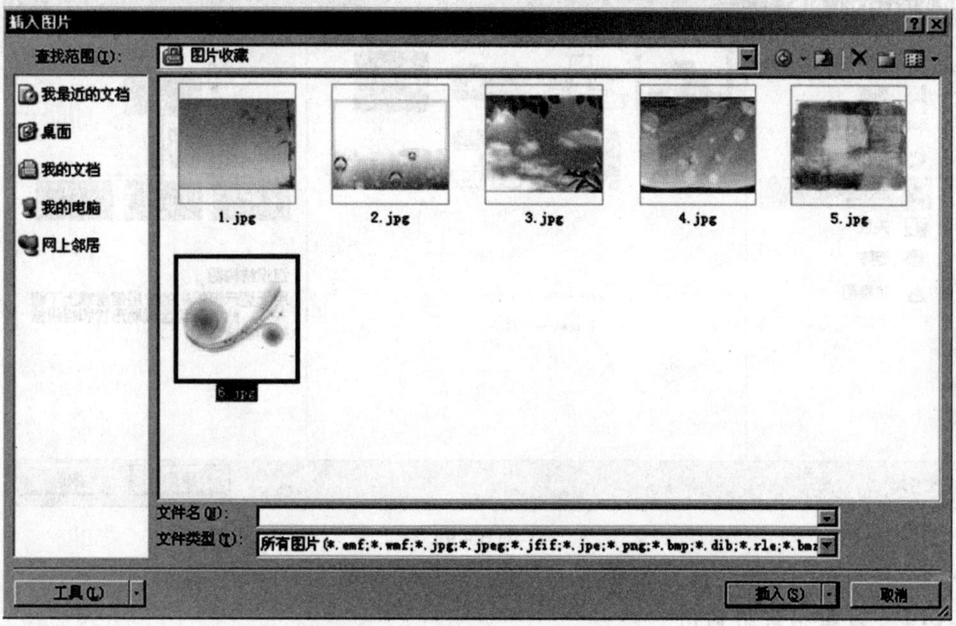

图 6－8

6.5　组织结构图的插入与编辑

SmartArt 图形是信息和观点的视觉表示形式。可以使用不同的布局方式来创建 SmartArt 图形，从而快速、轻松、有效地传达信息。

SmartArt 图形的布局有以下七大类：

①列表：包括水平列表和垂直列表，用于创建显示无序信息的图示。

②流程：用于创建在流程或时间线中显示步骤的图示。

③循环：用于创建显示持续循环过程的图示。

④层次结构：用于创建各种层次关系、决策树的图示。

⑤关系：用于创建对连接进行图解的图示。

⑥矩阵：用于创建显示各部分如何与整体关联的图示。

⑦棱锥图：用于创建显示与顶部或底部最大一部分之间的比例关系的图示。

下面以组织结构图为例介绍 SmartArt 图形的插入和编辑方法。

6.5.1　插入 SmartArt 图形

切换到“插入”选项卡，单击“插图”组中的“SmartArt”按钮，将弹出“选择 SmartArt 图形”对话框，单击“层次结构”，单击“组织结构图”（如图 6－9 所示），单击“确定”按钮，即可插入当前幻灯片中。

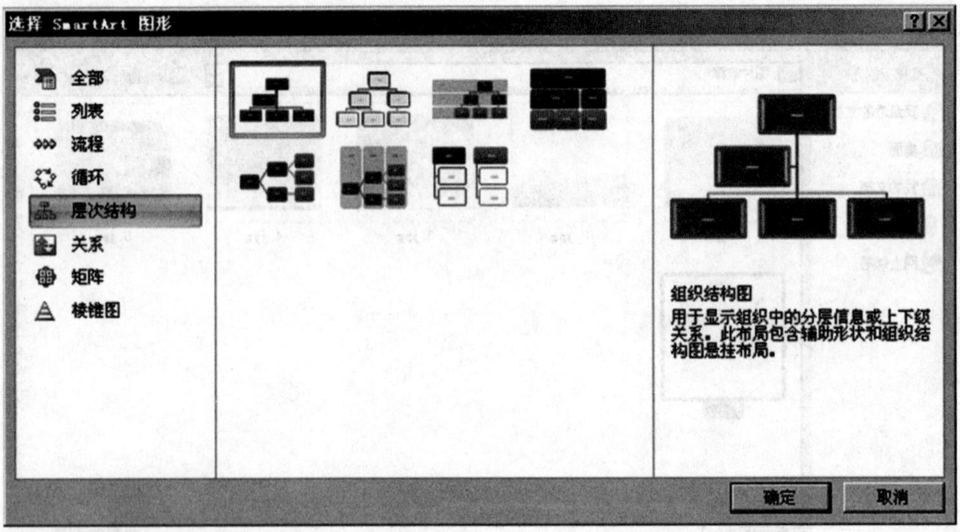

图 6－9

6.5.2 编辑组织结构图

选中组织结构图，通过“SmartArt 工具”下的“设计”选项卡，可以为组织结构图添加形状、改变布局、更改颜色或应用预先设置好的样式。

选中组织结构图，通过“SmartArt 工具”下的“格式”选项卡，可以为构成组织结构图的各个图形设置形状、样式。

另外，通过占位符也可以插入剪贴画、SmartArt 图形和图片文件。首先选择幻灯片的版式为带有“内容”的版式，单击对应的占位符（如图 6－10 所示），也能弹出相对应的对话框或任务窗格，再进行如前所述的操作即可。

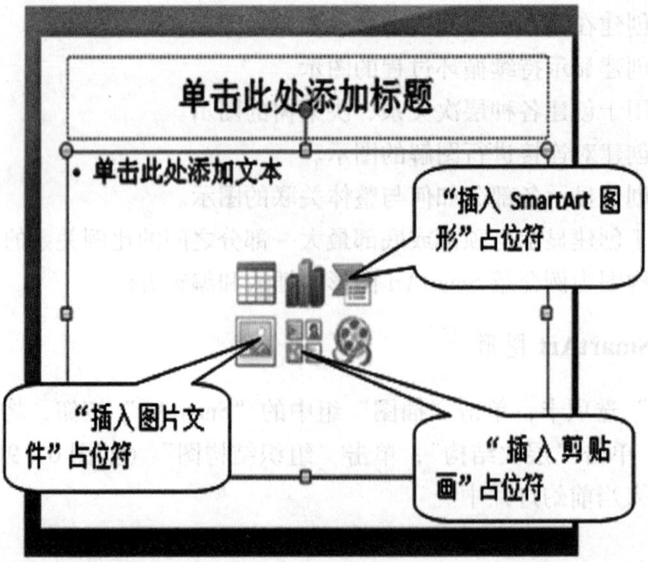

图 6－10

6.6　图表的插入与编辑

图表以数据对比的方式来显示数据，便于对数据进行分析，它也是一个企业做招标书时需要经常用到的一种表示数据的方式，这样可使要表达的信息简单明了，并且直观清晰。

6.6.1　图表的插入

切换到“插入”选项卡，单击“插图”组中的“图表”按钮，将弹出“更改图表类型”对话框（如图6－11所示），在其中选择一种图表类型和对应的子类型，单击“确定”按钮，即可将图表插入当前幻灯片中（如图6－12所示），同时弹出一个Excel工作表窗口，可输入、修改图表所需数据（如图6－13所示）。

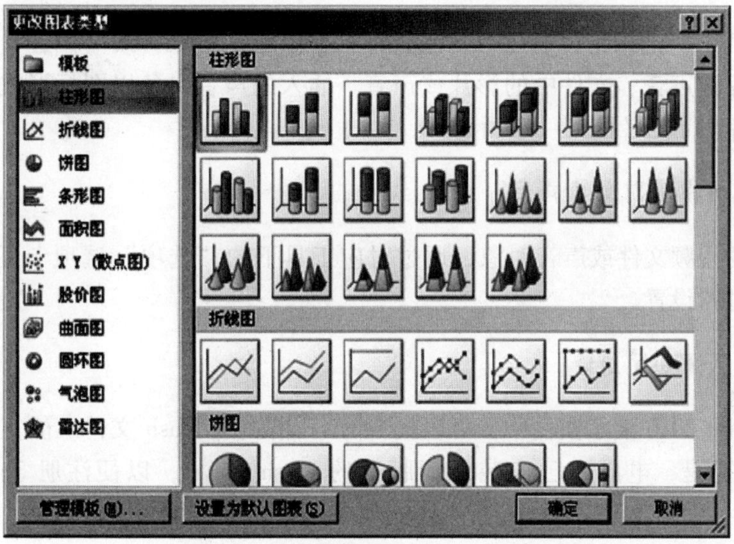

图6－11

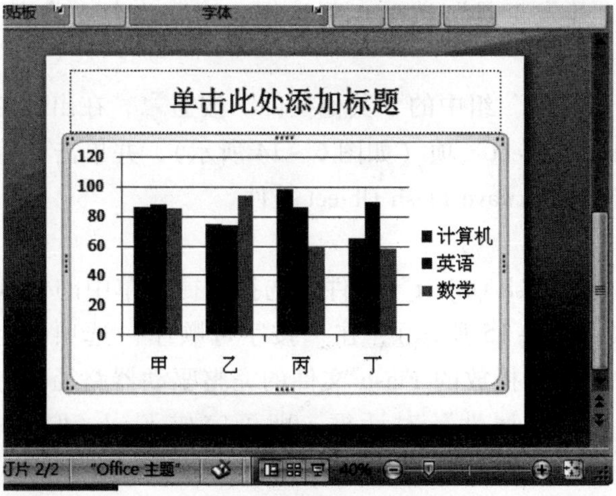

图6－12

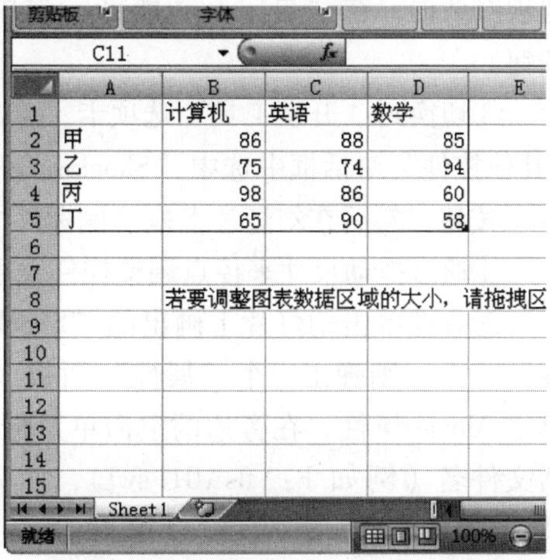

图6－13

6.6.2 图表的编辑

选中图表，通过“图表工具”下的“设计”“布局”和“格式”三个选项卡可分别对图表的数据、布局、样式等进行设置或调整。

6.7 添加视频对象与声音

在 PowerPoint 2010 中添加乐曲、声音、影片等多媒体信息，可以极大地丰富演示文稿的表现形式，使幻灯片获得更好的演示效果。影片属于桌面视频文件，其格式包括 AVI 或 MPEG，文件扩展名包括 . avi、. mov、. mpg 和 . mpeg。

6.7.1 插入视频对象或声音

切换到“插入”选项卡，通过“媒体剪辑”组中的“影片”或“声音”按钮可以插入剪辑库中的影片或声音、文件中的影片或声音。插入的声音对象以图标形式显示在幻灯片上；插入的影片显示影片的第一帧画面。

6.7.2 编辑视频对象或声音

选中插入的视频文件或声音对象，通过对应工具下的“选项”选项卡可以对播放的格式、显示方式进行设置。

6.7.3 插入 Flash 动画

在 PowerPoint 2010 演示文稿中，可以插入 SWF 格式的 Flash 文件。能正确插入和播放 Flash 动画的前提是，电脑中已安装最新版本的 Flash Player，以便注册 Shockwave Flash Object。在幻灯片中插入 Flash 动画的基本方法如下：

①在“普通视图”中显示要在其上播放动画的幻灯片。

②单击“Microsoft Office”按钮，然后单击“PowerPoint”选项，弹出“PowerPoint”选项对话框，在“自定义功能区”选中“开发工具”选项卡复选框，然后单击“确定”按钮。

③切换到“开发工具”选项卡，单击“控件”组中的“其他控件”按钮，在出现的“其他控件”对话框中选中“Shockwave Flash Object”项（如图 6 - 14 所示），并单击“确定”按钮，然后在幻灯片上拖动鼠标以绘制 Shockwave Flash Object 控件。

④通过拖动尺寸来控点调整控件大小。

⑤右键单击幻灯片上画出的“Shockwave Flash Object”控件，选择快捷菜单中的“属性”命令，则弹出一个“属性”面板（如图 6 - 15 所示），在“按字母顺序”选项卡上单击 Movie 属性，在旁边的空白单元格中键入要播放的 Flash 文件的完整驱动器路径，包括文件名（例如 F: \fls\01. swf），然后关闭“属性”对话框，即可完成 Flash 动画的添加。

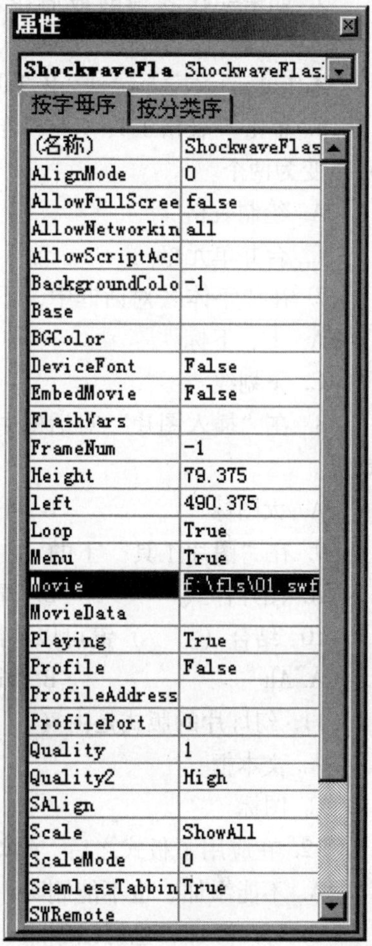

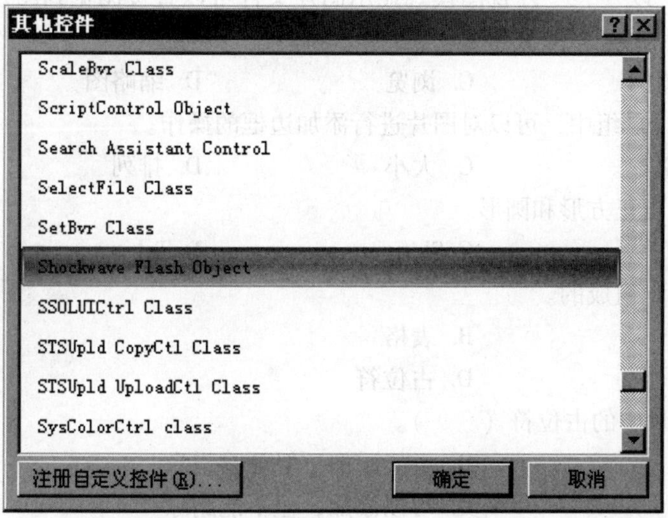

图 6－14

图 6－15

习　题

一、选择题

1. 在 PowerPoint 2010 中，若要在“幻灯片浏览”视图中选择多个幻灯片，应先按住（　　）键。

A. Alt　　B. Ctrl　　C. F4　　D. Shift + F5

2. 按住鼠标左键，并拖动幻灯片到其他位置，是进行幻灯片的（　　）操作。

A. 移动　　B. 复制　　C. 删除　　D. 插入

3. 在 PowerPoint 2010 中，要想同时查看多张幻灯片，应选择（　　）。

A. 幻灯片视图　　B. 普通视图

C. 幻灯片浏览视图　　D. 大纲视图

4. 在 PowerPoint 2010 中，添加新幻灯片的快捷键及（　　）。

A. Ctrl + M　　B. Ctrl + N　　C. Ctrl + O　　D. Ctrl + P

5. 如果要在表格的最后添加新的一行，则可以单击表格的最后一个单格，然后按（　　）键。

A. Enter　　B. Tab　　C. Shfit + Enter　　D. Shfit + Tab

6. 单击“表格工具”下“布局”选项卡“合并”组中的（　　）按钮，可以将一个单元格变为两个。

A. 绘制表格　　B. 框线

C. 合并单元格　　D. 拆分单元格

7. 在“字体”对话框中，不可以进行文本的（　　）设置。

A. 上，下标　　B. 删除线

C. 下划线　　D. 倾斜度

8. 在“插入图片”对话框中，以（　　）视图模式显示图片文件可以直接浏览到图片效果。

A. 大图标　　B. 小图标　　C. 浏览　　D. 缩略图

9. 在“图片工具”下的（　　）组中，可以对图片进行添加边框的操作。

A. 图片样式　　B. 调整　　C. 大小　　D. 排列

10. 结合（　　）键可以绘制出正方形和圆形。

A. Alt　　B. Ctrl　　C. Shift　　D. Tab

11. 幻灯片的版式是由（　　）组成的。

A. 文本框　　B. 表格

C. 图标　　D. 占位符

12. 在应用了板式之后，幻灯片中的占位符（　　）。

A. 不能添加，也不能删除　　B. 不能添加，但可以删除

C. 可以添加，也可以删除　　D. 可以添加，但不能删除

13. 要在幻灯片中插入表格、图片、艺术字、视频、音频等元素时，应在（　　）选项卡中操作。

A. 文件　　B. 开始　　C. 插入　　D. 设计

二、操作题

制作 5 张幻灯片（图 6－16），要求如下。

（1）为所有幻灯片设置模板，样式自选。

（2）第 1 页为“一．行路”“二．乘车”“三．会议”。分别添加超链接到第 2、3、4 页。

（3）第 2 页为文本“‘把墙让给客人’的原则”添加“强调”动画效果“托螺旋”，“单击时”触发。

（4）第 3 页乘车座位示意图中的 5 个矩形框加“进入”的动画效果“扇形展开”，单击 1 次后按照“主人、1、2、3、4”的顺序依次进入。

（5）第 4 页除输入正文文本外，再插入一幅剪贴画（可以和图示的不同，但应符合主题）。

（6）第 5 页插入一张用于示意主席台座次的表格。

（7）幻灯片整体效果美观，图片、模板应符合主题。

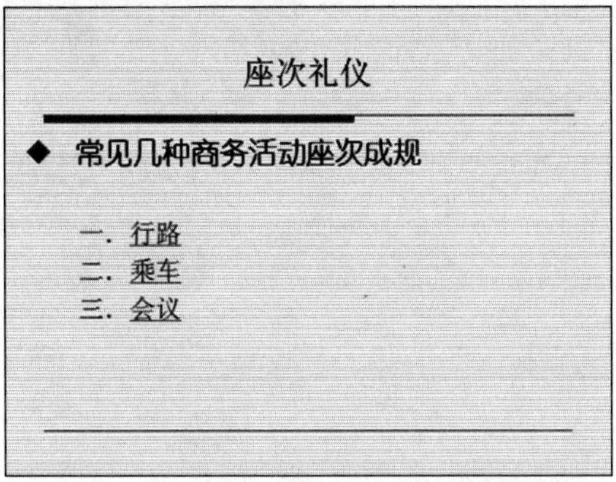
座次礼仪
◆ 常见几种商务活动座次成规
一．行路
二．乘车
三．会议

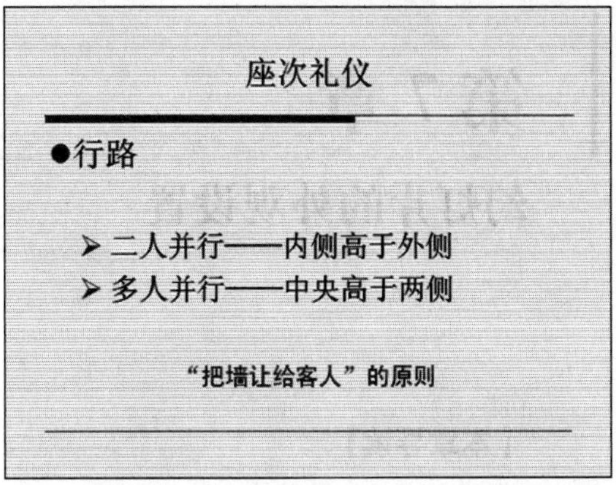
座次礼仪
●行路
➢ 二人并行——内侧高于外侧
➢ 多人并行——中央高于两侧
"把墙让给客人"的原则

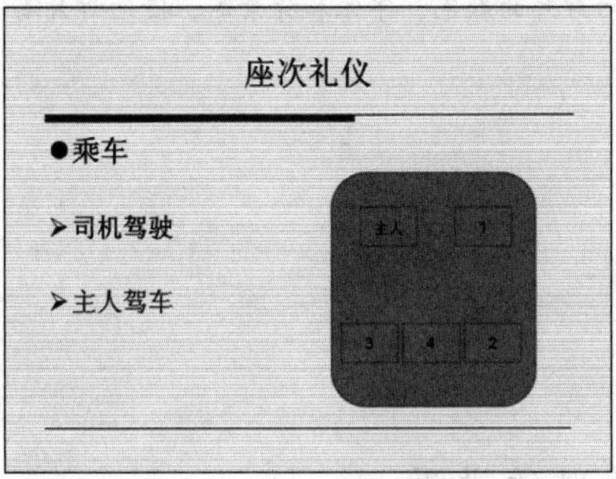
座次礼仪
●乘车
➢司机驾驶
➢主人驾车
主人
1
3
4
2

座次礼仪
● 主席台座次说明：
➢ 中国惯例，以左为尊，即：左为上，右为下。
➢ 前高后低，其次是中央高于两侧，最后是左高右低（中国政府惯例）和右高左低（国际惯例）

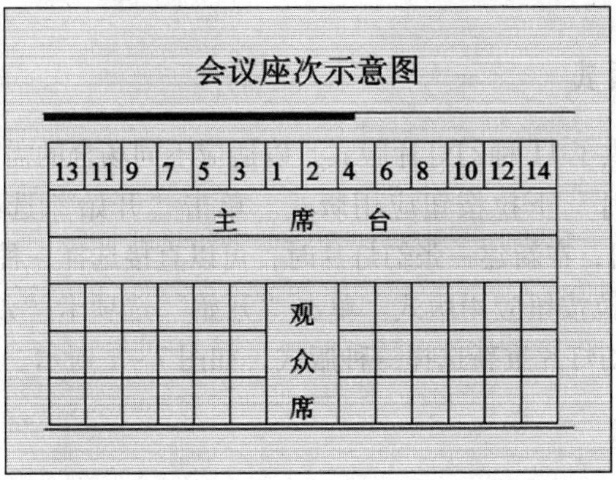
会议座次示意图
13 11 9 7 5 3 1 2 4 6 8 10 12 14
主　席　台
观
众
席

图 6－16

第 7 章

幻灯片的外观设置

【本章导读】

在制作演示文稿时，可以使用幻灯片版式、主题和母版等功能来设计幻灯片，使幻灯片具有一致的外观和统一的风格；也可以单独设置幻灯片的颜色、字体和背景等，使幻灯片有自己的特色风格。

【本章学习要点】

- 幻灯片外观的设置
- 幻灯片的母版应用
- 幻灯片的动画设置
- 交互式的演示文稿

7.1 幻灯片外观的设置

7.1.1 幻灯片的版式

PowerPoint 2010 提供了 11 种幻灯片版式，以适应不同场合的需要。

①通过“新建幻灯片”下拉按钮应用版式。单击“开始”选项卡“幻灯片”组中的“新建幻灯片”下拉按钮，在新建一张幻灯片时，可以直接选择一种版式。

②通过“版式”下拉按钮应用版式。单击“开始”选项卡“幻灯片”组中的“版式”下拉按钮，可以为当前幻灯片重新选择一种版式，如图 7-1 所示。

7.1.2 幻灯片主题

PowerPoint 2010 提供了多种内置主题。用户还可以根据这些内置主题创建许多不同的自定义主题。

①通过“设计”选项卡“主题”组中的主题下拉按钮，可以为当前幻灯片选择一种主题样式。

②通过“设计”选项卡“主题”组中的“颜色”“字体”和“效果”下拉按钮，可以为当前主题更改样式，如图 7-2 所示。

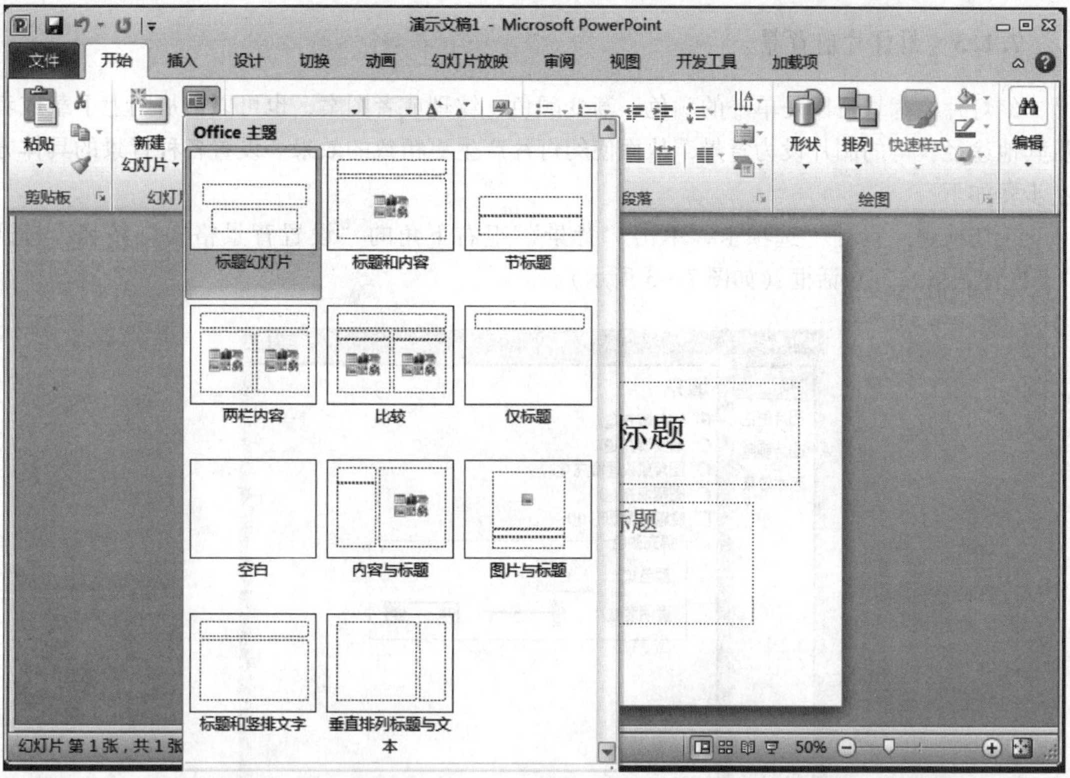
演示文稿1 - Microsoft PowerPoint
文件
开始
插入
设计
切换
动画
幻灯片放映
审阅
视图
开发工具
加载项
粘贴
新建幻灯片
剪贴板
Office 主题
标题幻灯片
标题和内容
节标题
两栏内容
比较
仅标题
空白
内容与标题
图片与标题
标题和竖排文字
垂直排列标题与文本
形状
排列
快速样式
编辑
段落
绘图
幻灯片 第 1 张，共 1 张
50%

图 7－1

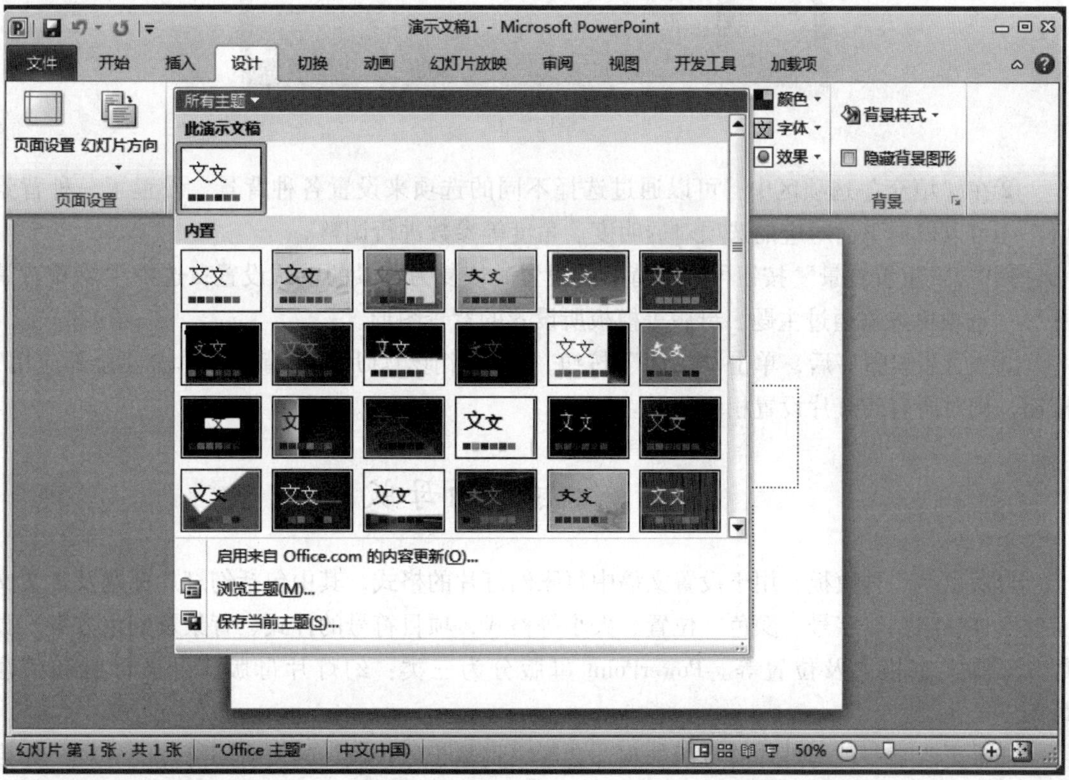
演示文稿1 - Microsoft PowerPoint
文件
开始
插入
设计
切换
动画
幻灯片放映
审阅
视图
开发工具
加载项
页面设置
幻灯片方向
所有主题
此演示文稿
内置
颜色
字体
效果
背景样式
隐藏背景图形
背景
启用来自 Office.com 的内容更新(O)...
浏览主题(M)...
保存当前主题(S)...
幻灯片 第 1 张，共 1 张
"Office 主题"
中文(中国)
50%

图 7－2

7.1.3 幻灯片的背景

幻灯片的背景可以是单一的颜色、渐变颜色、纹理或者图案，也可以把从网上下载或者从其他途径获得的图片设为背景，从而使幻灯片产生更精致的效果。设置各种背景的具体方法步骤如下：

①切换到“设计”选项卡，单击“背景”组右下角的“设置背景格式”按钮，打开“设置背景格式”对话框（如图7-3所示）。

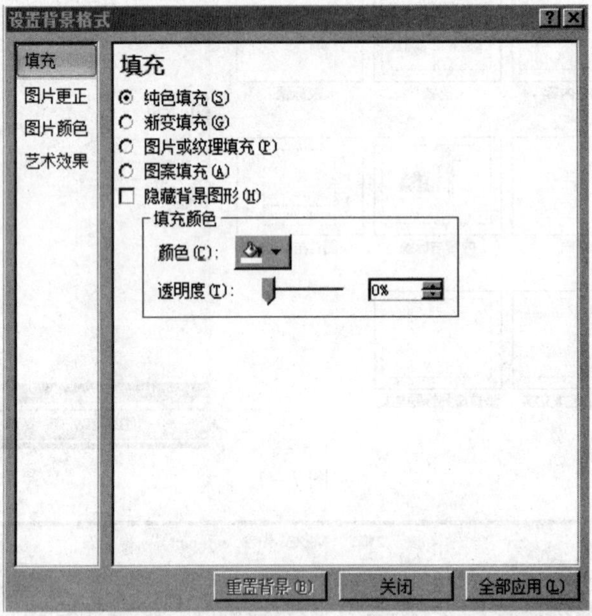

图7-3

②在“填充”选项区中，可以通过选择不同的选项来设置各种背景，设置了一种背景后，还可以根据下面对应的选项对透明度、角度等参数进行调整。

其中，“重置背景”按钮可取消背景的设置，恢复为背景的默认设置；选中“隐藏背景图形”选项可忽略通过主题、母版等模板所设置的背景图形。

③当背景设置好后，单击“关闭”按钮，只对当前幻灯片设置背景；单击“全部应用”按钮，则对所有幻灯片设置相同背景。

7.2 幻灯片的母版

母版也是一种模板，用于设置文稿中每张幻灯片的格式，其中包括幻灯片标题及正文文字的字体、字型、字号、颜色、位置、大小等格式，项目符号的样式、背景及配色方案、页眉和页脚文字格式及位置等。PowerPoint 母版分为三类：幻灯片母版、讲义母版和备注母版。

如果更改某一种幻灯片的母版外观，会影响到基于母版设计的所有幻灯片的外观。如果演示文稿需要大多数幻灯片保持外观一致，可以使用母版创建这种特殊外观。对于应用了母版的幻灯片，还可以单独改变其外观特征。

1. 幻灯片母版

幻灯片母版存储的信息包括：文本和对象在幻灯片上放置的位置、文本和对象占位符的大小、文本样式、背景、颜色主题、效果和动画等。

选择“视图”选项卡中的“演示文稿视图”组中的“幻灯片母版”按钮，可进入“幻灯片母版”视图方式，并自动切换到“幻灯片母版”选项卡。幻灯片母版给出了标题区、项目列表区、日期区、页脚区和数字区五个占位符，在其中可改变背景颜色、插入图片、绘制自选图形等。幻灯片母版中插入的对象将出现在每张幻灯片的相同位置上。

小技巧：当用 PowerPoint 为单位做演示文稿时，可在每一页都加上单位的 Logo，这样可以间接地为单位做广告，增加影响力。单击“视图”→“幻灯片母版”，在“幻灯片母版视图”中，将 Logo 放在合适的位置，关闭幻灯片母版视图返回到普通视图后，就可以看到每一页都加上了 Logo，并且在普通视图上无法改动它。

2. 讲义母版

讲义母版用于控制幻灯片以讲义形式打印的格式，可以加页码、页眉和页脚。

选择“视图”选项卡中的“演示文稿视图”组中的“讲义母版”按钮，可进入“讲义母版”视图方式，并自动切换到“讲义母版”选项卡。当选择一种讲义母版类型后，母版中的占位符有页眉区、日期区、页脚区、数字区，通过选项卡可以设置母版的格式。

3. 备注母版

备注母版主要控制备注页的版式和格式。在备注母版中，可以对所有备注页中的文本进行格式编排，而添加备注信息则需要在普通视图的备注窗格中完成。

7.3 幻灯片动画

在 PowerPoint 中可以为幻灯片添加动画效果，使幻灯片的内容更富动感，比如幻灯片换页时的淡出或者溶解动画；幻灯片中的文本或者其他对象的运动效果或声音效果。PowerPoint 2010 中主要包括自定义动画和幻灯片切换动画两种类型的动画。

7.3.1 自定义动画

自定义动画是为幻灯片中的各个对象，如文本、图片等进行进入、退出或者强调效果的设置，还可以对各个对象的播放次序进行调整。

1. 设置对象的进入效果

进入效果是指幻灯片放映时对象进入放映界面时的动画效果。设置对象的进入效果的方法为：

①选中当前幻灯片中要设置进入效果的一个或者多个对象，选择“动画”菜单中的“添加动画”命令，出现“添加动画”浮动面板，如图 7－4 所示。

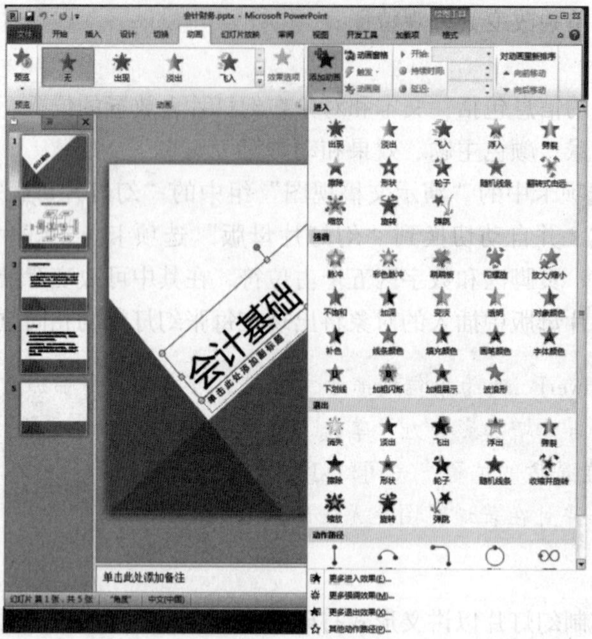

图 7 -4

②如果对级联菜单中列出的效果不满意，可单击“更多进入效果”，弹出“添加进入效果”对话框，如图 7 -5 所示。

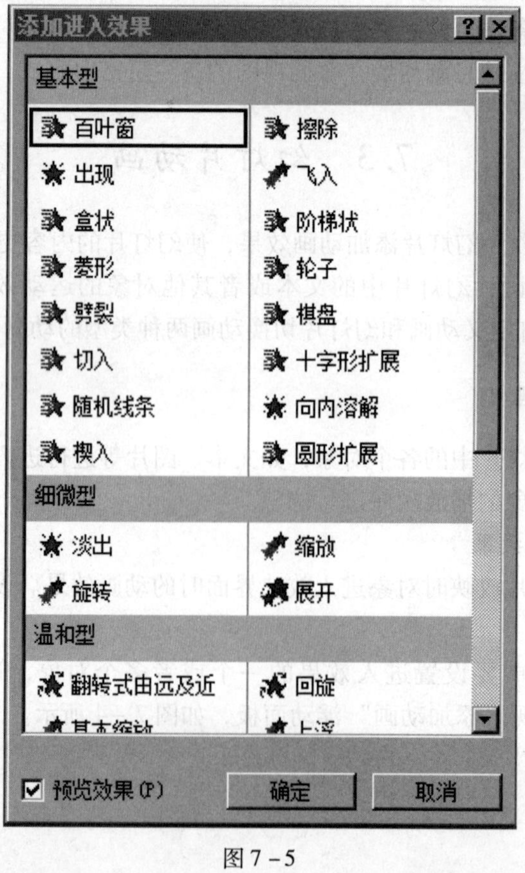

图 7 -5

③如果想要预览选中的动画效果，可勾选“预览效果”选项。选中想要的效果，在幻灯片窗口中可预览到该对象的动画效果，若满意，单击“确定”按钮，否则选择其他效果。

④单击“计时”窗格中的“开始”列表框的下拉箭头按钮（如图7-6所示），在下拉列表中选择动画效果的开始时间。选择“与上一动画同时”，是指启动前一动画的同时启动本动画；选择“上一动画之后”，是指前一动画完成后立即启动本动画。可通过“持续时间”和“延迟”来设置动画的播放及延迟时间，还可在“效果选项”中调整设置其他属性。

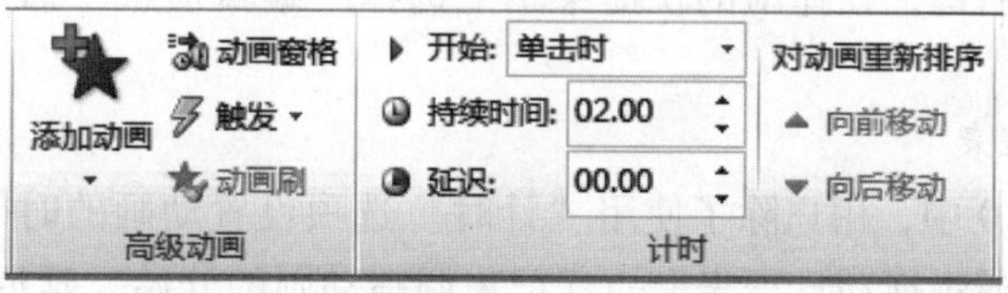

图7-6

⑤在已设置好的动画项目上单击“动画窗格”，再单击其右边出现的下拉箭头按钮，在弹出的下拉列表中单击“效果选项”，在弹出的对话框上可进一步设置动画的效果，比如放映动画时的声音效果或者文本对象的引入效果等，如图7-7和图7-8所示。单击“计时”选项卡，可设置动画开始的时间、速度及是否重复等。

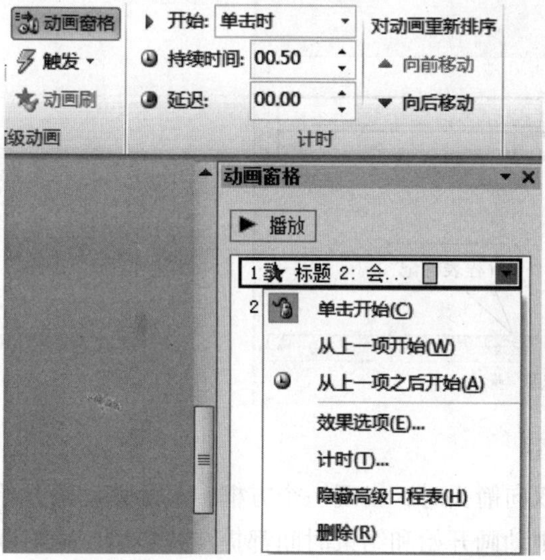

图7-7

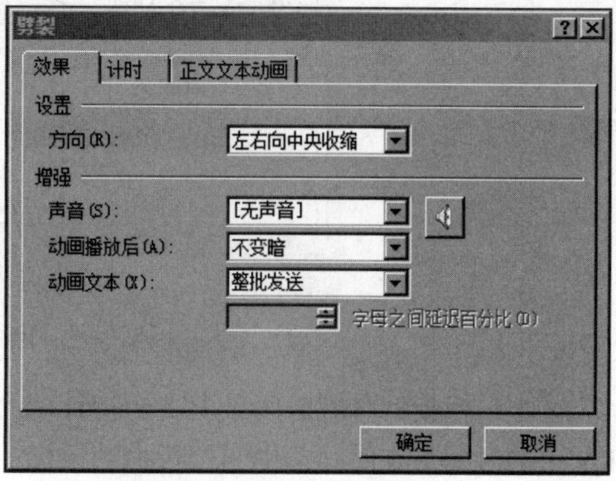

图7-8

⑥只有当前选定的是文本对象时，才可使用“动画文本”中的“按字母”“按字”或“整批发送”选项来进一步设置文本对象的特殊引入效果。

2. 设置对象的强调效果和退出效果

相对于设置对象的进入效果，同样可以为对象设置强调效果和退出放映界面时的效果，以达到更好的视觉效果。

3. 应用动作路径

用户还可以为对象设置动作路径，让对象按指定的路径进行移动。为了方便用户，PowerPoint 2010 提供了多种预设动作路径，可直接应用，方法是：在任务窗格中选择“添加动画”→“动作路径”，在弹出的菜单中选择一种路径或者单击“其他动作路径”，在弹出的对话框中选择动作路径。具体操作同设置对象的进入效果基本相同。

另外，用户还可以自己绘制任意的动作路径，具体方法如下：

①选择任务窗格中的“添加动画”→“自定义路径”。

②当鼠标指针变为十字形状时，在幻灯片上绘制出对象运动的路径。

③在路径上单击右键，在弹出的快捷菜单上选择“编辑顶点”命令，可对路径图的形状进行调整。

4. 使用高级日程表

在 PowerPoint 2010 中，用户除了使用“计时”选项设置动画的时间效果外，还可以使用高级日程表功能，通过拖动日程表上的标记来调整动画的开始、延迟、播放或结束时间。具体操作方法如下：

①打开“动画窗格”，单击要更改时间的动画项目，再单击其右边出现的下拉箭头按钮，在弹出的下拉列表中单击“使用高级日程表”项，动画项目右边出现了时间条，列表框底部出现了日程表标记，如图 7－9 所示。

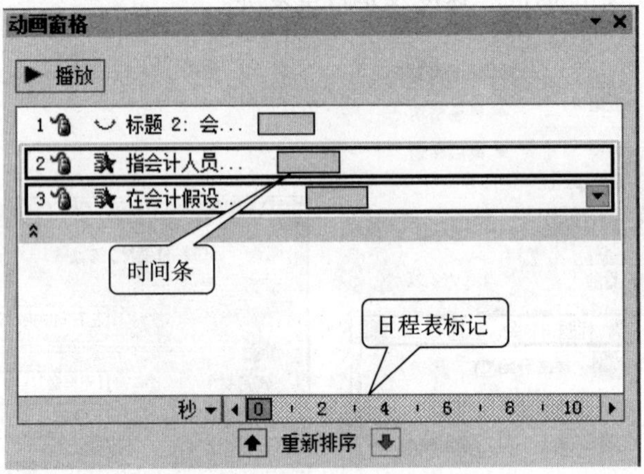

图 7－9

②把鼠标指针移到时间条上，当指针变为双向箭头时，出现一个方框，显示该动画开始和结束的时间。在时间条中间位置拖动鼠标，则动画开始和结束时间都提前或拖后，而时间条长度不变。拖动时间条的左边线或右边线可提前或拖后开始的时间或结束的时间，而时间条变长或变短。

5. 设置声音效果

在幻灯片上插入声音文件后，可以通过“声音选项”对话框和“效果选项”命令来设置声音效果。下面重点介绍演示文稿背景音乐的制作方法。

①在演示文稿的第一张幻灯片上插入声音文件（可以是 MP3 或 WAV 格式）。

②在声音图标上单击，出现“音频工具”选项卡，如图 7－10 所示。

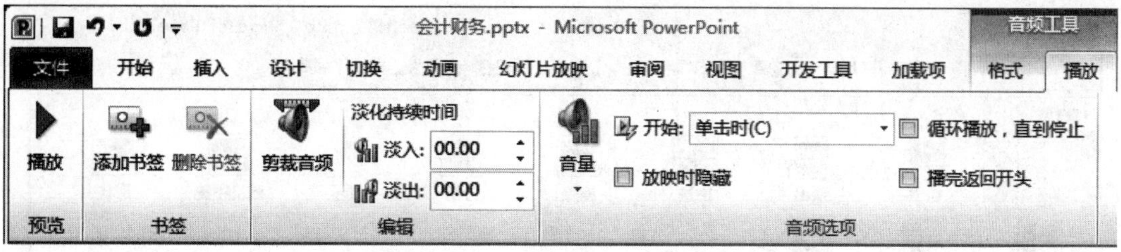

图 7－10

③可选择“循环播放，直到停止”和“放映时隐藏”等复选框，实现背景音乐的循环播放及放映时隐藏声音图标等。

④打开“动画窗格”，单击声音对象右边的下拉箭头按钮，在弹出的下拉菜单中单击“效果选项”命令，弹出如图 7－11 所示的对话框。

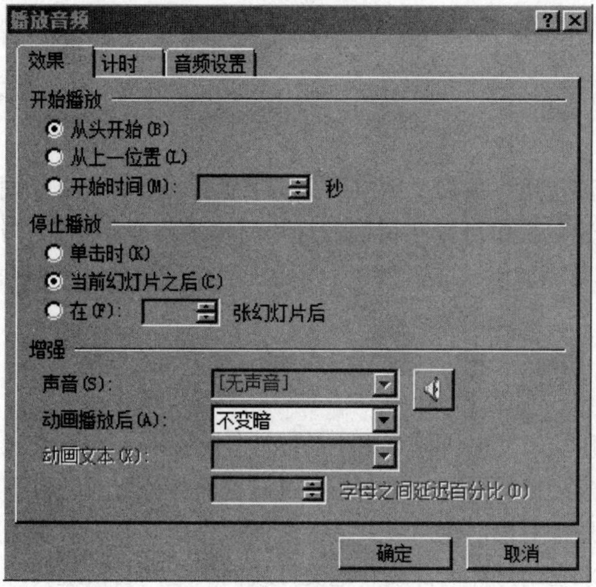

图 7－11

⑤选中“从头开始”复选框，在“停止播放”选项区中选中“在…张幻灯片后”单选按钮，输入幻灯片的张数。最后单击“确定”按钮即可。

通过上述设置，当演示文稿放映时，背景音乐就会自动播放了。

7.3.2　幻灯片切换动画

幻灯片切换动画，是放映幻灯片时，上一张幻灯片过渡到当前幻灯片时使用的动画效果。具体设置方法如下：

①选择要应用效果的幻灯片，选择“切换”选项卡，如图 7－12 所示，可以直接选择一种切换效果（比如“立方体”）。

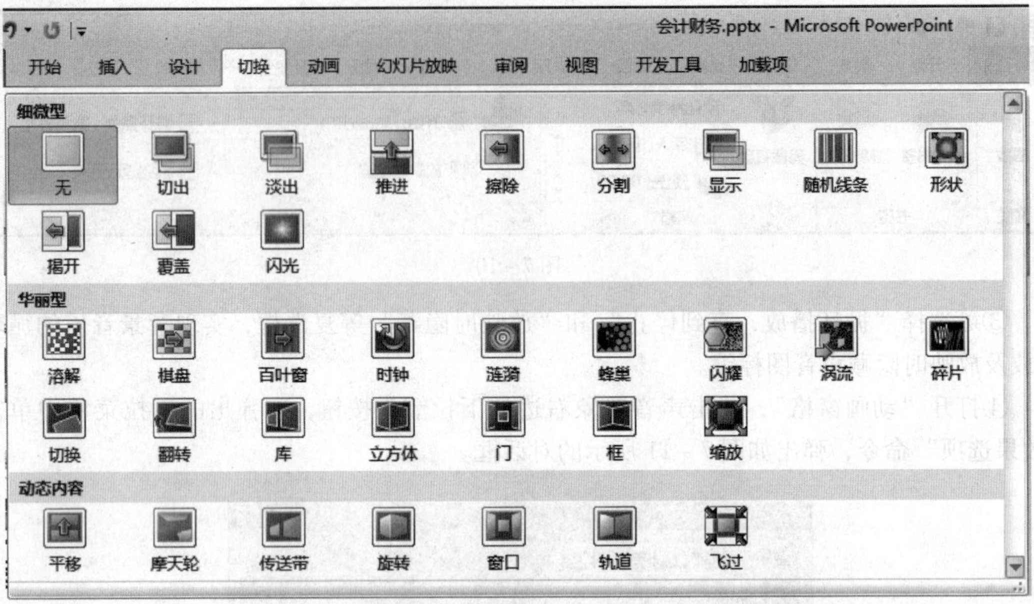

图 7 – 12

②如果单击“全部应用”按钮，则演示文稿中所有幻灯片具有相同的切换效果。

③单击“切换声音”按钮可以在切换幻灯片时添加声音；单击“持续时间”按钮可以设置换片速度的快慢。

7.4 交互式的演示文稿

用户不仅可以使用演示文稿快捷菜单中的播放控制命令，在播放时实时控制播放顺序或按标题定位幻灯片；还可以从幻灯片某个位置跳转至其他位置或者打开某个程序。在制作演示文稿时，预先为幻灯片对象创建超级链接，从而制作出具有交互功能的多媒体文稿，播放时，可根据自己的需求在幻灯片内部或其他文件或网页之间自由跳转。

1. 为文本创建超级链接

选择要创建超级链接的文本，切换到“插入”选项卡，单击“链接”组中的“超链接”按钮，将弹出“插入超链接”对话框（如图 7 – 13 所示），可设置超链接到演示文稿中的幻灯片或文件，也可以链接到一个网页。单击“插入超链接”对话框上的“书签”按钮，可在本文档中选择位置。

在已设置超链接的文本上单击右键，可在弹出的菜单上进行编辑或删除超链接操作。

小技巧：默认情况下，对文字的超链接是带下划线的。可用文本框方式插入文字，再选中整个文本框设置超链接，这样幻灯片在放映时就看不到链接文字的下划线了。

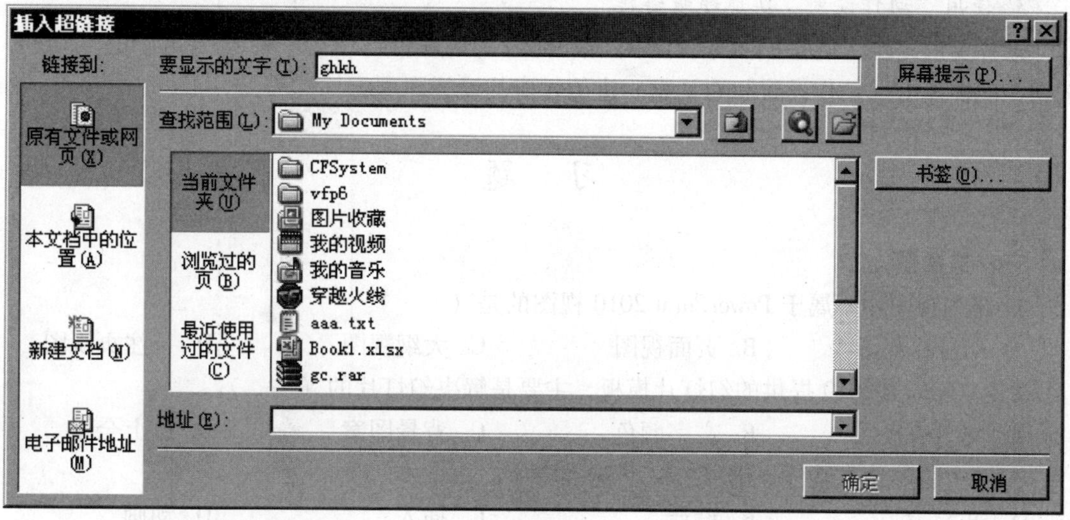

图 7－13

2. 添加动作按钮创建超级链接

选择要添加动作按钮的幻灯片，切换到“插入”选项卡，单击“插图”组中的“形状”下拉按钮，在“动作按钮”栏中选择一个合适的动作按钮，当鼠标指针变为“+”形状时，在幻灯片的适当位置拖动鼠标画出按钮图形，弹出“动作设置”对话框（如图 7－14 所示）。选中“超链接到”单选按钮，在其下方的下拉列表中可以选择跳转的目标位置。

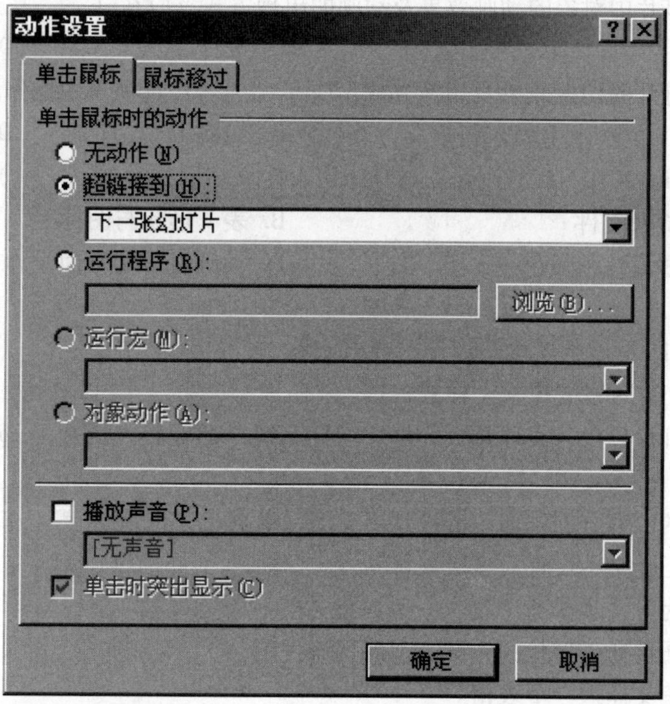

图 7－14

3. 使用“动作设置”实现超级链接

选择要创建超级链接的对象，切换到“插入”选项卡，单击“链接”组中的“动作”按钮，同样弹出“动作设置”对话框，进行相应的设置即可。

习　题

一、选择题

1. 下列视图中不属于 PowerPoint 2010 视图的是（　　）。

A. 幻灯片视图　　B. 页面视图　　C. 大纲视图　　D. 备注页视图

2. PowerPoint 2010 提供的幻灯片模板，主要是解决幻灯片的（　　）。

A. 文字格式　　B. 文字颜色　　C. 背景图案　　D. 以上全是

3. “主题”组在功能区的（　　）选项卡中。

A. 开始　　B. 设计　　C. 插入　　D. 动画

4. 要进行幻灯片页面设置、主题选择，可以在（　　）选项卡中操作。

A. 开始　　B. 插入　　C. 视图　　D. 设计

5. （　　）视图是进入 PowerPoint 2010 后的默认视图。

A. 幻灯片浏览　　B. 大纲　　C. 幻灯片　　D. 普通

6. “背景”组在功能区的（　　）选项卡中。

A. 开始　　B. 插入　　C. 设计　　D. 动画

7. 要设置幻灯片中对象的动画效果及动画的出现方式，应在（　　）选项卡中操作。

A. 切换　　B. 动画　　C. 设计　　D. 审阅

8. 要设置幻灯片的切换效果及切换方式，应在（　　）选项卡中操作。

A. 开始　　B. 设计　　C. 切换　　D. 动画

9. 在 PowerPoint 2010 中，“设计”选项卡可自定义演示文稿的（　　）。

A. 新文件、打开文件　　B. 表、形状与图标

C. 背景、主题设计和颜色　　D. 动画设计与页面设计

二、操作题

制作如图 7 – 15 所示的 5 页幻灯片，要求如下。

（1）为所有幻灯片设置模板，样式自选。

（2）编辑幻灯片母版，实现每页幻灯片均显示统一的标题、图标 Logo 和自动更新的页脚日期。

（3）第 1 页的内容分别添加超链接到第 2、3、4 页。

（4）第 2 页正文文本设置为多级项目编号。

（5）第 3 页为剪贴画添加“进入”动画效果为“浮入”。

（6）第 4 页通过插入形状的方法实现课程流程图。

（7）第 5 页正文插入一个表格。

（8）设置幻灯片切换效果为“单击鼠标时”。

（9）幻灯片整体效果美观，各种样式如图 7 – 15 所示。

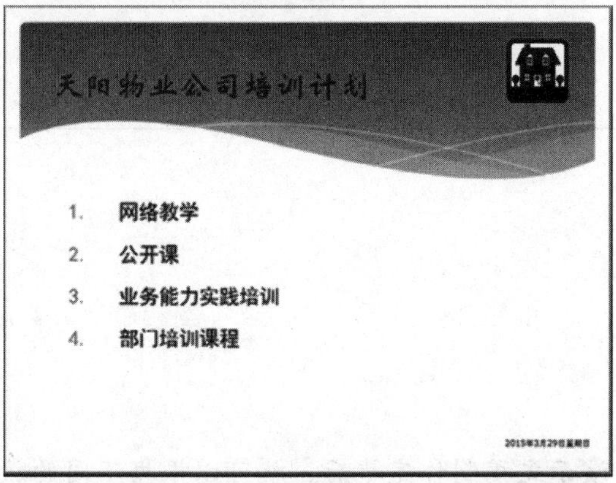
天阳物业公司培训计划
1. 网络教学
2. 公开课
3. 业务能力实践培训
4. 部门培训课程
2015年3月29日星期日

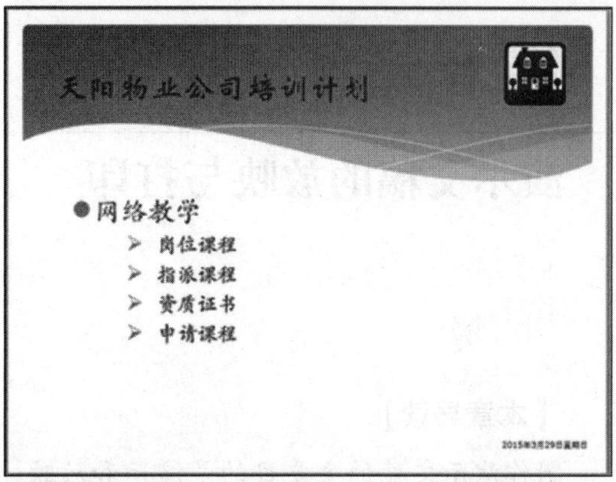
天阳物业公司培训计划
●网络教学
➢ 岗位课程
➢ 指派课程
➢ 资质证书
➢ 申请课程
2015年3月29日星期日

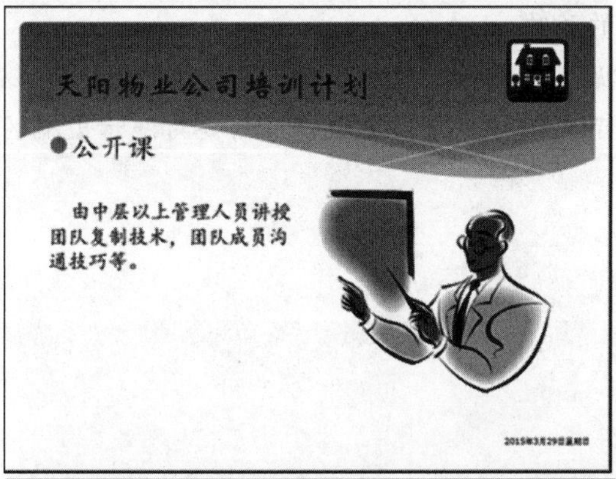
天阳物业公司培训计划
●公开课
由中层以上管理人员讲授团队复制技术，团队成员沟通技巧等。
2015年3月29日星期日

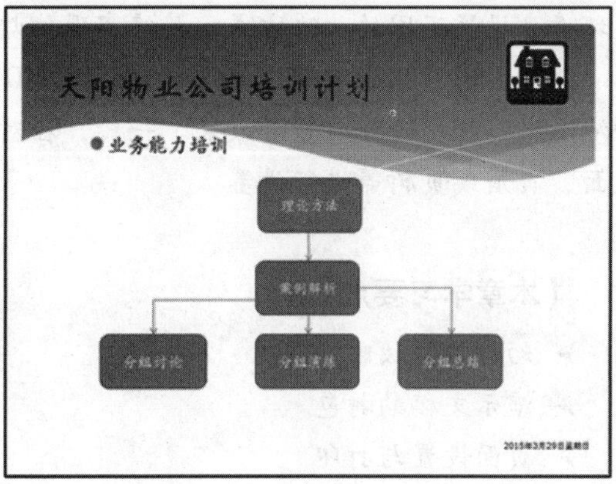
天阳物业公司培训计划
●业务能力培训
理论方法
案例解析
分组讨论
分组演练
分组总结
2015年3月29日星期日

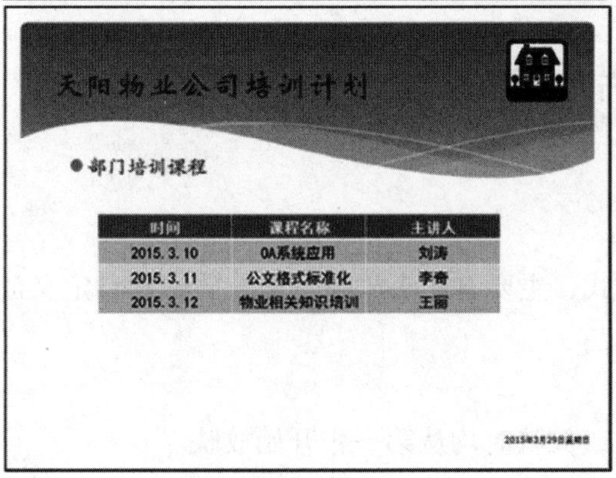
天阳物业公司培训计划
●部门培训课程
时间
课程名称
主讲人
2015.3.10
OA系统应用
刘涛
2015.3.11
公文格式标准化
李奇
2015.3.12
物业相关知识培训
王丽
2015年3月29日星期日

图 7－15

第 8 章

演示文稿的放映与打印

【本章导读】

制作演示文稿的主要目的是演示和放映。当演示文稿制作完毕后，就可以根据不同的放映环境来设置不同的放映方式，最终实现幻灯片的放映。

此外，还可以将演示文稿“打包”成 CD 数据包刻录到光盘中或者发布到网上，也可以将演示文稿打印输出以查看效果。一般，在对演示文稿打印与输出之前，需要对演示文稿的版面、页眉或页脚等进行设置。

【本章学习要点】

- 幻灯片的放映
- 演示文稿的打包
- 页面设置与打印

8.1　幻灯片的放映

8.1.1　幻灯片的放映方式

PowerPoint 2010 提供了三种放映幻灯片的方式，主要有从头放映、当前放映和自定义放映，以满足不同场合的需要。

1. 从头放映

从头放映是无论当前选择的是第几张幻灯片，放映时均从第一张开始放映。

切换到“幻灯片放映”选项卡，单击“开始放映幻灯片”组中的“从头开始”按钮即可。另外，按 F5 快捷键，也可从第一张幻灯片开始放映。

2. 当前放映

当前放映即从当前选择的幻灯片开始的放映。

切换到“幻灯片放映”选项卡，单击“开始放映幻灯片”组中的“从当前幻灯片开始”按钮即可。另外，单击状态栏中的“幻灯片放映”按钮，也可从当前幻灯片开始放映。

小技巧：利用 PowerPoint 2010 放映幻灯片时，为了让效果更直观，有时需要现场在幻灯片上做些标记。可在打开的演示文稿中单击鼠标右键，选择“指针选项”中的“笔”或“荧光笔”，就可以调出画笔在幻灯片上写写画画了，用完后，按 Esc 键便可退出画画状态。

3. 自定义放映

自定义放映，是为了满足不同场合的需要，用户可以将演示文稿的放映顺序和幻灯片的放映张数进行随意调整。具体方法是：

①切换到“幻灯片放映”选项卡，单击“开始放映幻灯片”组中的“自定义幻灯片放映”下拉按钮，执行“自定义放映”命令，弹出“自定义放映”对话框，单击“新建”按钮，弹出“定义自定义放映”对话框（如图 8－1 所示）。

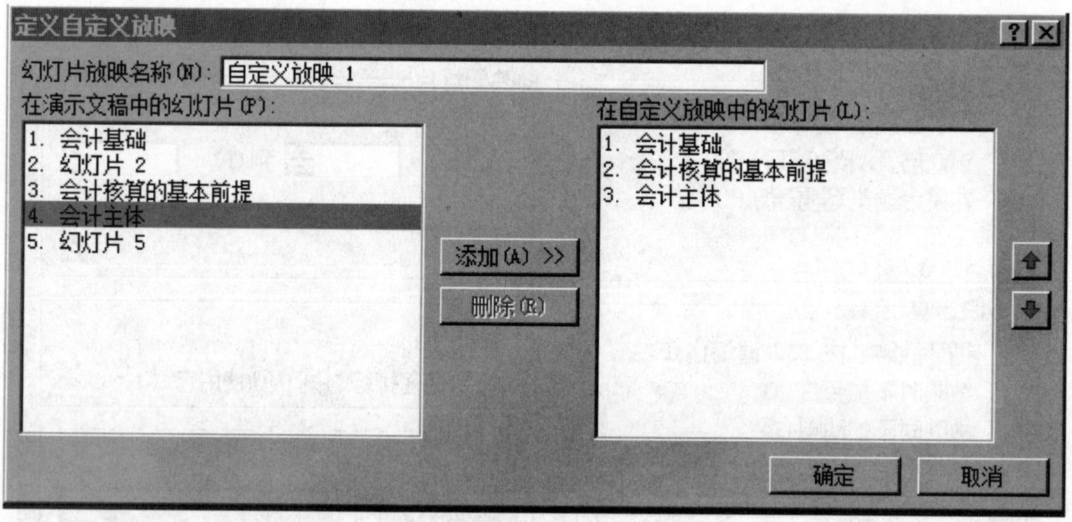

图 8－1

②输入自定义放映的名称，依次选中要放映的幻灯片，单击“添加”按钮。

③通过移动按钮可以调整幻灯片的顺序，通过“删除”按钮可去掉幻灯片。

④设置好后，单击“确定”按钮，回到“自定义放映”对话框，单击“关闭”按钮即可。

定义完毕后，单击“开始放映幻灯片”组中的“自定义幻灯片放映”下拉按钮，执行“自定义放映 1”（在设置自定义放映时命名的），即可按照定义好的幻灯片和顺序放映。

8.1.2 幻灯片的放映类型

根据放映环境的不同，幻灯片有三种放映类型，具体如下：

1. 演讲者放映

这是最常用的方式，也是默认方式。其以全屏幕方式放映演示文稿。在放映过程中，演讲者可以采用自动或人工方式控制放映过程，还可以添加会议记录、录制旁白等。

小技巧：利用 PowerPoint 2010 放映幻灯片时，有时需要观众自己讨论，这是为了避免屏幕上的投影影响观众的注意力，可以按一下 B 键，此时屏幕黑屏。观众讨论完成后，再按一下 B 键即可恢复正常。按 W 键也会产生类似的白屏效果。

2. 观众自行浏览

以窗口方式放映演示文稿。在放映过程中，还可以编辑、移动、复制与打印演示文稿，便于观众自己浏览演示文稿。

3. 在展台浏览

以全屏幕、自动运行方式放映演示文稿。在无人管理的情况下可以采用此种放映方式，在放映演示文稿的过程中，大多数的菜单或命令都不可用，可以使用“超链接”切换幻灯片，并且每次放映结束后重新启动放映。

切换到“幻灯片放映”选项卡，单击“设置”组中的“设置幻灯片放映”按钮，即可弹出“设置放映方式”对话框（如图 8－2 所示），在对话框上可进行三种放映类型的设置。

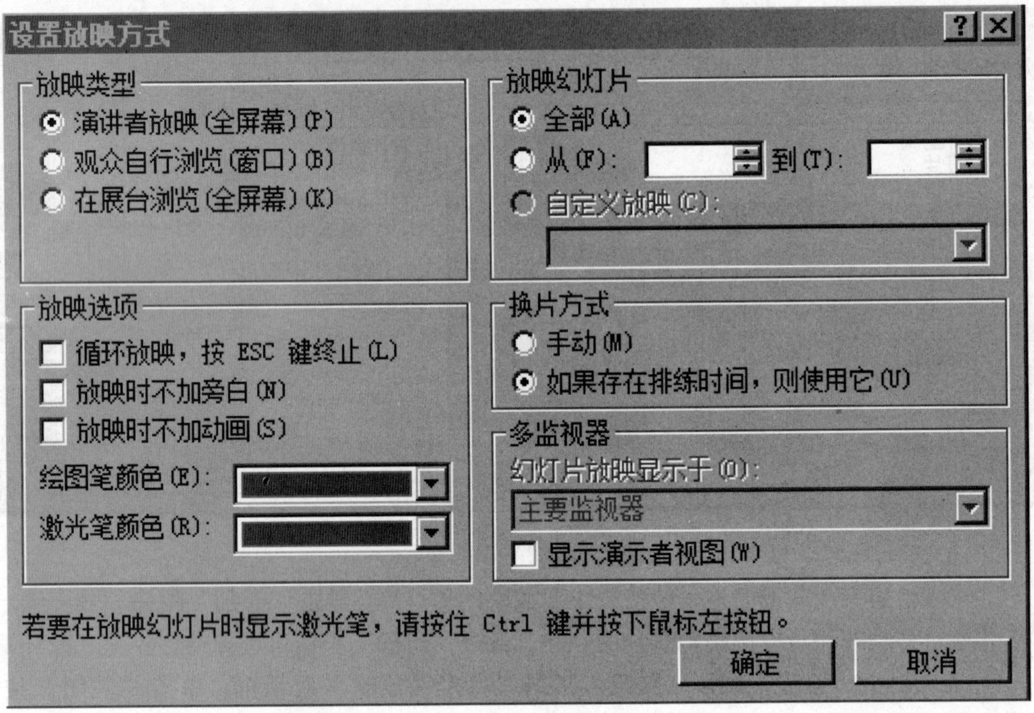

图 8－2

8.1.3 排练计时

在制作自动放映的演示文稿时，幻灯片的放映时间往往很难控制，这时可使用“排练计时”功能。具体操作方法是：

①切换到“幻灯片放映”选项卡，单击“设置”组中的“排练计时”按钮，进入幻灯片放映状态并弹出“录制”工具栏（如图 8－3 所示），显示了当前幻灯片的放映时间和所有已放映幻灯片的累计时间。

图 8－3

②单击鼠标则开始播放下一张幻灯片，当前幻灯片的放映时间从 0 开始计时。

③如果想重新设置当前幻灯片的放映时间，可单击“录制”工具栏上的重复按钮。

④当所有幻灯片都排练计时后（也可以中间按 Esc 键中止排练），会出现询问是否保存排练计时的对话框，单击“是”则保留计时排练时间。

重新放映幻灯片，这时就可以按照排练好的时间自动放映幻灯片了。

8.1.4 录制幻灯片演示

在微课盛行的时代，经常需要制作一些视频教程，这就要用到演示文稿，那么如何将自己制作的 PPT 与讲解同时做成视频呢？这就要用到 PowerPoint 2010 新增的一个强大的功能——视频录制。具体方法如下：

①打开要录制视频的演示文稿，切换到“幻灯片放映”选项卡，单击“设置”组中的“录制幻灯片演示”按钮，将弹出如图 8 -4 所示的下拉菜单。此时，使用麦克风开始录制讲解，用空格键或“录制”工具栏中的下一个按钮可以切换幻灯片，直到完成录制。

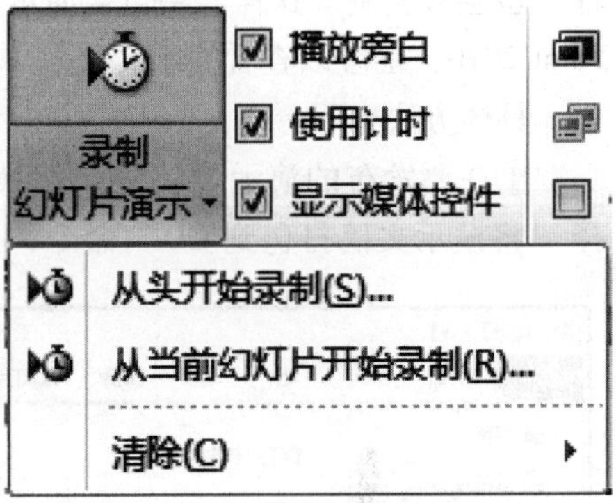

图 8 -4

②录制完毕后，会自动退出放映界面，进入大纲视图，此时每张幻灯片的左下角会出现刚才录制时记忆的时间。

③切换到“文件”选项卡，在左侧选择“保存并发送”按钮，在右边选择“创建视频”，如图 8 -5 所示。在弹出的“保存”对话框中选择“保存位置”“文件名”“保存类型” 即可。

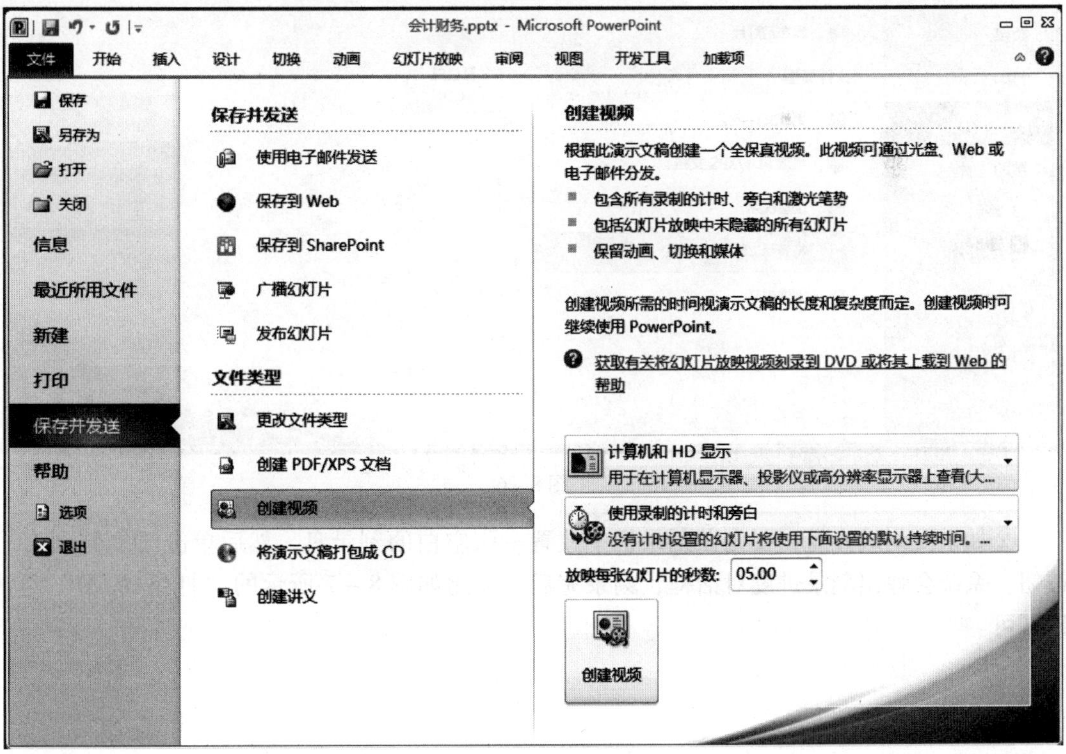

图 8 -5

8.2 发布 CD 数据包

使用 CD 数据包功能将完成的 PowerPoint 演示文稿复制到 CD、网络位置或计算机上的硬盘时，Microsoft Office PowerPoint Viewer 2010 及任何链接到演示文稿的文件（如影片或声音）也会被复制。这样，将包含演示文稿的所有元素，即使计算机上没有安装 Office PowerPoint 2010，也可以查看演示文稿。

具体方法如下：

①在要发布的演示文稿中，切换到“文件”选项卡，选择“保存并发送”命令，选择“将演示文稿打包到 CD”命令，选择“打包成 CD”按钮，如图 8－6 所示。

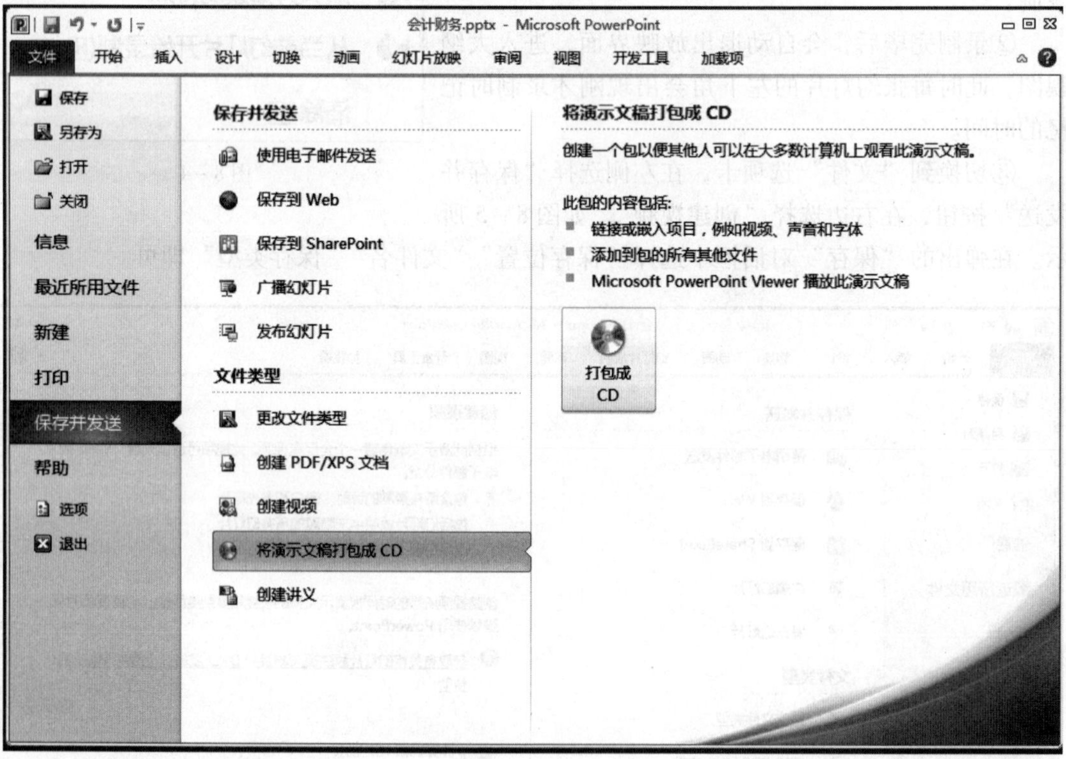

图 8－6

②如果要刻成光盘，要先在刻录机中放置一张空白的刻录盘，然后单击“复制到 CD”按钮。系统会弹出刻录进度对话框，刻录完后，关闭如图 8－7 所示的“打包成 CD”对话框即可。

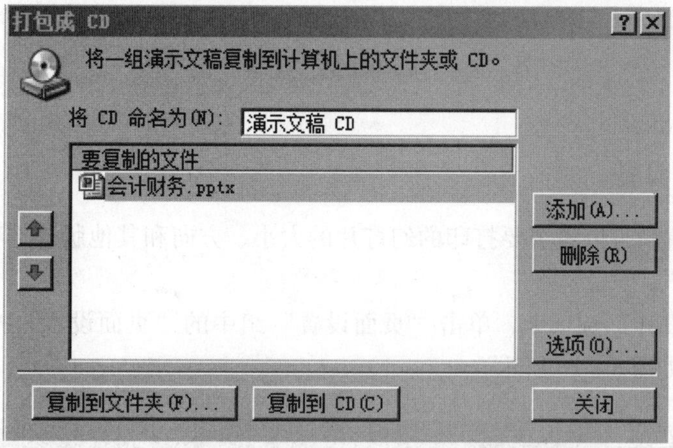

图 8 –7

③如果要将演示文稿打包到计算机或者某个网络位置上的文件夹中，可单击“复制到文件夹”按钮，打开“复制到文件夹”对话框，在其中输入文件夹的名称和位置，然后单击“确定”按钮，如图 8 –8 所示。系统会自动将演示文稿、播放器及相关的文件复制到指定的文件夹中。

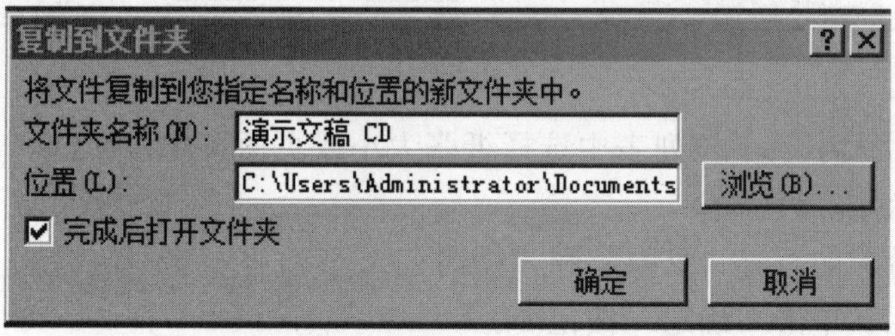

图 8 –8

④单击“确定”后，系统会自动运行打包复制到文件程序。完成之后，自动弹出打包好的 PPT 文件夹中，可以看到其中有一个 AUTORUN. INF 自动运行文件，如果打包到 CD 光盘上，则具备自动播放功能，如图 8 –9 所示。

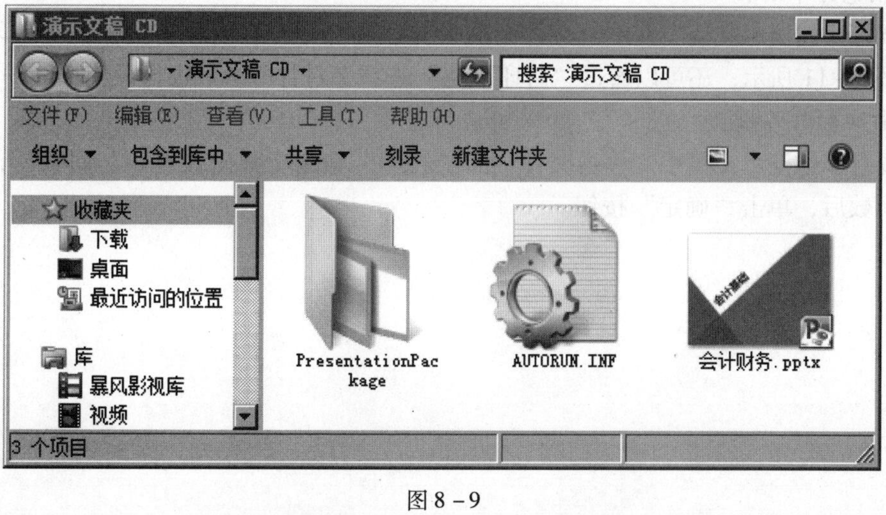

图 8 –9

8.3 页面设置与打印

8.3.1 页面设置

通过页面设置，可以设置要打印的幻灯片的大小、方向和其他版式选项。页面设置的方法如下：

①切换到“设计”选项卡，单击“页面设置”组中的“页面设置”按钮，弹出“页面设置”对话框（如图 8－10 所示）。

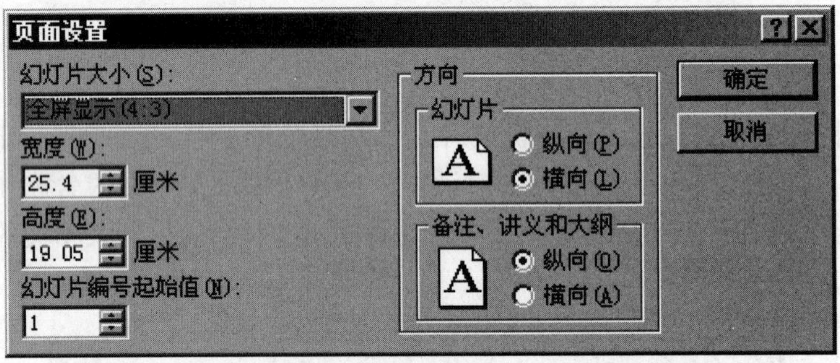

图 8－10

②从“幻灯片大小”下拉列表中选择纸张大小或页面大小，通过“宽度”和“高度”调整幻灯片页面大小。

③选择幻灯片方向，有“纵向”和“横向”。

④设置完成后，单击“确定”按钮。

8.3.2 打印演示文稿

在打印演示文稿前，可以使用预览功能，查看幻灯片、备注和讲义的打印效果，以便修改。

1. 预览打印效果

在要打印的演示文稿中，单击文件中的“打印”命令，在右侧即可预览要打印的幻灯片，如图 8－11 所示；还可以通过“打印预览”选项卡对打印参数进行设置。

2. 打印幻灯片

在要打印的演示文稿中，单击文件中的“打印”命令，弹出“打印”对话框，设置好打印的参数后，单击“确定”按钮。

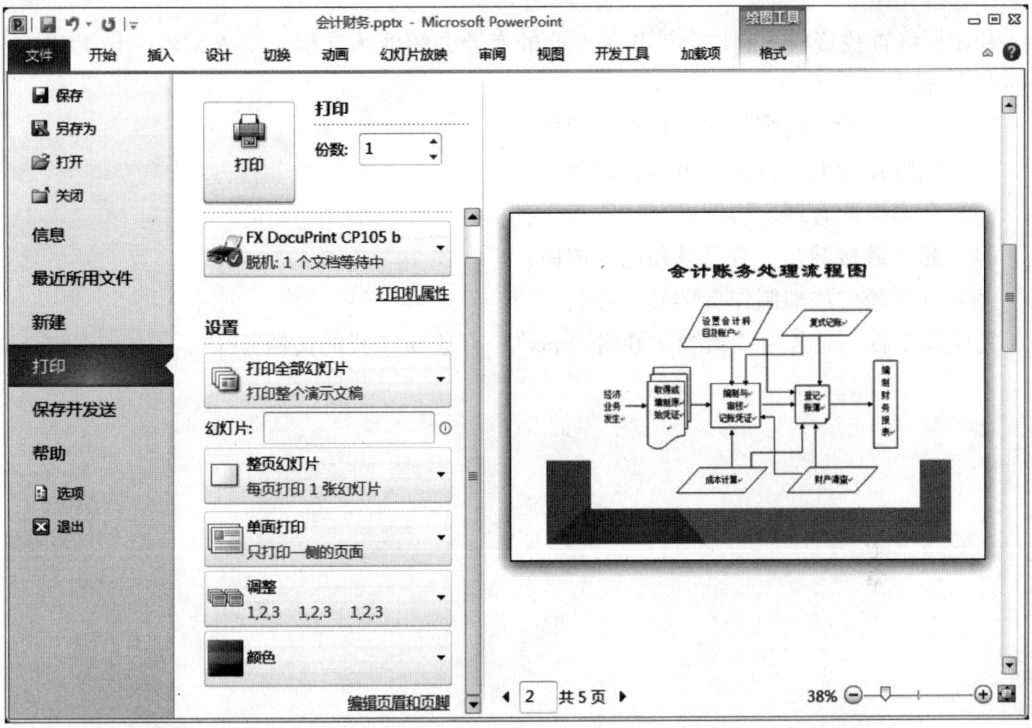

图 8－11

习　题

一、选择题

1. 从第一张幻灯片开始放映幻灯片的快捷键是（　　）。

A. F2　　B. F3　　C. F4　　D. F5

2. 从当前幻灯片开始放映幻灯片的快捷键是（　　）。

A. Shift ＋ F5　　B. Shift ＋ F4　　C. Shift ＋ F3　　D. Shift ＋ F2

3. 扩展名为（　　）的文件，在没有安装 PowerPoint 2010 的系统中可直接放映。

A. . pop　　B. . ppz　　C. . pps　　D. . ppt

4. 若在 PowerPoint 2010 中设置了颜色、图案，为了使打印清晰，应选择（　　）选项。

A. 图案　　B. 颜色　　C. 清晰　　D. 黑白

5. 在幻灯片放映过程中，能正确切换到下一张幻灯片的操作是（　　）。

A. 单击鼠标左键　　B. 按 F5 键

C. 按 PageUP 键　　D. 以上的都不正确

6. 如果打印幻灯片的第 1，3，4，5，7 张，则在“打印”对话框的“幻灯片”文本框中可以输入（　　）。

A. 1－3－4－5－7　　B. 1，3，4，5，7

C. 1－3，4，5－7　　D. 1－3，4－5，7

二、操作题

利用网络查找资料，制作会计相关专业的专业介绍演示文稿。要求编辑一份 PPT 文档，具体要求如下：

（1）主题明确，内容充实，具有可读性；

（2）幻灯片元素丰富，适当设置动画；

（3）色彩搭配合理、协调；

（4）超级链接顺畅：有目录和返回按钮；

（5）在母版中添加制作者学号、姓名。

完成操作后，命名为“班级 + 姓名 . pptx”，存放在“我的文档”中。

第三部分

Excel 2010

第9章

初识 Excel 2010

【本章导读】

Excel 2010 是 Microsoft Office 2010 中最常见的组件之一，随着计算机技术不断创新，Excel 表格处理软件的版本也在不断升级。为了更好地满足日常工作的需要，熟练掌握 Excel 2010 的操作成为办公人员必备的技能。

【本章学习要点】

- 启动和退出 Excel 2010
- Excel 2010 的工作界面
- 工作表的基本操作
- 工作簿的基本操作

9.1 启动和退出 Excel 2010

在学习使用 Excel 2010 编辑文档之前，作为 Excel 2010 的初学者，用户首先需要了解如何启动与退出其操作界面。

9.1.1 启动 Excel 2010

要使用 Excel 2010，首先要启动该程序。启动 Excel 2010 主要有两种方式：

①双击桌面上的快捷图标启动该程序。

②单击桌面左下角“开始”按钮图标，在弹出的开始菜单中单击“所有程序”→“Microsoft Office”→“Microsoft Excel 2010”，如图9－1～图9～4 所示。

图9－1

图9－2

启动后效果图如图 9 – 4 所示。

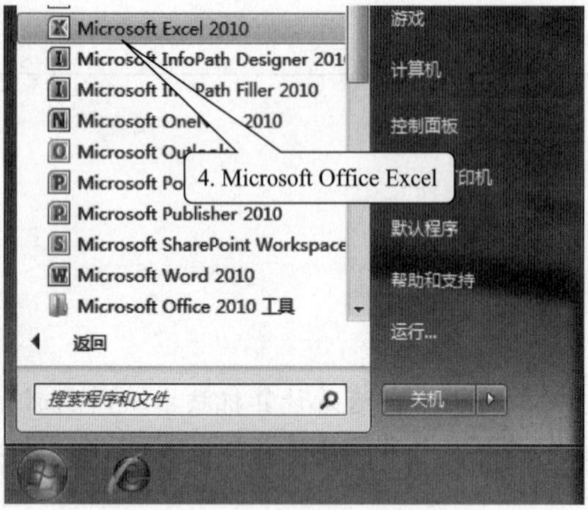

图 9 – 3

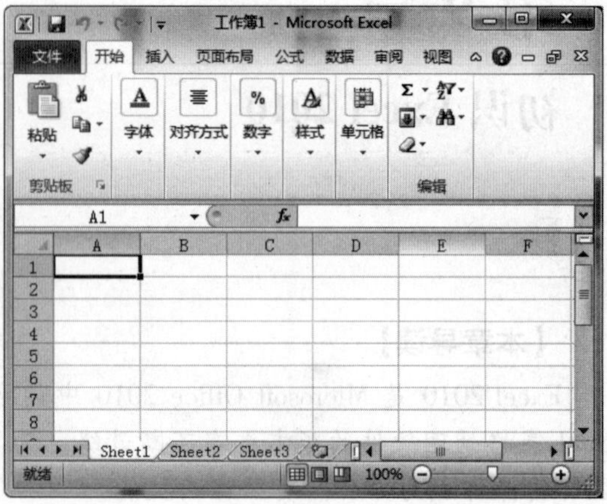

图 9 – 4

小技巧：系统安装 Office 后，只要是 Excel 文档图标，都可以用 Excel 2010 打开，即双击其文档图标，这样不仅能启动 Excel 2010 软件本身，还可以打开相应的文档文件。

注意：如果安装多个 Office 版本，需要在文档图标上右键单击后，选择“打开方式”，在其下级菜单中选择 Excel 2010。

9.1.2 退出 Excel 2010

当用户不再使用 Excel 2010 时，可以退出该应用程序。常用的退出 Excel 2010 的方式有如下四种：

①在 Excel 窗口中，直接单击右上角 X 图标，如图 9 – 5 所示。

②在 Excel 窗口中，切换到“文件”选项卡，然后选择“退出”命令，如图 9 – 6 所示。

③在 Excel 窗口中，直接单击左上角图标 X，选择“关闭”，如图 9 – 7 所示。

④在 Excel 窗口中，按下 Alt + F4 组合键，可关闭当前文档。

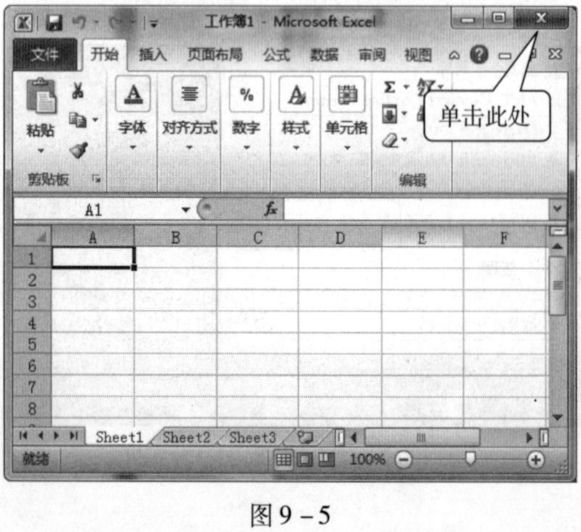

图 9 – 5

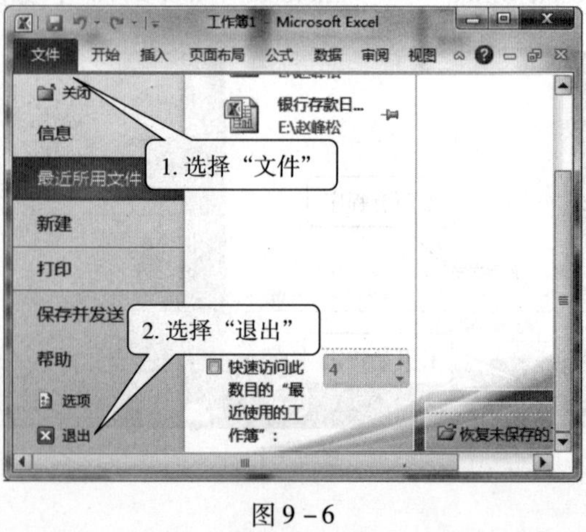

图 9 – 6

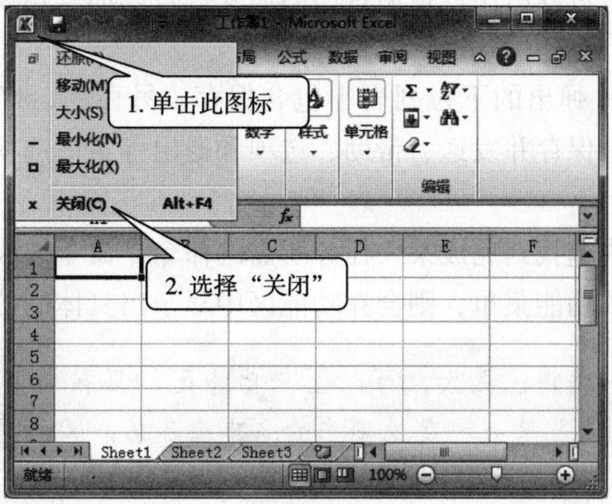

图 9－7

9.2　Excel 2010 的工作界面和基本概念

启动 Excel 2010 后，首先出现在眼前的就是 Excel 2010 的操作界面。Excel 2010 文档窗口由标题栏、快速访问工具栏、“文件”选项卡、功能区、表格区和状态栏等部分组成，如图 9－8 所示。

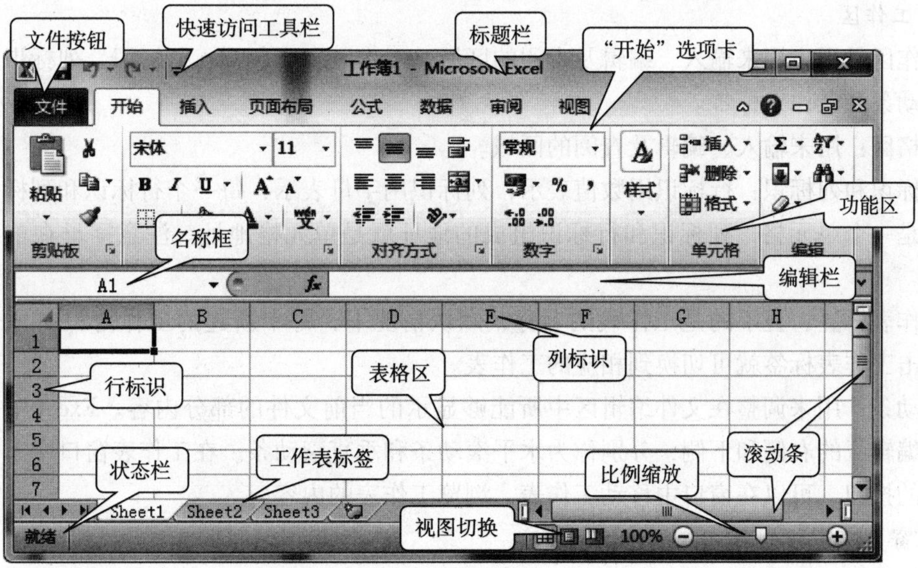

图 9－8

1. 标题栏

标题栏显示了当前打开的文档的名称和类型，在右边还提供了三个按钮：最小化、最大化（还原）和关闭按钮，借助这些按钮可以快速地执行相应的功能。

2. 快速访问工具栏

在快速访问工具栏中，用户可以实现保存、撤销、恢复、打印预览和快速打印等功能。

快速访问工具栏中的项目可以由用户根据自己的需要进行添加或删除。

3. “文件”按钮

单击“文件”按钮，弹出的下拉列表中包含保存、另存为、打开、关闭、信息、最近所用文件、新建、打印、保存并发送、帮助、选项和退出等菜单选项。

4. 功能区

功能区能帮助用户快速找到完成某一任务所需的命令，命令被放置在组中，组集中在选项卡中。用户选择不同的功能菜单，则会在功能区中显示出具体的按钮和命令。

小技巧：为了让文档编辑区更大，可以让“功能区”只在需要的时候显示。功能区无法删除，可以双击“开始”“插入”等选项卡的名字隐藏功能区，再次双击则显示功能区。

5. 编辑栏

在默认的情况下，“编辑栏”位于“功能区”的下面。编辑栏是用来显示活动单元格所在的位置、数据，以及输入、编辑单元格数据的地方。编辑栏右侧为编辑区，当在单元格中输入内容时，除了在单元格中显示内容外，还在编辑区显示该内容。如果要改动或删除单元格中的内容，可以把光标移动到编辑区，在编辑区中进行修改或删除。当在编辑区修改完毕后，单元格便自动显示修改后的内容。

6. 状态栏

状态栏位于工作簿窗口的最底部，用来显示窗口当前有关的状态信息。

7. 工作区

工作区是用户用来输入、编辑及查阅的区域，工作区主要包括：行标识、列标识、表格区、滚动条和工作表标签。

表格区：用来输入、编辑及查阅的区域。

行标识和列标识：行标识用数值表示，列标识用字母表示，每一个行标识和列标识的交叉点就是一个单元格，列标识和行标识组成的地址就是单元格地址。注意字母在前，数值在后。

工作表标签：显示的是工作表的名称，默认情况下，每个新建的工作簿只有三个工作表，单击工作表标签就可切换到相应的工作表。

滚动条：用来调整在文件编辑区中所能够显示的当前文件的部分内容。Excel 中的滚动条位于编辑区的右侧和下侧，分别称为水平滚动条和垂直滚动条。在工作表窗口中单击滚动条两端的按钮，可以在窗口中移动工作表、浏览工作表的内容。

8. 窗口视图控制区

主要用于在不同编辑视图之间进行切换。通过该区域可对文档编辑区内容的显示比例进行调整。

小技巧：功能区的各个组会根据窗口大小自动调整显示或隐藏按钮，经常使用功能区的用户，建议将窗口调整水平长条型。

在学习基本操作前，先了解几个概念：工作簿、工作表和单元格。它们是构成 Excel 表格的三大主要元素。

1. 工作簿

在 Excel 中，工作簿是处理和存储数据的文件，每个工作簿可以包含多张工作表，每张工作表可以存储不同类型的数据，因此，可以在一个工作簿文件中管理多种类型的相关信息。启动 Excel 时，默认情况下系统会自动生成一个包含 3 个工作表的工作簿。

2. 工作表

工作表是工作簿的重要组成部分，是 Excel 进行组织和管理数据的地方，用户可以在工作表中输入数据、编辑数据、设置数据格式、进行数据排序和汇总数据等。

默认情况下，每一个工作簿会显示 3 个工作表，分别以 Sheet1、Sheet2 和 Sheet3 来命名，也可以称为工作表标签。用鼠标单击工作表标签，即可切换到相应的工作表中。在 Excel 窗口中，空白的一大块区域就是工作表窗口，用户可以在其中输入数据、公式等内容。

工作表是由排列在一起的行和列，即单元格构成的。列是垂直的，由字母 A 开始；行是水平的，由数字 1 开始。

3. 单元格

单元格是 Excel 电子表格的最小单位，工作表中的白色长方格就是单元格，在单元格中可以输入数据。在工作表中单击某个单元格，该单元格的边框将变黑加粗，称为活动单元格。可以向活动单元格中输入数据，这些数据可以是文字、数字、图形等。只有活动单元格才可参与数据输入。在 Excel 中，每个单元格都有固定的地址，由该单元格所在的列标和行号组成。单元格的地址通常在编辑栏左端的名称框中显示出来。一个工作簿文件中可以包含多个工作表，为了区分不同工作表中的单元格，要在单元格地址前增加工作表名称。例如，Sheet1!B3，表示该单元格是工作表 Sheet1 中的 B3 单元格。

9.3　工作簿的基本操作

Excel 最基本的操作是针对工作簿的相关操作，包括工作簿的新建、保存、打开、关闭和保护等。Excel 2010 对应普通工作簿的文件扩展名为 .xlsx，当启动 Excel 2010 应用程序时，系统会自动创建一个名为“工作簿 1. xlsx”的文件。

9.3.1　新建工作簿

新建工作簿有多种方式。启动 Excel 2010 后，系统会自动新建一个空白工作簿，除此之外，还可以通过其他几种方法新建工作簿。

1）通过已启动的工作簿的“文件”按钮新建工作簿，具体操作如下。

①单击“文件”按钮，在弹出的下拉菜单中单击“新建”菜单项，如图 9 – 9 所示。

②在弹出的“新建工作簿”任务窗格中选择“空白工作簿”后，单击“创建”命令即可，如图 9 – 10 所示。

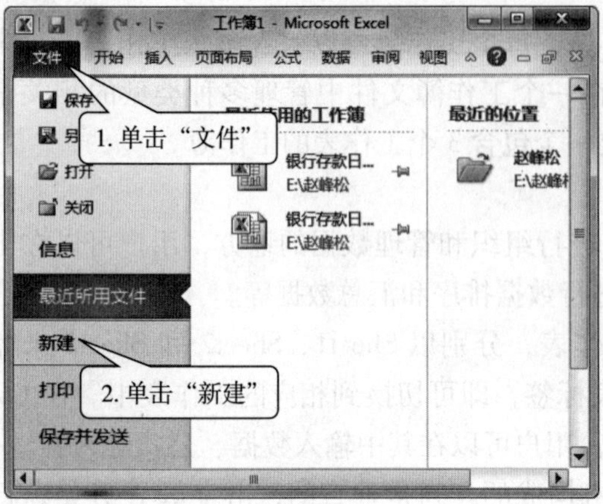

图 9－9

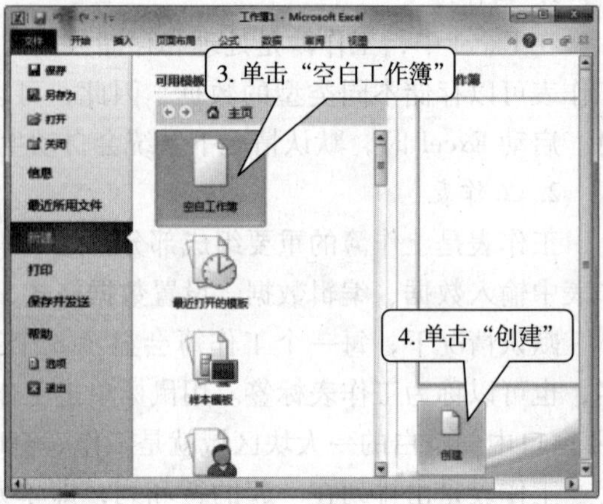

图 9－10

2）利用快速访问工具栏。

①单击快速访问工具栏中下拉箭头按钮，在弹出的下拉菜单中单击“新建”菜单项，即可将“新建”命令添加到快速访问工具栏，如图 9－11 所示。

②单击快速访问工具栏的“新建”按钮，即可新建一个空白工作簿，如图 9－12 所示。

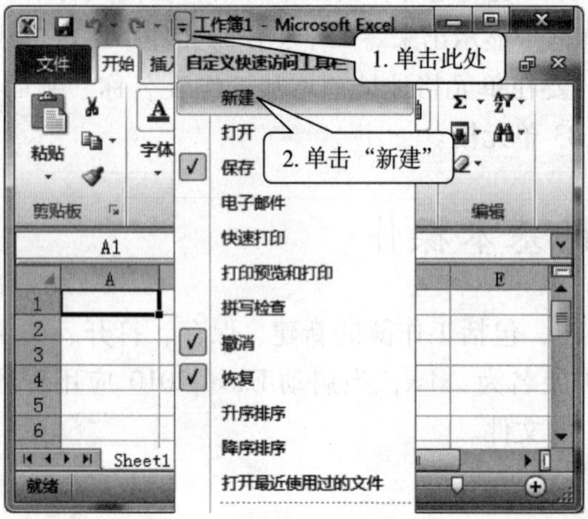

图 9－11

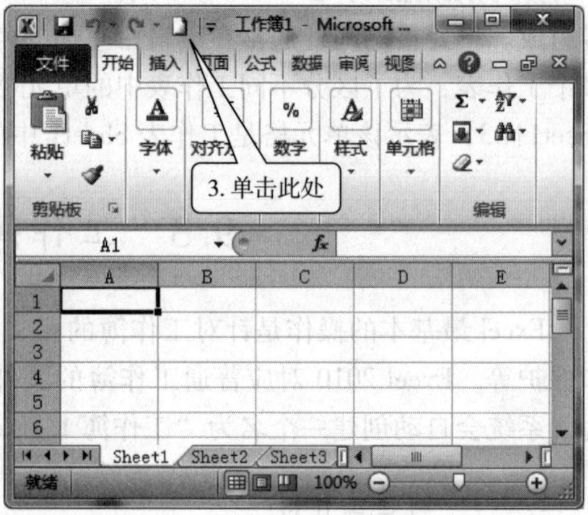

图 9－12

3）利用 Ctrl + N 组合键也可以新建一个空白文档。

9.3.2 保存工作簿

对工作簿创建和编辑后，需要对进行保存，只有这样，当再次打开工作簿时，数据才不会丢失。保存三要素：保存位置、保存名字和保存类型。记住保存的位置和名字才能在下次使用时准确找到位置和文件。

1. 保存新建的工作簿

①单击“文件”按钮，在弹出的下拉菜单中单击“保存”菜单项，如图 9－13 所示。

②在弹出的“另存为”对话框中，设置好保存三要素后，单击“确定”按钮即可，如图 9－14 所示。

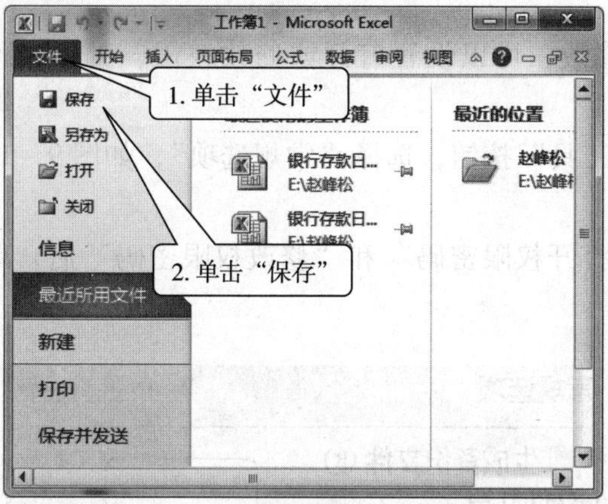

图 9 – 13

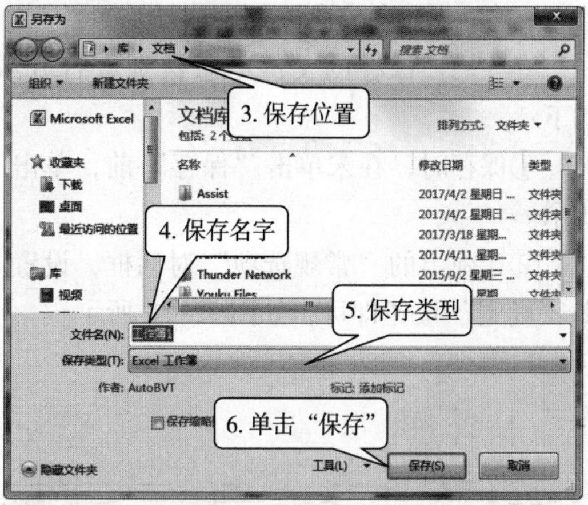

图 9 – 14

2. 保存已有的工作簿

保存已有的工作簿的操作很简单，单击“文件”按钮，然后从弹出的下拉菜单中选择“保存”菜单项，或者单击快速访问工具栏中的“保存”按钮即可。此操作使得文件保存三要素不变，只是将工作簿的内容更新到最后的操作状态。

3. 将工作簿另存

有时用户对打开的工作簿加以修改，但是原来的工作簿想保留不变，改后的工作簿可以另存一个工作簿，这时就可以使用“另存为”命令。需要注意的是，想生成新工作簿，不可以在保存三要素完全不变状态下保存，至少有一个要素发生了变化。比如名字不想变，可以选择另外的位置加以保存；又如，想在同一位置下保存，则可将名字重新定义一个。

4. 自动设为保存

为了避免在操作的过程中由于意外断电而引起数据丢失，用户可以设置将工作簿自动保存，具体操作如下。

①单击“文件”按钮，在弹出的下拉菜单中单击“选项”菜单项，如图 9 – 15 所示。

②在弹出的“Excel 选项”对话框中，单击“保存”选项卡，在右侧设置好“保存自动恢复信息时间间隔”，单击“确定”按钮即可，如图 9 – 16 所示。

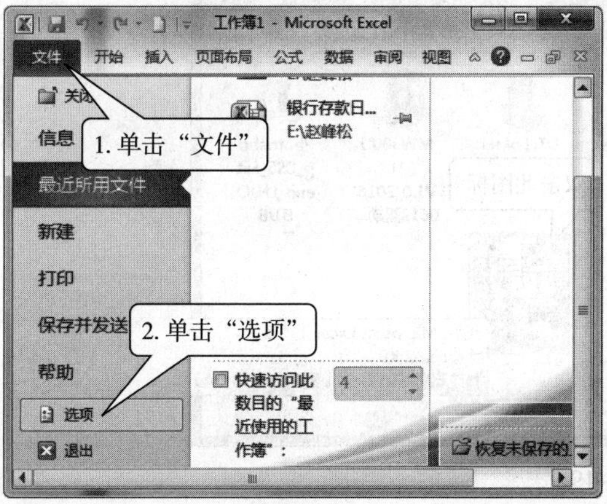

图 9 – 15

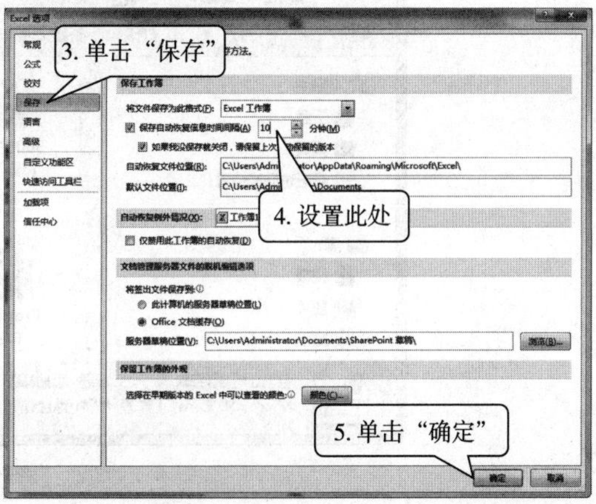

图 9 – 16

5. 设置打开工作簿权限

有些用户保存的文件不想被别人打开或修改，可以设置打开或修改权限，具体操作如下：

①保存时，在未单击“保存”前，单击“工具”按钮，选择“常规选项”，如图 9－17 所示。

②在弹出的“常规选项”对话框，设置“打开权限密码”和“修改权限密码”后，单击“确定”按钮即可，如图 9－18 所示。

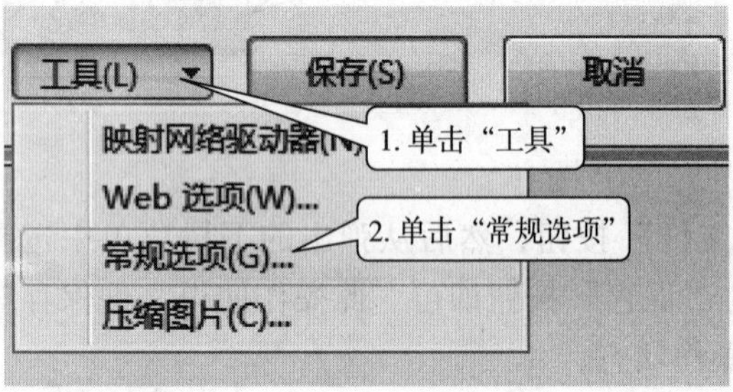

图 9－17

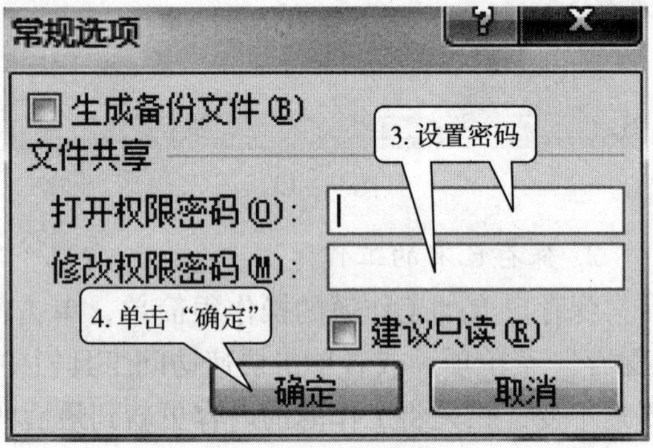

图 9－18

9.3.3 打开工作簿

当用户需要查看或修改已经创建的工作簿时，就需要打开它。打开工作簿一般用以下两种方式：

1. 双击文件图标

找到文件所在的位置，双击需要打开的工作簿图标，即可打开指定的工作簿，如图 9－19 所示。

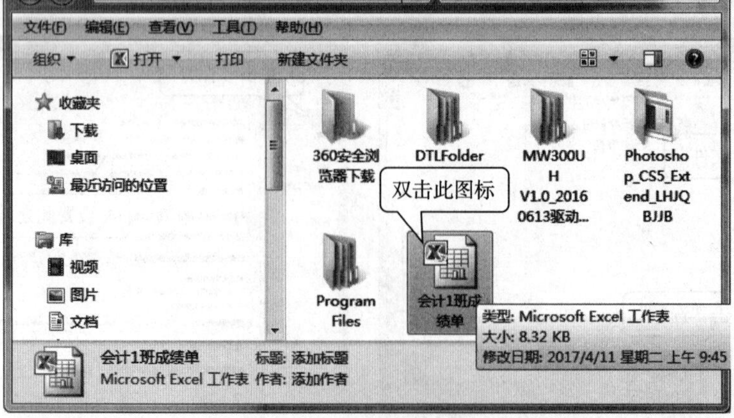

图 9－19

2. 在 Excel 的“文件”菜单中打开

①单击“文件”按钮，在弹出的下拉菜单中单击“打开”菜单项，如图 9－20 所示。

②在弹出的“Excel 选项”对话框中，单击“打开”对话框，找到文件，单击文件后，单击“确定”按钮即可。也可双击文件直接打开，如图9－21 所示。

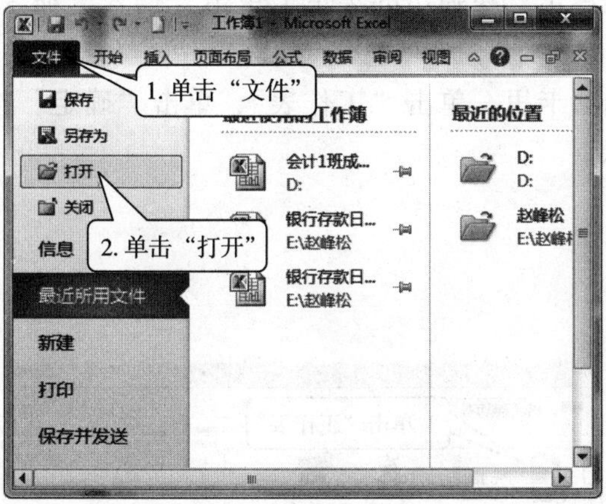

图 9－20

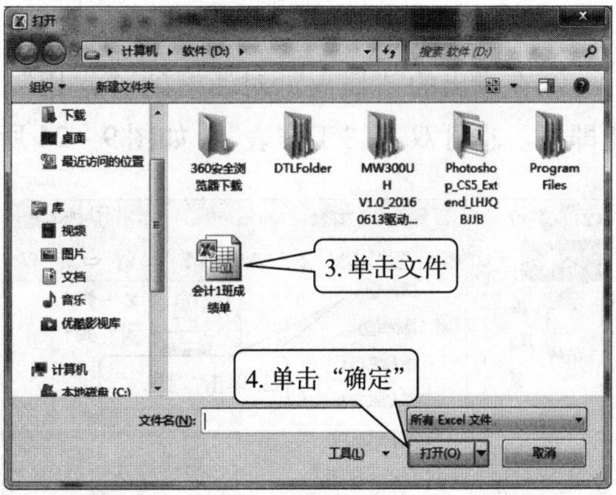

图 9－21

9.3.4　关闭工作簿

关闭工作簿即为退出 Excel，如图 9－22 所示。

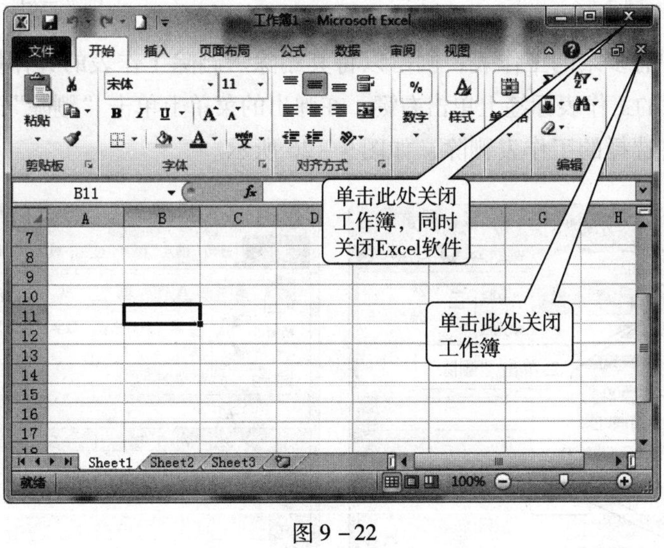

图 9－22

9.4　工作表的基本操作

工作表的基本操作主要包括工作表的插入、工作表的删除、工作表的命名、工作表的复制和移动等。

9.4.1 插入、删除工作表

如果需要的工作表的数目超过 Excel 2010 默认提供的 3 个，可以直接在工作簿中插入更多数目的工作表供自己使用，具体操作如下：

①在需要插入工作表的工作表标签上右键单击，在弹出的菜单上单击“插入”命令，如图 9－23 所示。

②在弹出的“插入”对话框的“常用”选项卡里，单击“工作表”，单击“确定”按钮即可。也可双击“工作表”，如图 9－24 所示。

图 9－23

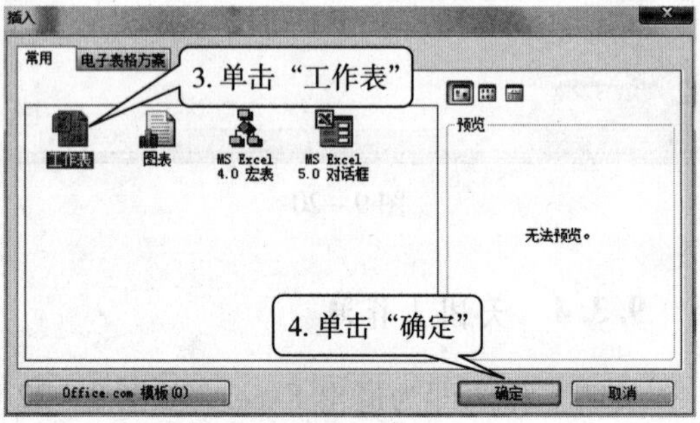

图 9－24

如果工作簿中有多余的工作表，则可以将其删除。删除工作表的具体操作如下：

①在需要删除的工作表标签上单击右键，在弹出的菜单上单击“删除”，如图 9－25 所示。

②此时即可将选择的工作表删除，如图 9－26 所示。

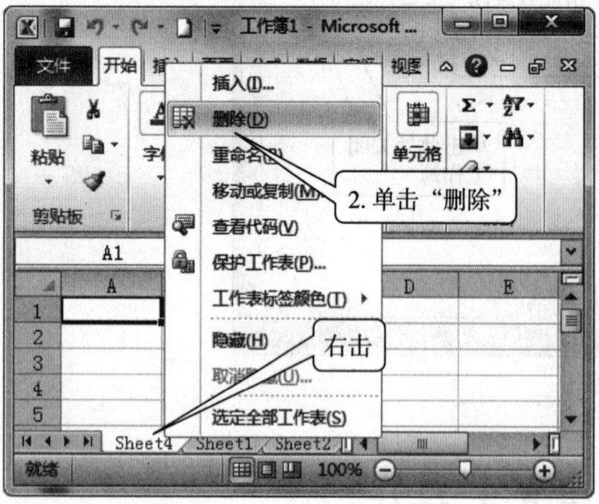

图 9－25

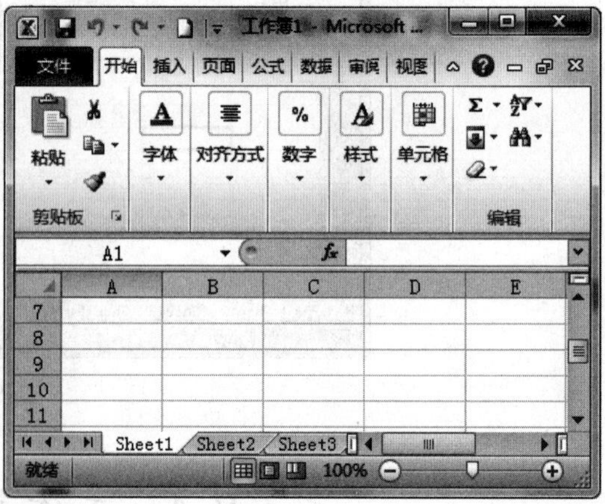

图 9－26

9.4.2 复制、移动工作表

在工作簿内可以随意移动工作表、调整工作表的次序，甚至还可以在不同的工作簿间进行移动，将一个工作簿中的工作表移到另一个工作簿中去。

在同一工作簿下移动和复制工作表，具体操作如下：

①在需要移动的工作表 Sheet1 上单击，此时在表的左上方出现一个倒置的三角标志，如图 9－27 所示。

②移动鼠标，当倒置三角标志到达想移动到的位置时松开左键，工作表移动成功，如图 9－28 所示。

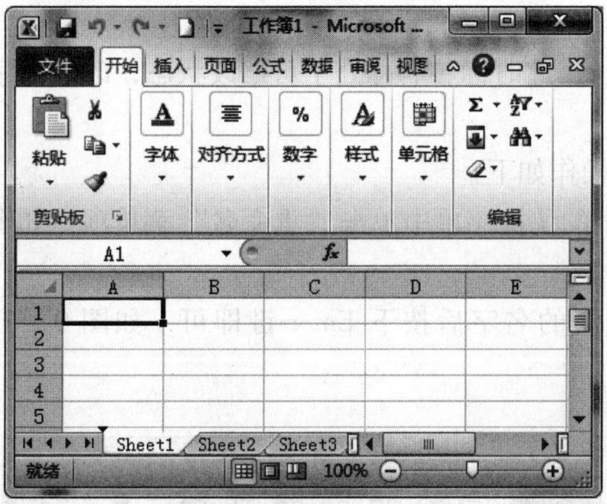

图 9－27

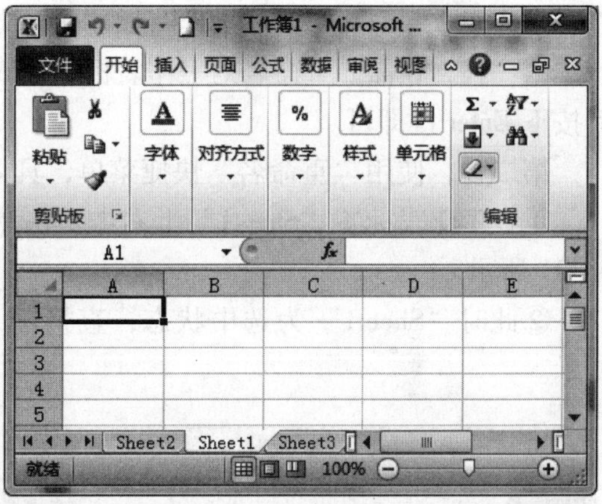

图 9－28

小技巧：在上述操作中，当按下鼠标左键后，在键盘上同时按下 Ctrl 键，直至鼠标移动到想要出现的位置时松开左键，此时工作表复制成功。

不同工作簿间移动和复制工作表，如将工作簿 1 中的 Sheet1 工作表移动到工作簿 2 的工作表 Sheet1 前，具体操作如下：

①打开工作簿 1 和工作簿 2，在工作簿 1 的工作表 Sheet1 上右键单击，在弹出的快捷菜单上单击“移动或复制”菜单项，如图 9－29 所示。

②在弹出的“移动或复制工作表”对话框中，设置“工作簿”为“工作簿 2”，“下列选定工作表之前”选择“Sheet1”，如图 9－30 所示。单击“确定”按钮即可移动成功。

图 9－29

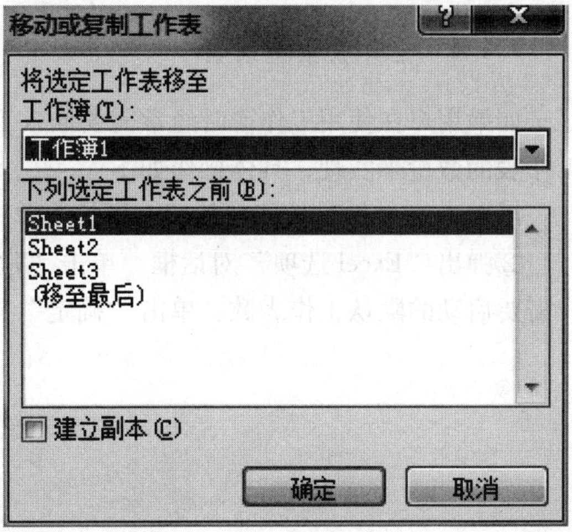

图 9－30

如果选择“建立副本”，则为在不同工作簿之间复制工作表，否则为在不同工作簿之间移动工作表。

9.4.3 工作表的命名

在工作簿中，默认的工作表的名称为“Sheet1”“Sheet2”“Sheet3”，新插入的为“Sheet4”“Sheet5”等。这种命名方式对用户来说并不直观，为了便于用户管理和使用，可以对工作表重新命名，具体操作有如下两种方式：

第一种，在需要重命名的工作表标签上双击，此时标签名称处于可修改状态，改好名字后按下 Enter 键即可。

第二种，使用“重命名”快捷菜单，具体操作如下：

①在工作表标签“Sheet1”上右击，在弹出的快捷菜单中单击“重命名”菜单项，如图 9－31 所示。

②此时“Sheet1”为选中状态，直接输入新的名字后按下 Enter 键即可，如图 9－32 所示。

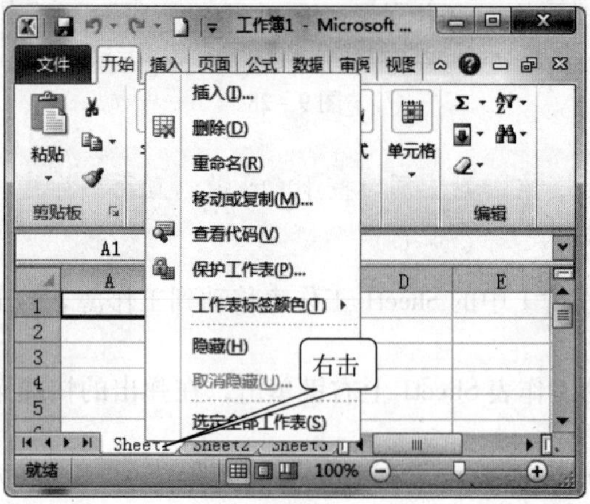

图 9－31

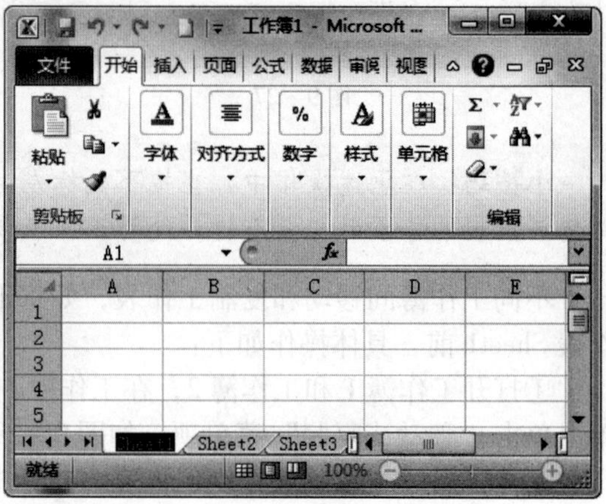

图 9－32

9.4.4 工作表数量设置

如果用户在使用工作簿时经常需要插入工作表，可以通过设置新建工作簿时默认所包含工作表的数量来实现，具体操作如下：

①单击“文件”按钮，然后在下拉菜单中选择“选项”菜单项，如图 9－33 所示。

②弹出“Excel 选项”对话框，单击“常规”选项卡，在“包含的工作表数”里设置用户需要启动的默认工作表数，单击“确定”按钮即可，如图 9－34 所示。

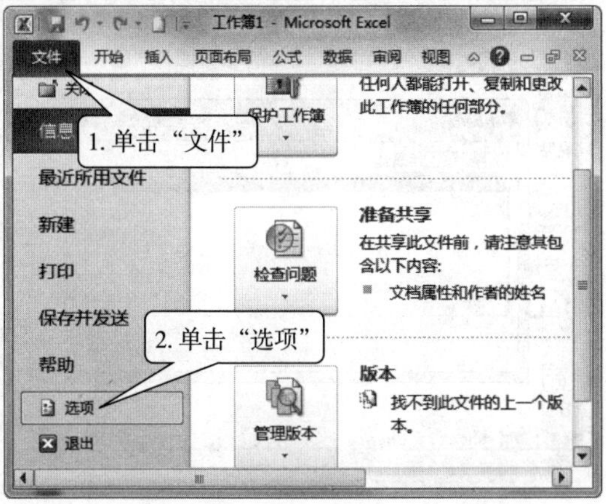

图 9－33

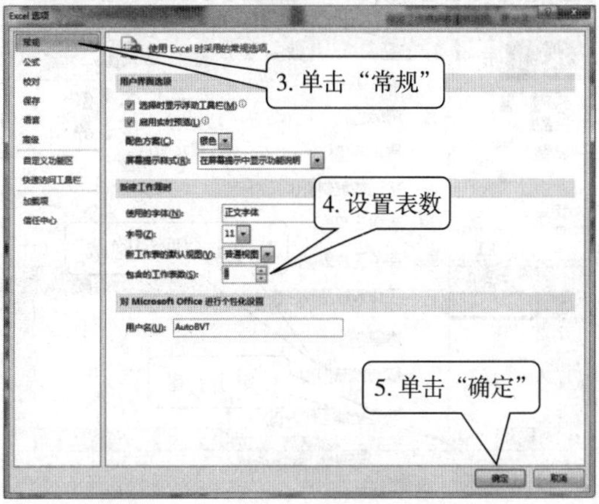

图 9－34

9.4.5 显示隐藏工作表

为了方便操作，可以将不用的工作表隐藏起来，当需要的时候再将其显示出来。

隐藏工作表的具体操作如下：

①在需要隐藏工作表的标签上单击右键，然后弹出的快捷菜单上单击“隐藏”菜单项，如图 9－35 所示。

②此时工作表“Sheet1”为隐藏状态，如图 9－36 所示。

图 9－35

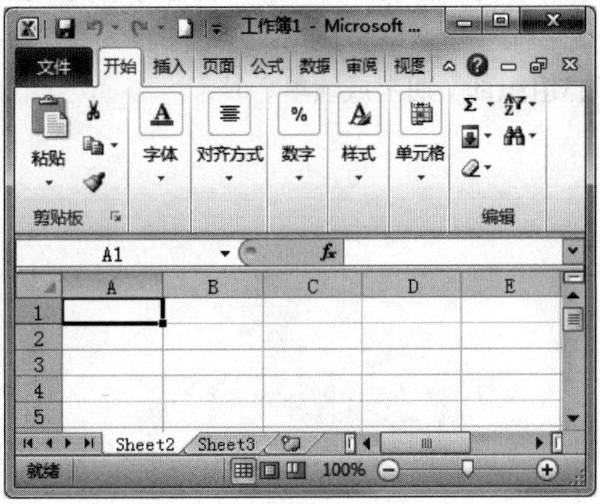

图 9－36

显示工作表的具体操作如下：

①在任意一个工作表标签上鼠标单击右键，在弹出的快捷菜单上单击“取消隐藏”菜单项，如图 9－37 所示。

②此时弹出“取消隐藏”对话框，选中要取消隐藏的工作表“Sheet1”后，单击“确定”按钮，工作表“Sheet1”自动显示出来，如图 9－38 所示。

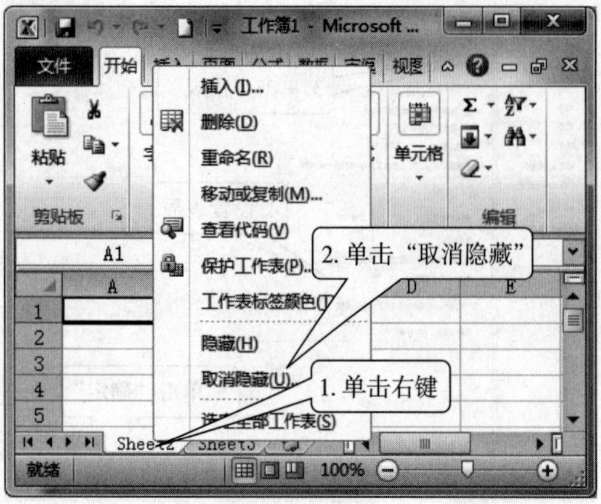

图 9－37

图 9－38

习　题

操作题：

1. 启动 Excel 2010，设置启动 Excel 2010 时默认工作表为 4 个。

2. 新建工作簿 D:\会计 1\ 期末成绩单 . xlsx。

3. 启动 D:\会计 1\ 期末成绩单 . xlsx，将工作表“Sheet1”改名为“大一第一学期考试成绩”，将工作表“Sheet2”改名为“大一第一学期量化成绩”，将工作表“Sheet3”改名为“大一第一学期综合成绩”，并将“大一第一学期综合成绩”工作表隐藏。工作簿另存为：D:\组织部\ 期末成绩单 . xlsx。

第10章 数据录入与修改

【本章导读】

利用Excel 2010提供的各种功能，用户可以方便地在工作表中录入和修改数据。主要包括输入数据、快速填充数据、编辑数据及设置数据有效性等。本章以“工资表”为例进行介绍。

【本章学习要点】

- 输入数据
- 快速填充数据
- 编辑数据
- 查找和替换数据
- 数据有效性

10.1 输入数据

在Excel工作表中，输入数据是编辑工作表的过程中最经常用到的操作，数据包括文本、数值、百分比、货币、邮编等。为了在Excel中得到不同类型的数据，必须对数据进行相关设置。例如，在会计工作中要创建“工资表”：

姓名	编号	日期	基本工资	出勤天数	满勤奖	实发工资	备注
姚壮	001	2017年6月10日	￥3100	30	￥500		优秀
张宁	002	2017年6月10日	￥3100	25	￥0		优秀
付旸	003	2017年6月10日	￥3200	30	￥500		优秀
曹阳	004	2017年6月10日	￥3000	30	￥500		优秀
赵毅	005	2017年6月10日	￥3300	30	￥500		优秀
张楠	006	2017年6月10日	￥4000	30	￥500		☆
						制表时间	13:45

10.1.1 输入文本

在工作表中输入文本非常简单，既可以直接在单元格中输入，也可以在编辑栏中输入。

1. 在单元格中输入

①单击单元格A1，切换到一种合适的汉字输入法，然后输入“姓名”，如图10-1所示。

②输入完毕后，按下 Enter 键即可，效果如图 10－2 所示。

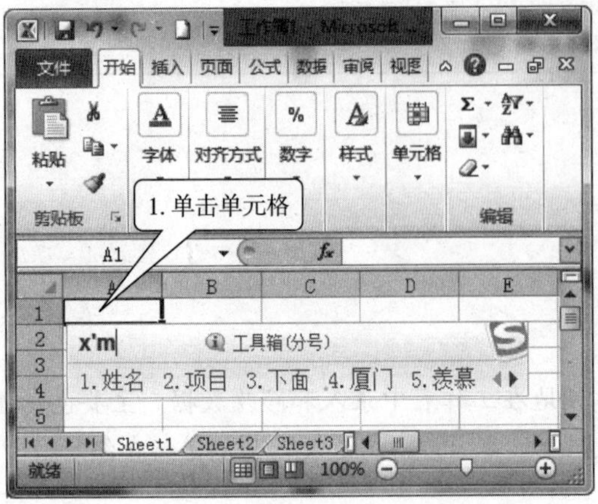

图 10－1

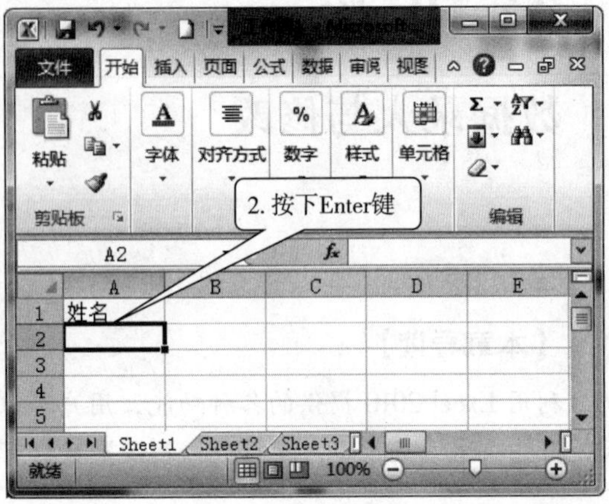

图 10－2

2. 在编辑栏中输入

①单击单元格 B1，再将光标定位到编辑栏中，切换到一种合适的汉字输入法，然后输入“编号”，如图 10－3 所示。

②输入完毕后，按下 Enter 键即可，效果如图 10－4 所示。

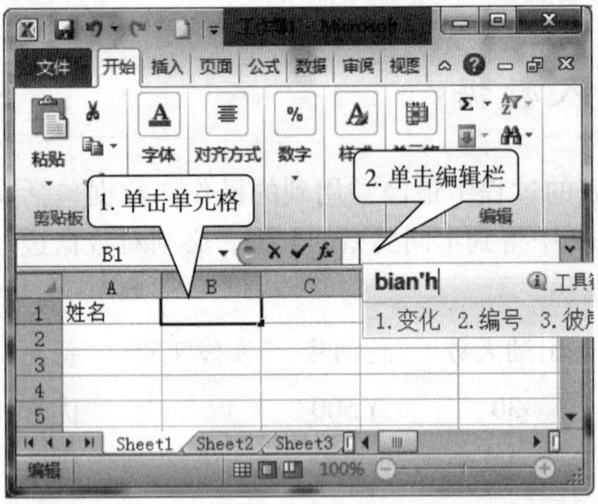

图 10－3

图 10－4

按照同种的方法输入“工资表”中其他的文本内容。输入完毕的效果图如图 10－5 所示。

	A	B	C	D	E	F	G	H
1	姓名	编号	日期	基本工资	出勤天数	满勤奖	实发工资	备注
2	姚壮							
3	张宁							
4	付旸							
5	曹阳							
6	赵毅							
7	张楠							
8							制表时间：	

图 10－5

一般首次在单元格中输入文本时，只要单击单元格就选中了单元格，即单元格定位。如果单元格有内容，依旧在单元格定位后输入内容，那么单元格原来的内容就会被新输入的内容完全替换掉。如果想在原来单元格内容的基础上修改或填充新的内容，就要双击单元格，即单元格内容定位，此时单元格里有一闪一闪的插入点，调整插入点的位置就可以确定填写新增的内容的位置，如果原单元格的部分内容不再需要，也可选中部分内容进行删除处理。

输入内容完毕后，如果按下 Enter 键，活动单元格定位在原来单元格的下方单元格，如果按下 Tab 键，活动单元格定位在原来单元格的右侧单元格。用户可以根据自己的需要选择 Enter 键或 Tab 键。

10.1.2　输入日期和时间

用户在输入日期和时间时，可以直接输入一般的日期和时间格式，也可以通过设置单元格格式输入多种不同类型的日期和时间格式。

1. 输入时间

如果要在单元格中输入时间，可以以时间格式直接输入，如输入“8:05:00”。在 Excel 中，系统默认的是按 24 小时制输入。如果要按照 12 小时制输入，就需要在时间后面加上“AM”或“PM”字样表示上午或下午。具体时间格式设置如下：

①选中单元格，单击“设置单元格格式：数字”，如图 10－6 所示，弹出“设置单元格格式”对话框。

②在“数字”选项卡里，单击分类中的“时间”后，选择好时间类型，单击“确定”按钮即可，如图 10－7 所示。

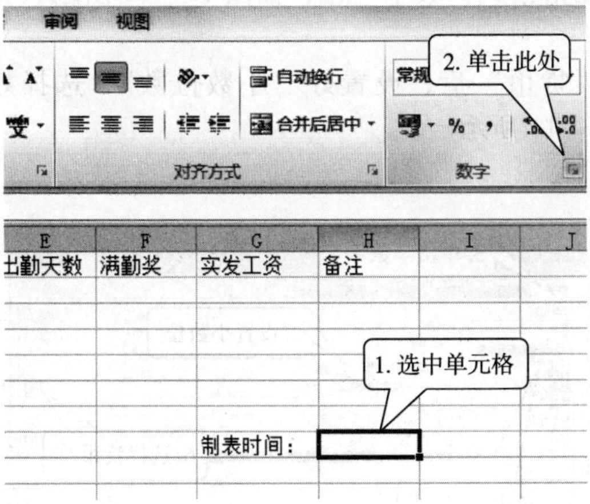

图 10－6

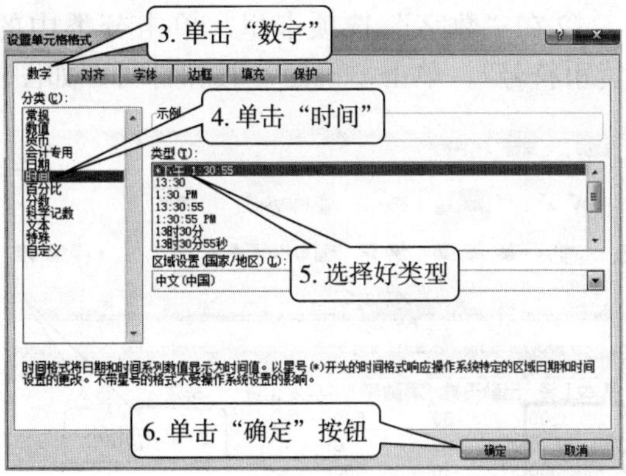

图 10－7

2. 输入日期

输入日期的方法为：在年、月、日之间用“/”或者“－”隔开，如想输入“2017 年 8 月 8 日”，用户可以在单元格中输入“2017/8/8”或者“2017－8－8”后，按下 Enter 键即可。但是无论用这两种方式的哪一种，系统默认设置的日期显示方式都为“2017/8/8”。输入日期后，如何设置日期显示的格式呢？具体操作如下：

①选中单元格，单击“设置单元格格式：数字”，如图 10－8 所示，弹出“设置单

元格格式”对话框。

②在“数字”选项卡里，单击分类中的“日期”后，选择好日期类型，单击“确定”按钮即可，如图 10 - 9 所示。

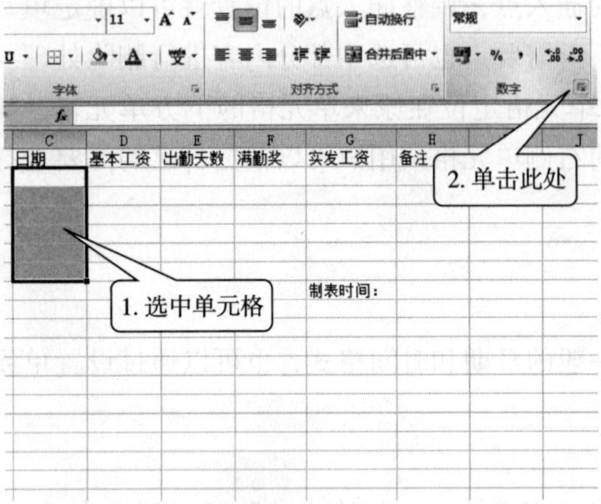

图 10 - 8

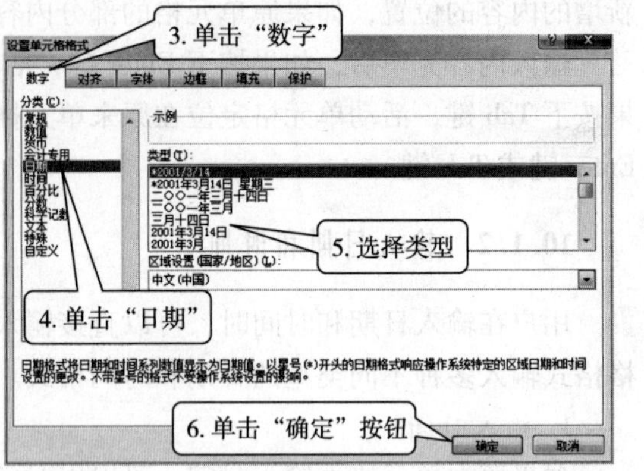

图 10 - 9

10.1.3　输入数值

在 Excel 里，对于一些常规的数值，用常规的方式就能输入：选中单元格后直接输入；一些特殊的数值，如货币“￥3000”、序号、电话号码、身份证号“001…”、分数“1/4”等，需要特殊的方法。

1）“工资表”中货币的输入设置，具体操作如下：

①输入数值后选中单元格，单击“设置单元格格式：数字”，如图 10 - 10 所示，弹出“设置单元格格式”对话框。

②在“数字”选项卡里，单击分类中的“货币”后，设置好“小数位数”，选择好“货币符号”，单击“确定”按钮即可，如图 10 - 11 所示。

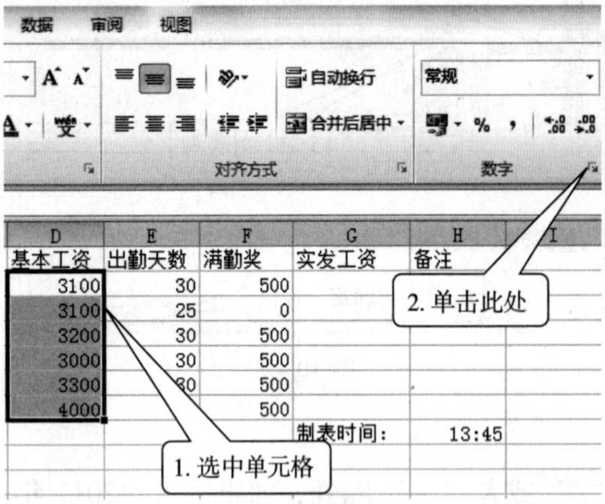

图 10 - 10

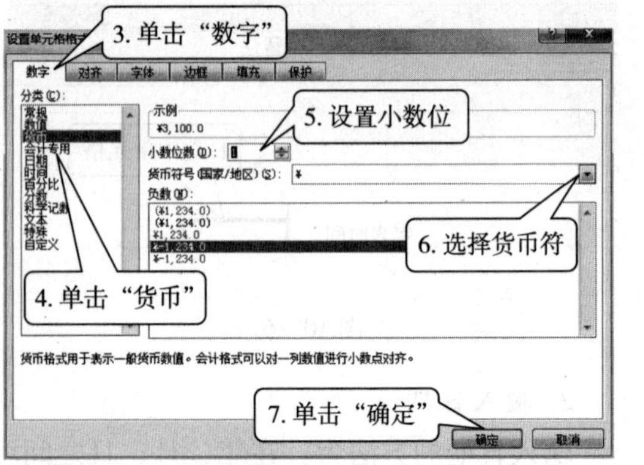

图 10 - 11

2）序号、电话号码、身份证号的输入方式一样，以“工资表”中“编号”为例，具体操作如下：

①选中单元格，单击“设置单元格格式：数字”，如图 10 - 12 所示，弹出“设置单

元格格式”对话框。

②在“数字”选项卡里，单击分类中的“文本”，如图 10－13 所示，单击“确定”按钮后，在对应的单元格就可以正常输入“001…”了。

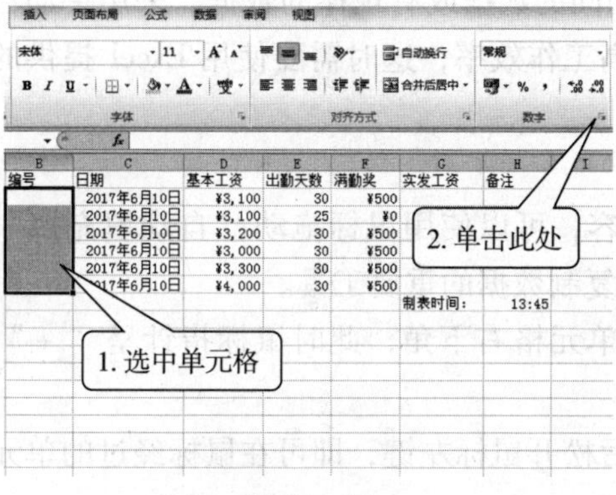

图 10－12

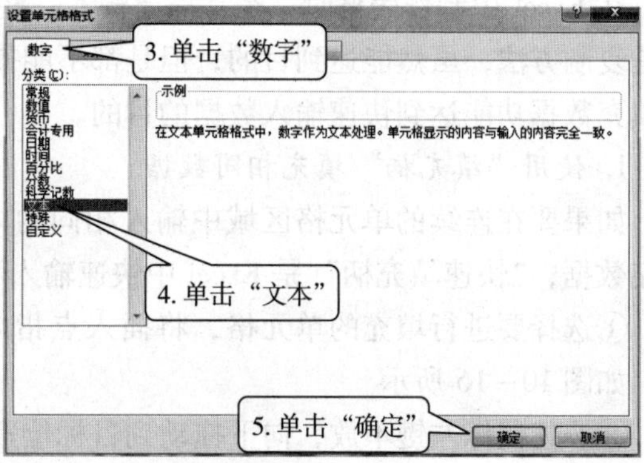

图 10－13

除了用上述方法，还可以采用直接输入的方式。如果直接输入“001”，Excel 会把它识别成数据，自动转换为“1”，此时需输入“’001”，Excel 将自动将其转换为文本“001”。

3）分数输入，具体操作如下：

默认情况下在 Excel 中不能直接输入分数，系统会将其显示为日期，例如输入“3/5”，确认后将显示为“3 月 5 日”，如果要在单元格中输入分数，需要在分数前加上一个“0”和一个空格。

10.1.4　输入特殊符号

在制作表格时，有时需要插入一些特殊符号，这些特殊符号有些可以通过键盘输入，有些在键盘上却无法找到，此时可以通过 Excel 的插入符号功能实现。

例如，在工资表中，在备注中输入星级员工的小星星☆，具体操作如下：

①选中要插入符号的单元格，单击“插入”选项卡中的“符号”组中的“符号”，如图 10－14 所示。

②选好“字体”和“子集”，单击需要的符号后，单击“插入”按钮即可，如图 10－15 所示。

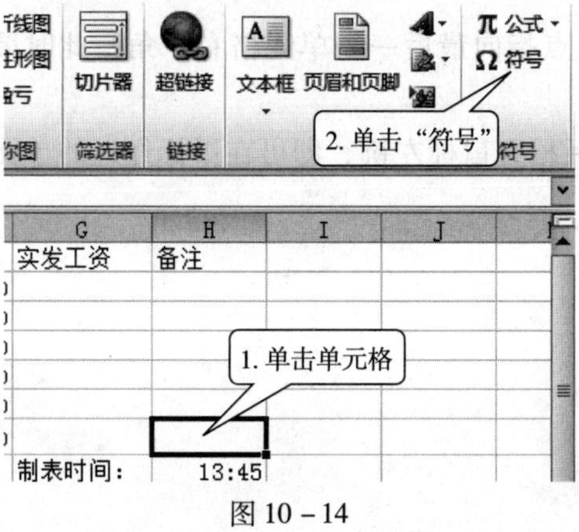

图 10－14

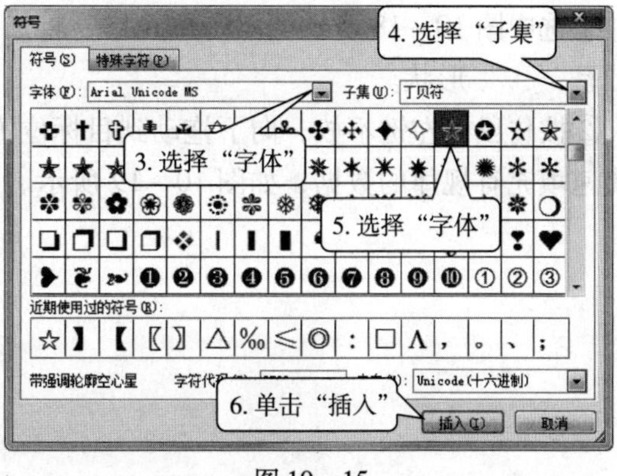

图 10－15

10.2 快速填充数据

在 Excel 中制作表格时，经常需要输入一些相同的数据或有规律的数据，采用手动输入或是复制方法，虽然能达到目的，但是都不能提高工作效率，这时需要使用 Excel 提供的快速填充数据功能达到快速输入数据的目的。

1. 使用“填充柄”填充相同数据

如果要在连续的单元格区域中输入相同的内容，可以使用鼠标拖动“自动填充柄”来填充数据，“快速填充柄”是 Excel 中快速输入和复制数据的重要工具。

①选择要进行填充的单元格，将插入点指向单元格右下角，此时鼠标指针呈“ + ”形状，如图 10 – 16 所示。

②按住鼠标左键不放，向下拖动到目标位置后松开鼠标左键，即可在鼠标经过的单元格中快速填充相同的数据，如图 10 – 17 所示。

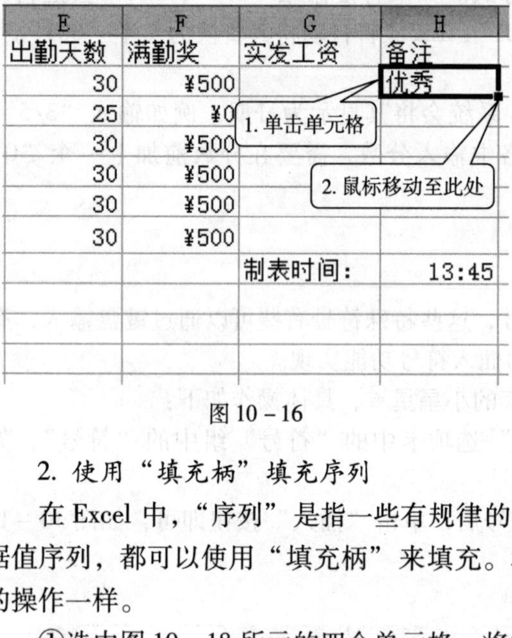

图 10 – 16

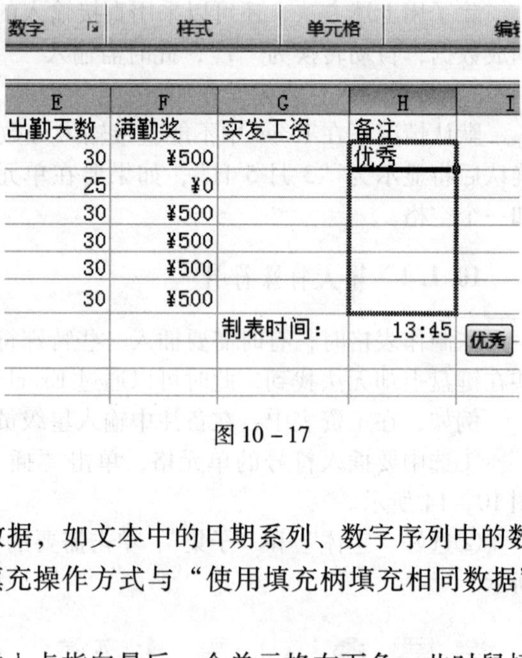

图 10 – 17

2. 使用“填充柄”填充序列

在 Excel 中，“序列”是指一些有规律的数据，如文本中的日期系列、数字序列中的数据值序列，都可以使用“填充柄”来填充。填充操作方式与“使用填充柄填充相同数据”的操作一样。

①选中图 10 – 18 所示的四个单元格，将插入点指向最后一个单元格右下角，此时鼠标指针呈“ + ”形状。

②按住鼠标左键不放，向下拖动到目标位置后松开鼠标左键，即可在鼠标经过的单元格中快速填充有规律的数据，如图 10 – 19 所示。

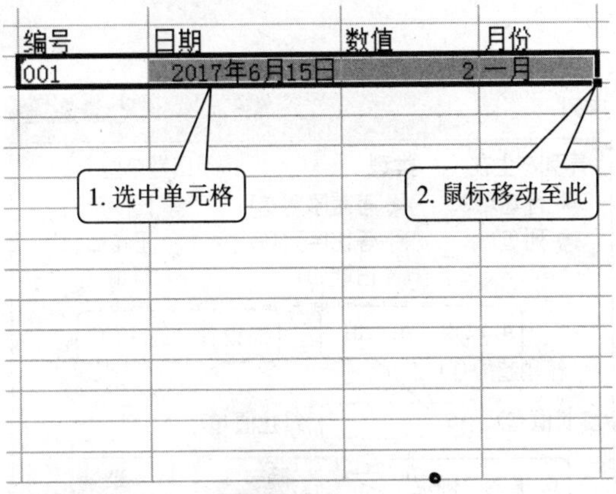

图 10 - 18

图 10 - 19

如果将鼠标指向单元格右侧，出现“ + ”形状后双击，则可以按照单元格左侧数据项目数来进行快速填充。若单元格中同时含有文本和数字，拖动填充柄填充时，文本不变，数字进行系列填充，如图 10 - 20 和图 10 - 21 所示。

图 10 - 20

图 10 - 21

3. 使用“填充系列”对话框填充数据

在填充数据时，如果填充的范围超出了填充柄拖动的范围，填充起来就不那么方便了，此时，可以使用“系列”对话框进行填充。使用该对话框，可快速填充等差、等比序列和日期序列等有规律的数据序列，并可快速填充超出填充柄拖动的范围。例如，要在同一列依次输入 1，6，11，…，终止值为 100，操作如下：

①在 A5 单元格输入“1”后，单元格定位在 A5。单击“开始”选项卡的“编辑”组中的“填充”按钮，在弹出的下拉菜单中单击“系列”命令，如图 10 - 22 所示。

②弹出“序列”对话框，在“系列产生在”栏中单击“行”单选按钮，在“步长值”文本框中输入“5”，在“终止值”文本框中输入“100”，单击“确定”按钮即可，如图 10 - 23所示。

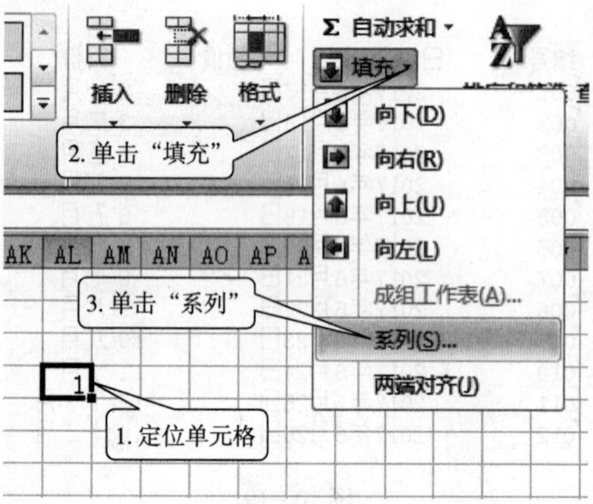

图 10－22

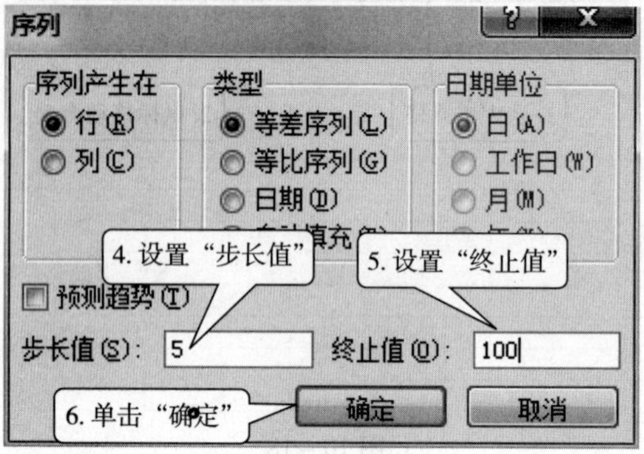

图 10－23

经过以上操作后，即可在列中自动填充间隔为 5、终止值为 100 的数字序号，效果如图 10－24 所示。

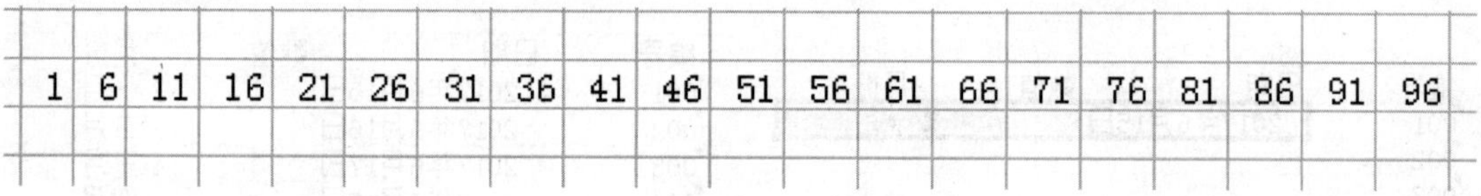

图 10－24

用此方法填充数据，不能对文本及带有文本和数字的数据进行填充。如想对文本填充，可选中要填充的单元格，输入文本后，按 Ctrl + Enter 组合键，即可在单元格中填充相同数据，此方法可以在多张工作表中填充相同的数据。

10.3 编辑数据

编辑数据的操作主要包括移动数据、复制数据、修改数据、查找和替换数据及删除数据。

10.3.1 移动数据

移动数据主要有三种方式：使用鼠标拖曳、使用选项卡面板和使用快捷键。

1. 使用鼠标拖曳

①选中要移动数据所在的单元格，此时鼠标指针呈“有箭头的十字花”形状，如图 10－25所示。

②按住鼠标左键不放，拖动到目标位置后松开鼠标左键即可，如图 10－26 所示。

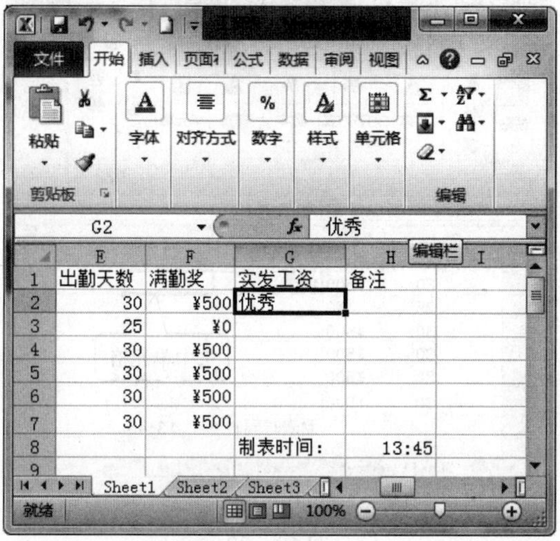

图 10－25

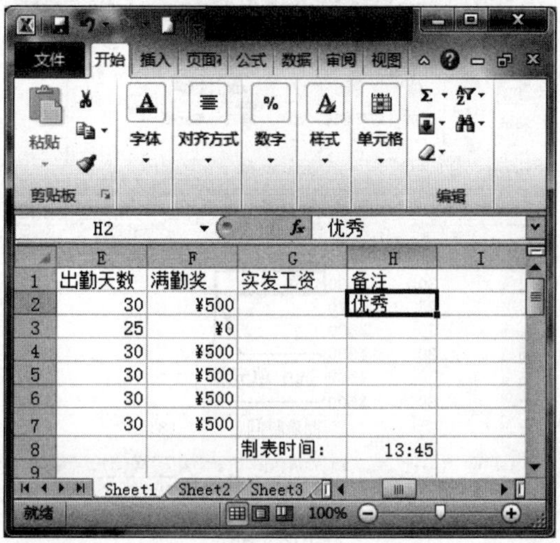

图 10－26

2. 使用选项卡面板

①选中要移动数据所在的单元格，然后单击“开始”选项卡中“剪切板”组中的“剪切”按钮，如图 10－27 所示。

②选中数据要移动到的目的单元格，然后单击“开始”面板中“剪切板”组中的“粘贴”按钮即可，如图 10－28 所示。

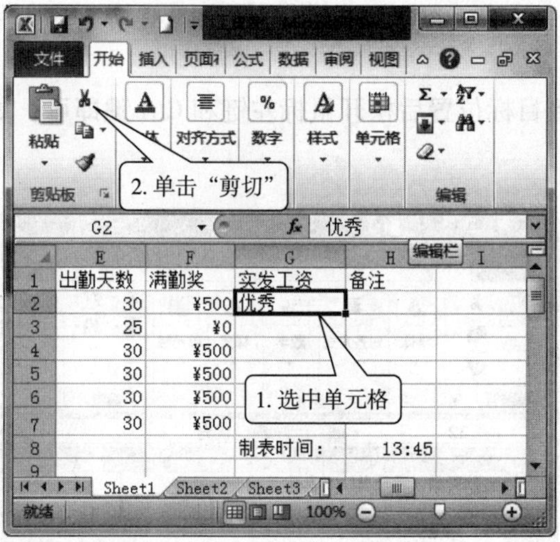

图 10－27

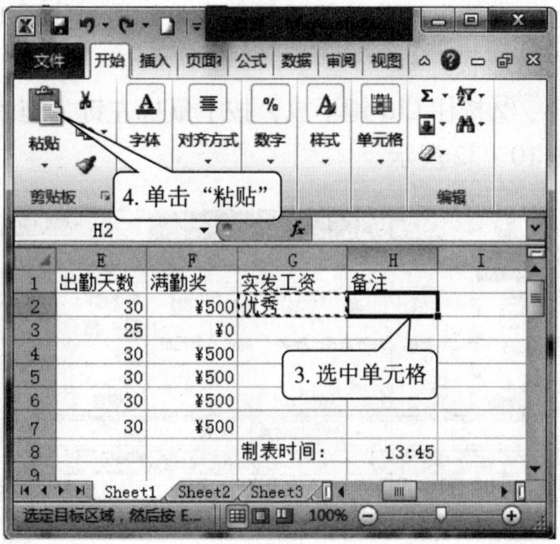

图 10－28

3. 使用快捷键

①选中要移动数据所在的单元格，然后按下 Ctrl＋X 快捷键，如图 10－29 所示。

②选中数据要移动到的目的单元格，然后按下 Ctrl＋V 快捷键即可，如图 10－30 所示。

除了上述三种方式可以移动数据外，还可以尝试其他的方式进行操作，如使用右键菜单项。

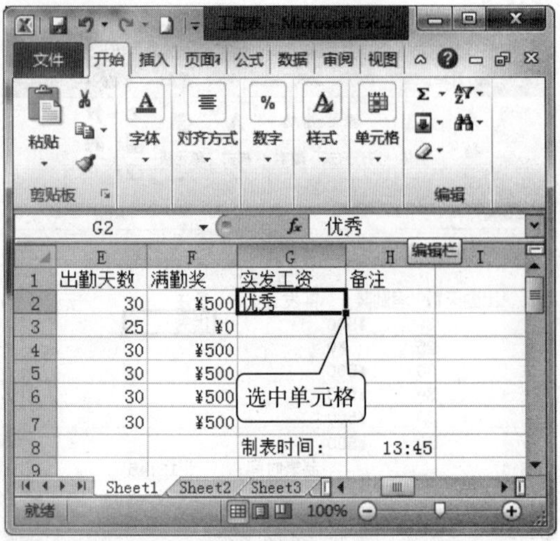

图 10－29

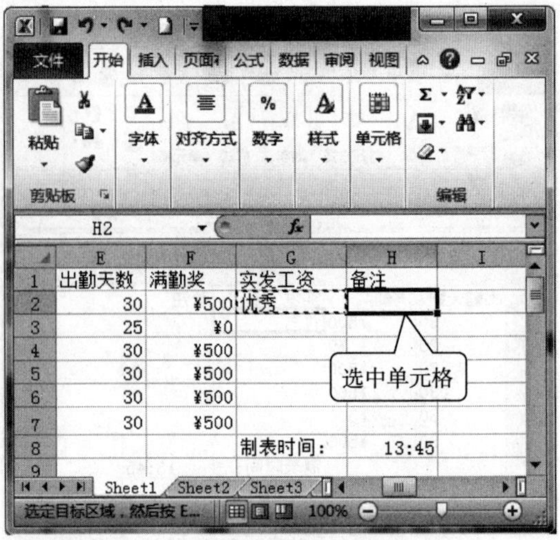

图 10－30

10. 3. 2　复制数据

复制数据与移动数据的区别就在于一个保留了原来的数据，一个没有保留原来的数据，所以它们的操作方式也极其相似。

复制数据主要有三种方式：使用鼠标拖曳、使用选项卡面板和使用快捷键。

1. 使用鼠标拖曳

①选中要移动数据所在的单元格，如图 10－31 所示，此时鼠标指针呈“有箭头的十字花”形状。

②按住 Ctrl 键不放，按下鼠标左键，拖动到目标位置后松开鼠标左键和 Ctrl 键即可，如图 10－32 所示。

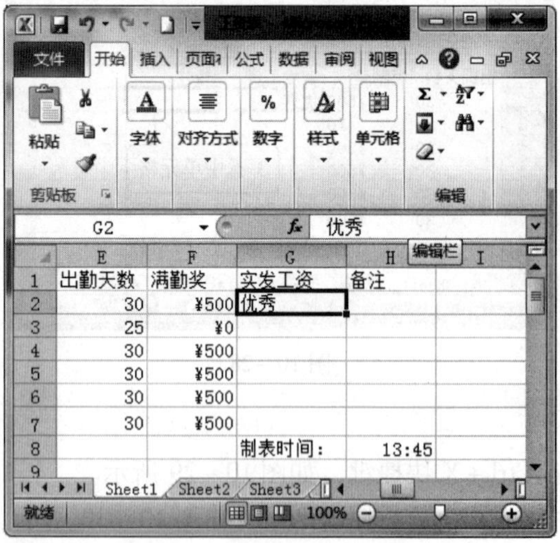

图 10－31

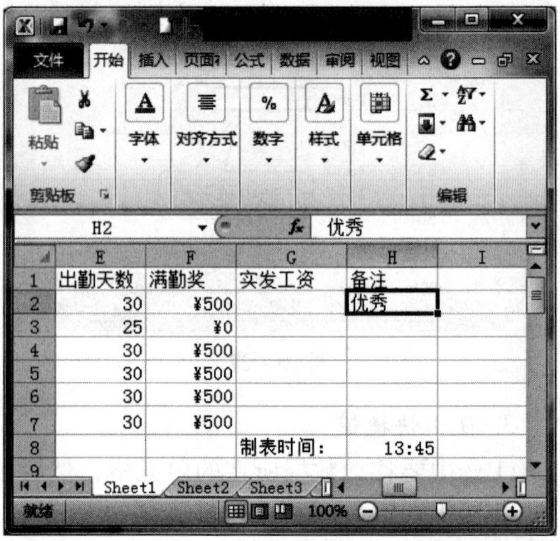

图 10－32

2. 选项卡面板

①选中要移动数据所在的单元格，然后单击“开始”选项卡中“剪切板”组中的“复

制”按钮，如图 10－33 所示。

②选中数据要移动到的目的单元格，然后单击“开始”面板中“剪切板”组中的“粘贴”按钮即可，如图 10－34 所示。

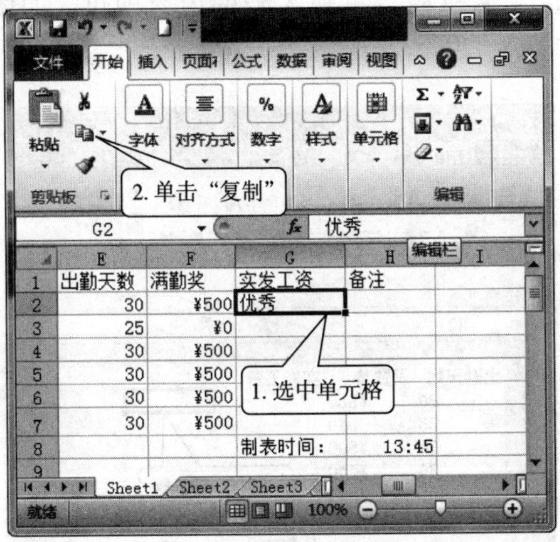

图 10－33

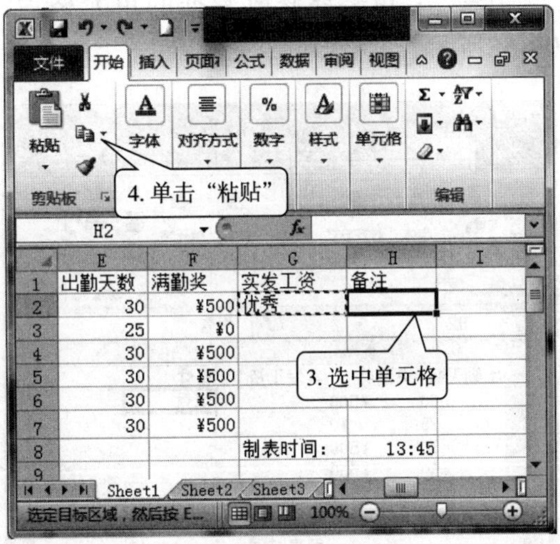

图 10－34

3. 快捷键

①选中要移动数据所在的单元格，然后按下 Ctrl＋C 快捷键，如图 10－35 所示。

②选中数据要移动到的目的单元格，然后按下 Ctrl＋V 快捷键即可，如图 10－36 所示。

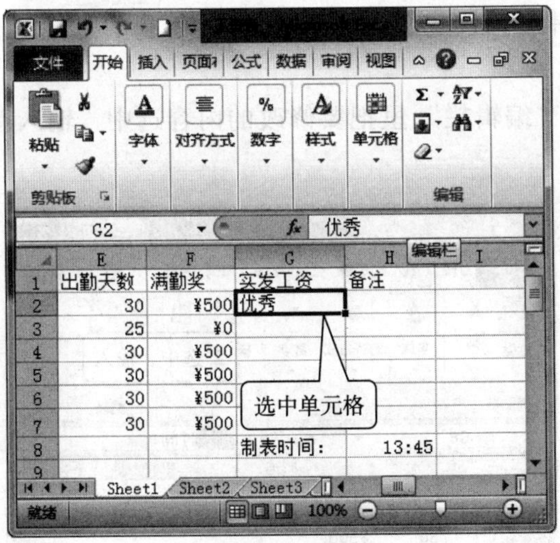

图 10－35

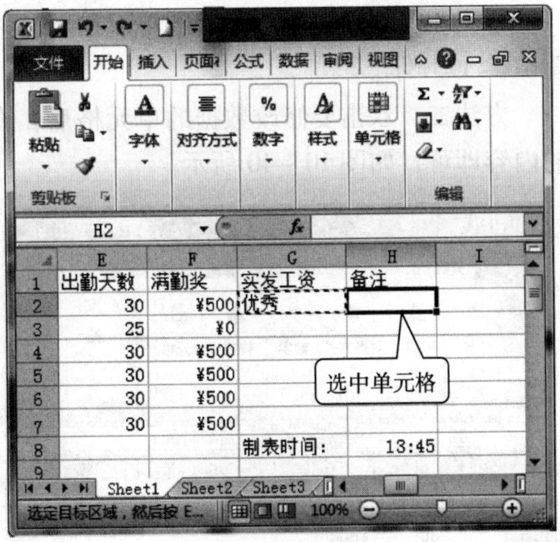

图 10－36

除了上述三种方式可以复制数据外，还可以尝试其他的方式进行操作，如使用右键菜单项。

10.3.3　修改数据

修改数据时，需要注意单元格定位和单元格内容定位。对单元格里的内容进行局部修改，使用单元格内容定位，定位后选中要修改的内容，直接在键盘上输入新的内容即可；单元格的内容全部要更新的，则需要单元格定位，定位后输入新的内容即可。

1. 单元格定位

方法一：单击要修改数据的单元格后，直接输入新的内容，如图 10－37 所示。

方法二：单击要修改数据的单元格后，在“编辑栏”里输入新的内容即可，如图 10－38所示。

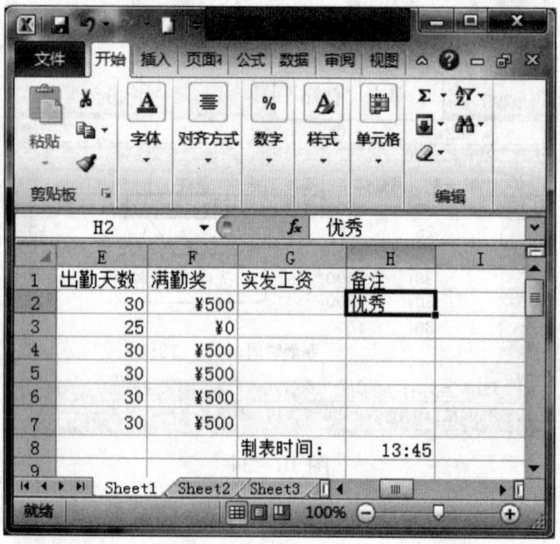

图 10－37

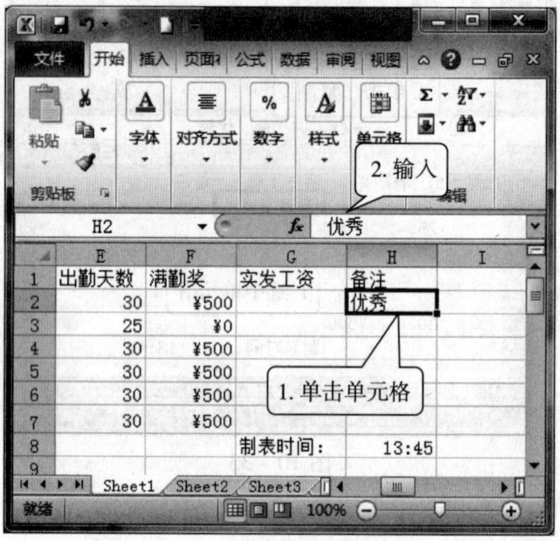

图 10－38

2. 单元格内容定位

方法一：双击要修改数据的单元格后，选中要修改的部分内容，直接输入新的内容，如图 10－39 所示。

方法二：双击要修改数据的单元格后，在“编辑栏”里把要修改的内容选中，输入新的内容即可，如图 10－40 所示。

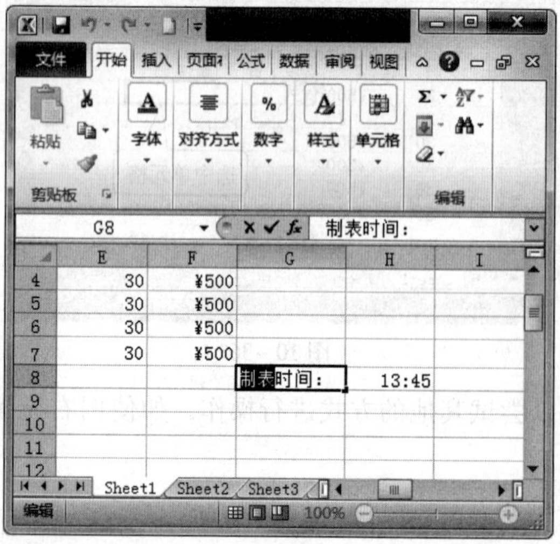

图 10－39

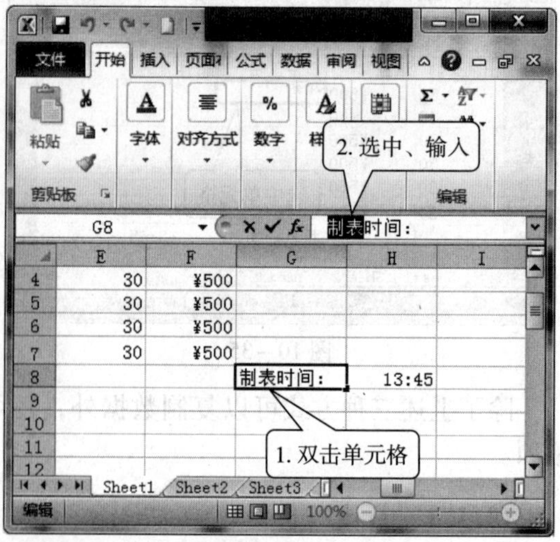

图 10－40

10.3.4　查找和替换数据

在数据量较大的工作表中，用户手动查找和替换单元格中的数据是非常困难的，Excel 的查找和替换功能能够帮助用户快速进行相关的操作。

1. 查找

具体操作如下：

①打开“工资表”，然后单击“开始”选项卡中“编辑”组中的“查找和选择”按钮，在弹出的下拉菜单中单击“查找”，如图 10－41 所示。

②在“查找内容”文本框里输入要查找的内容，如果一个一个查找，单击“查找下一个”；想一次性查完，单击“查找全部”，如图 10－42 所示。

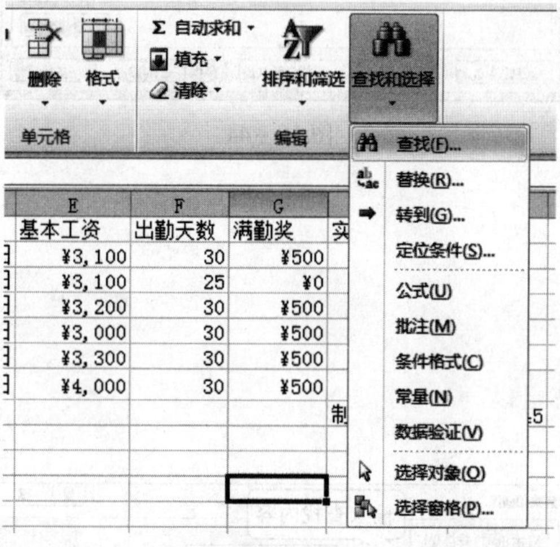

图 10－41

图 10－42

2. 替换

具体操作如下：

①打开“工资表”，然后单击“开始”选项卡中“编辑”组中的“查找和选择”按钮，在弹出的下拉菜单中单击“替换”，如图 10－43 所示。

②在“查找内容”文本框里输入要查找的内容，在“替换为”文本框里输入要替换的内容，根据需要选择“查找全部”或“查找下一个”，以及“替换”或“全部替换”，如图 10－44 所示。

在查找替换时，有时会对替换内容本身的格式有所要求。打开文件“工资表”，以查找“30”，将其替换为红色、加粗的“50”为例，具体操作如下：

①打开“工资表”，然后单击“开始”选项卡中“编辑”组中的“查找和选择”按钮，在弹出的下拉菜单中单击“替换”，如图 10－45 所示。

②在“查找内容”文本框里输入“30”，在“替换为”文本框里输入“50”，单击“选项”按钮，如图 10－46 所示。

③此时“查找和替换”对话框变成图 10－47 所示样式，单击“替换为”后面的“格式”按钮。

④单击“字体”选项卡，设置“加粗”和“颜色”后，单击“确定”按钮，如图 10－48 所示。

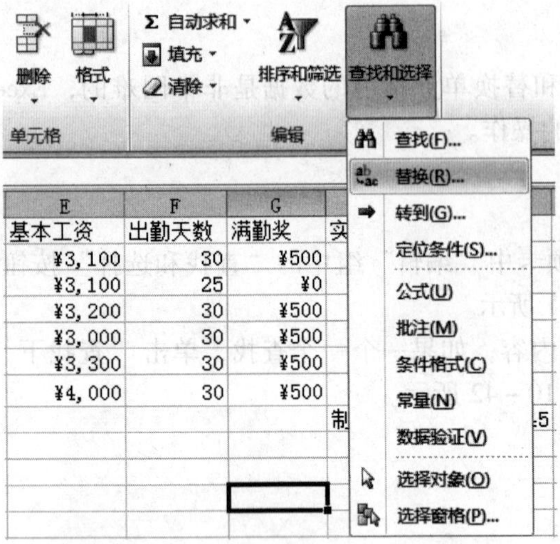

图 10－43

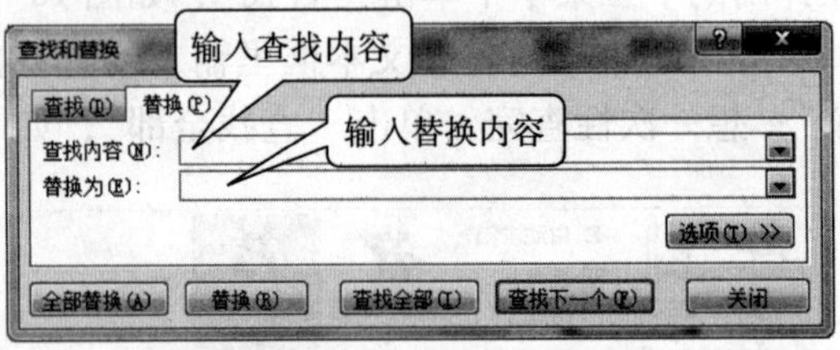

图 10－44

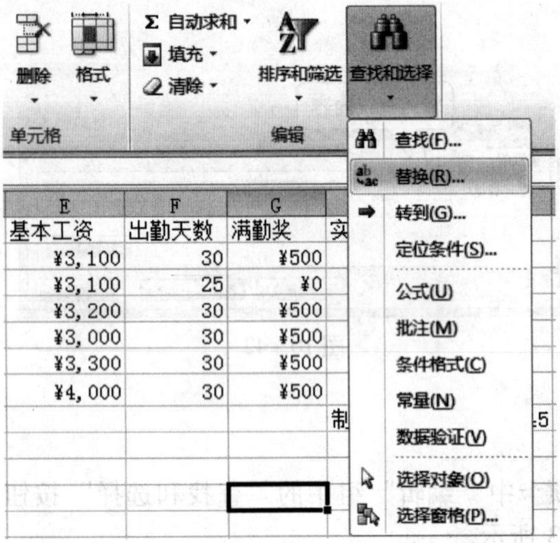

图 10－45

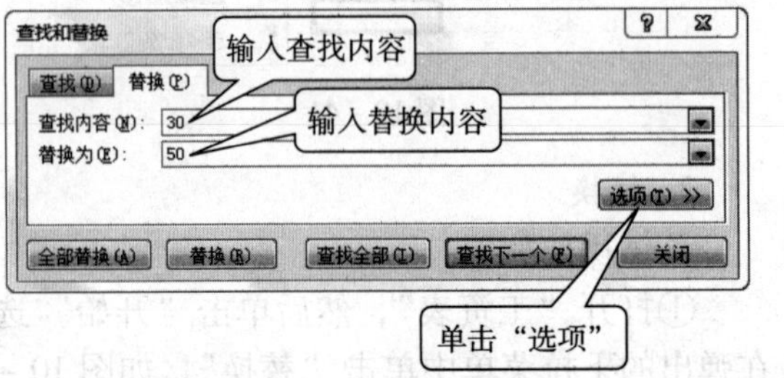

图 10－46

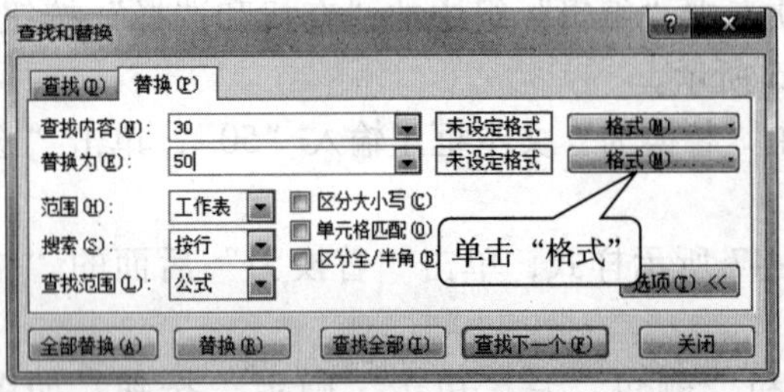

图 10－47

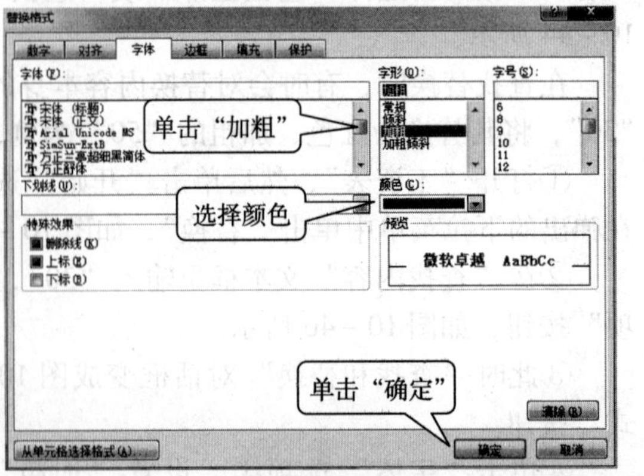

图 10－48

最后根据需要，选择“查找全部”或“查找下一个”，以及“替换”或“全部替换”即可。

10.4 数据有效性

Excel 提供了数据有效性功能，利用它可以为一个特定的单元格定义一些可以接受的信息范围。

设置数据有效性的具体步骤如下：

①选中要设置数据有效性的单元格，如图 10－49 所示。

②单击“数据有效性”按钮，如图 10－50 所示。

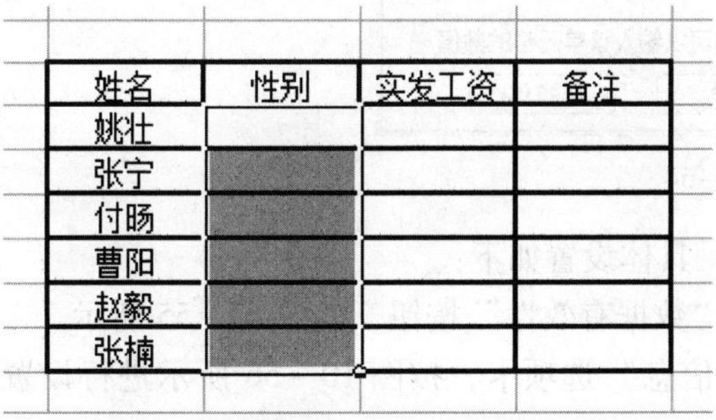

图 10－49

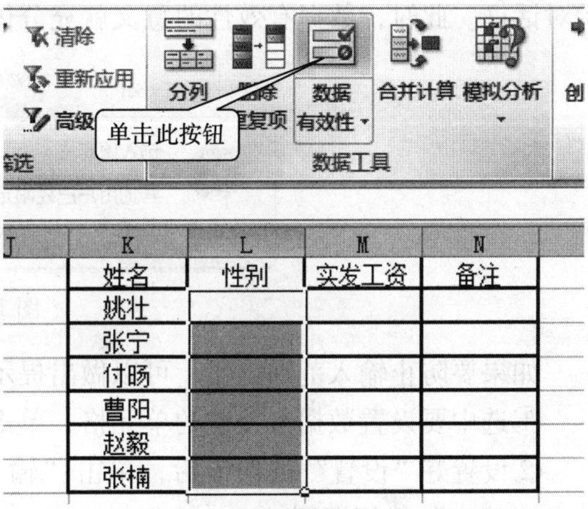

图 10－50

③在弹出的对话框里选择“设置”选项卡，在“允许”下拉菜单里选择“序列”，如图 10－51 所示。

④在“来源”文本框里输入“男，女”，单击“确定”按钮即可，如图 10－52 所示。

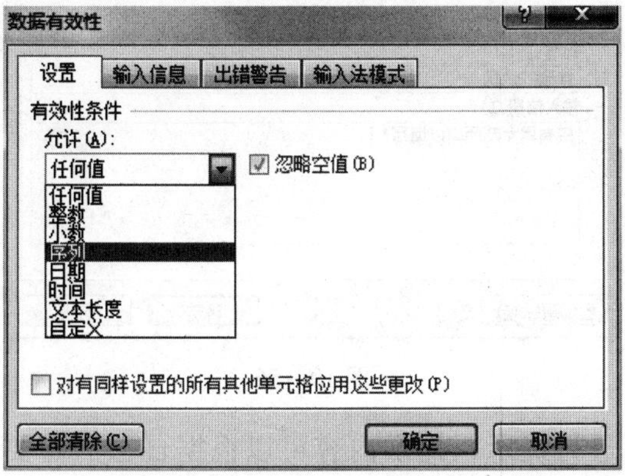

图 10－51

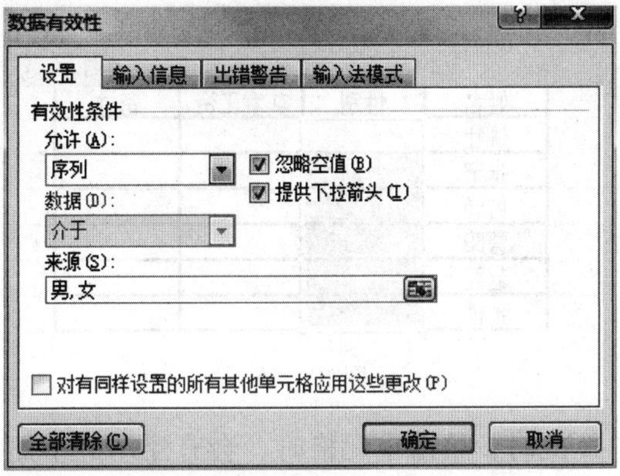

图 10－52

此时单击任意一个设置好的单元格，在单元格的后面都有倒置的三角，单击此三角可以选择填充，如图 10－53 所示。需要用户注意的是，在“来源”里填写内容时，要用英文逗号隔开。

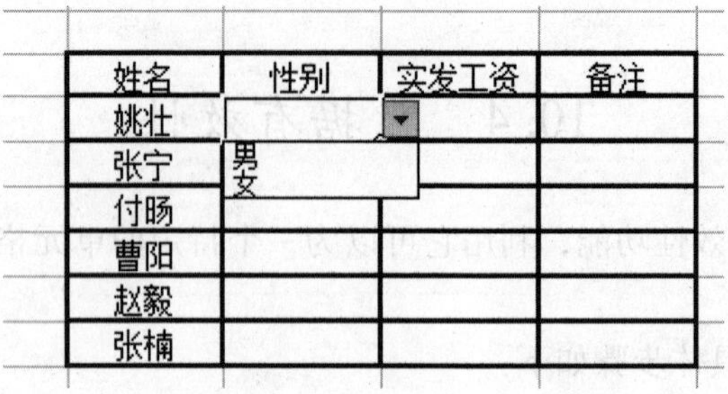

图 10－53

如果用户没有进行单击选择，而是自己手动输入，输入错误时，就会出现图 10－54 所示对话框。此时，数据有效性的意义就充分体现出来了！

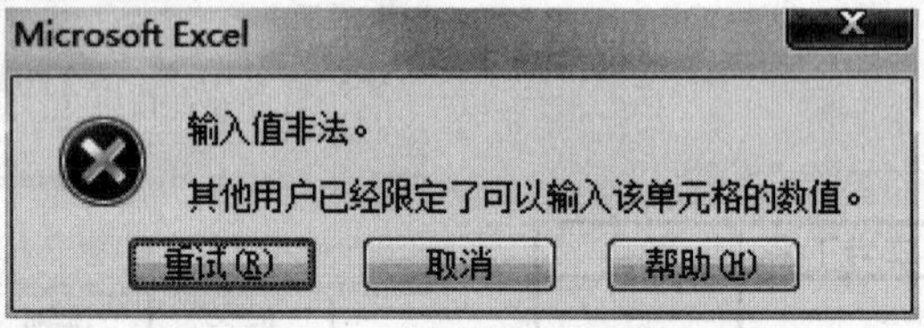

图 10－54

如果要防止输入范围出错，可以做出提示，具体设置如下：

①选中要设置数据有效性的单元格，单击“数据有效性”按钮，如图 10－55 所示。

②设置好“设置”选项卡后，单击“输入信息”选项卡，按图 10－56 所示进行设置，单击“确定”按钮即可。

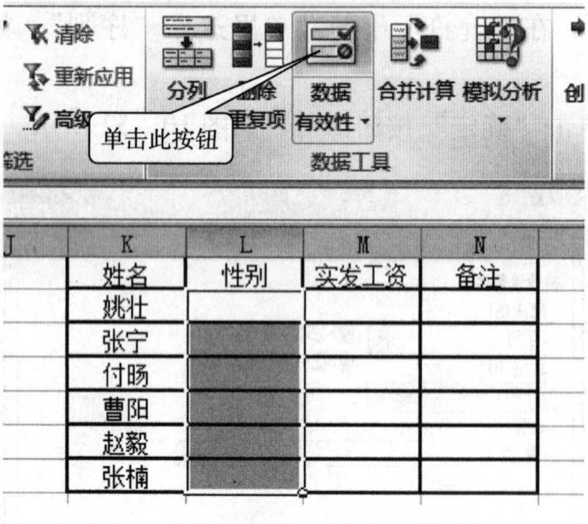

图 10－55

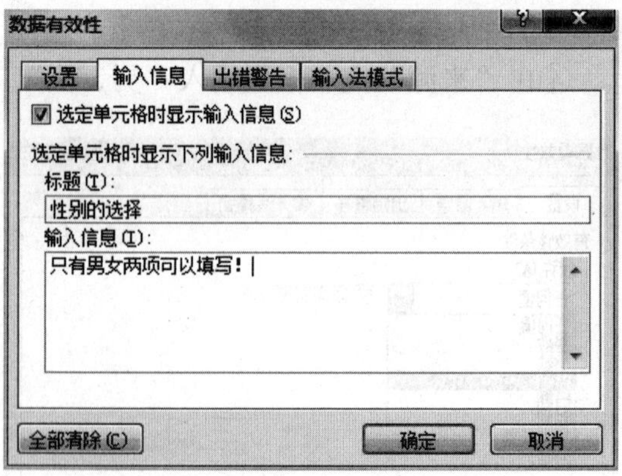

图 10－56

此时，单击单元格时，会有浮动的小面板进行提示，提示内容可以根据自己的需要，在“输入信息”选项卡里的“标题”和“输入信息”里进行设置，如图 10－57 所示。

图 10－57

尽管有了浮动小面板的提示，有些使用者还是会出现使用错误，此时进行进一步提示，具体设置操作如下：

①选中要设置数据有效性的单元格，单击“数据有效性”按钮，如图 10－58 所示。

②设置好“设置”和“输入信息”选项卡后，单击“出错警告”选项卡，按图 10－59 所示进行设置，单击“确定”按钮即可。

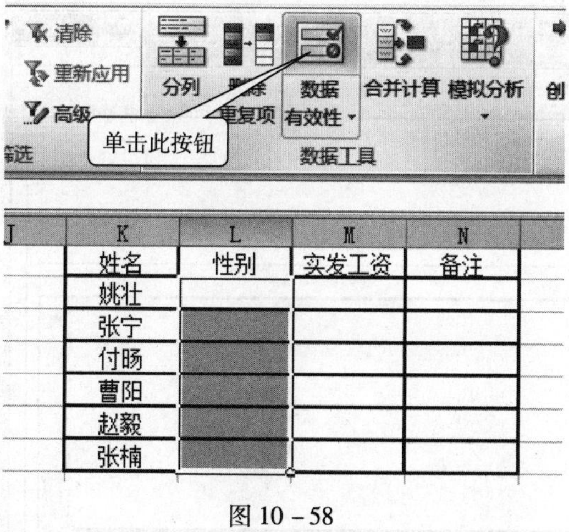

图 10－58

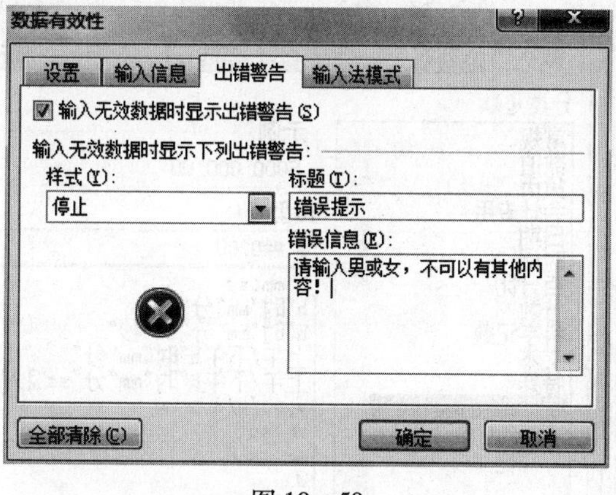

图 10－59

此时用户如果输入数据有效性外的数据时，按 Enter 键后，将出现图 10－60 所示的错误提示。

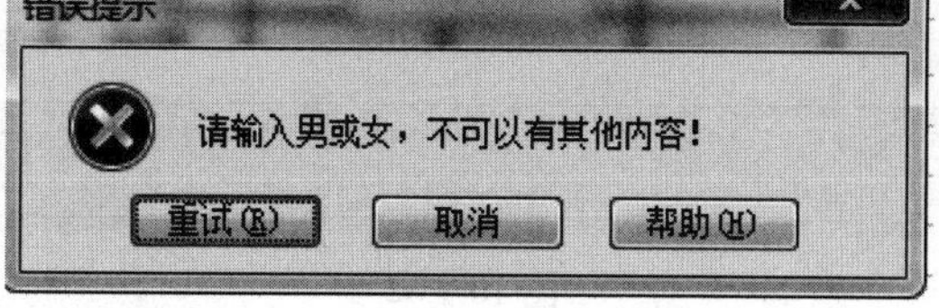

图 10－60

习　题

制作表格 1：固定资产折旧计算表（图 10－61）

固定资产折旧计算表					
	2014年5月31日				
房屋月折旧率	0.40%				
机器设备月折旧率	0.80%				
					单位：元
资产类型	房屋		机器设备		月折旧额合计
使用部门	固定资产原值	月折旧额	固定资产原值	月折旧额	
生产车间	(Ctrl) 00.00		4000 000.00		
机修车间	1000 000.00		800 000.00		
供电车间	700 000.00		300 000.00		
管理部门	800 000.00		600 000.00		
合计					

图 10－61

提示设置（图 10－62）：

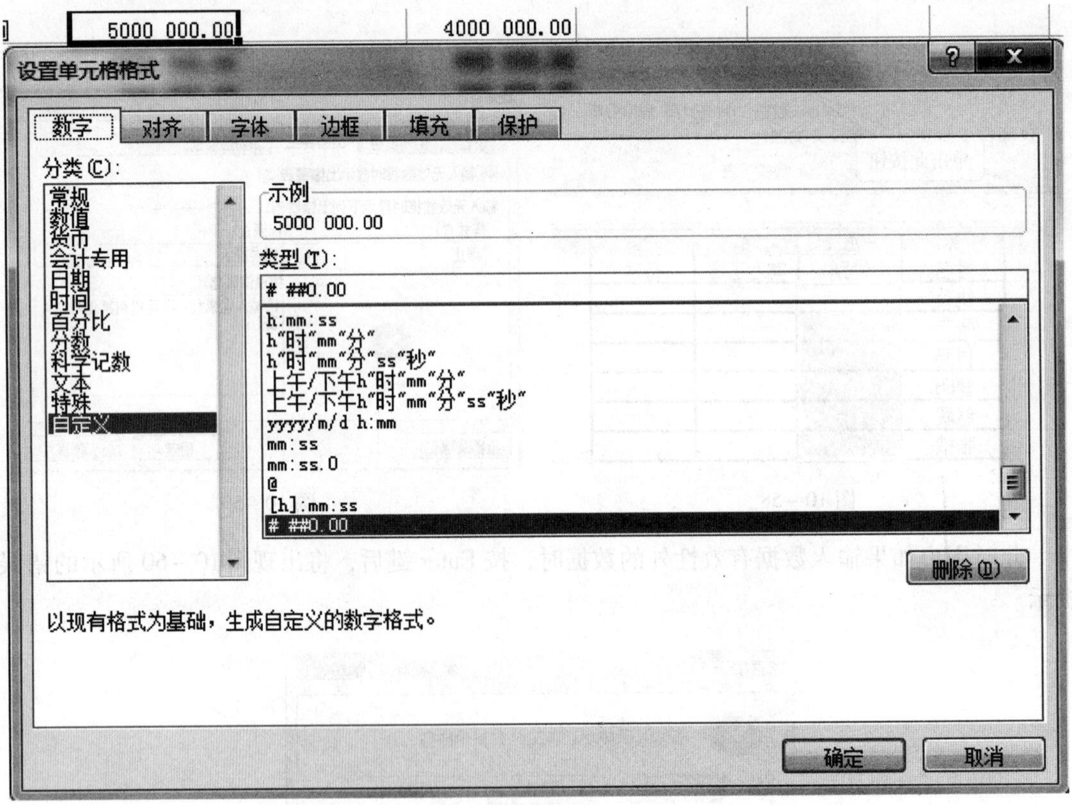

图 10－62

制作表格 2：盈亏统计表（图 10－63）

盈亏统计表					
月份	收入		支出		盈亏情况
	收入1	收入2	支出1	支出2	
		¥ 2,600.00		¥ 1,400.00	
		¥ 2,600.00		¥ 1,350.00	
		¥ 2,600.00		¥ 4,600.00	
		¥ -		¥ 600.00	
		¥ 2,900.00		¥ 2,500.00	
		¥ 2,400.00		¥ 5,500.00	
		¥ 2,350.00		¥ 1,100.00	
		¥ -		¥ 600.00	
		¥ -		¥ 4,600.00	
		¥ -		¥ 600.00	
		¥ 2,900.00		¥ 700.00	
		¥ 2,900.00		¥ 4,600.00	
年收支					

图 10－63

制作表格 3：记账凭证（图 10－64）

记　账　凭　证					
年　　月　　日					
摘要		科　　目		借方金额	贷方金额
		总账科目	明细科目		
车间领用材料		生产成本	直接材料	19 500.00	
		原材料	主板		11 500.00
		原材料	硬盘		8 000.00
合	计				
会计主管：	记账：		出纳：	复核：	制单：

图 10－64

制作表格 4：考试信息表（图 10－65）

准考证号	考试科目	考场名称	座位号	考试时间
01234567908	科目一	001	01	8:30-9:50
01234567909	科目二	002	02	8:30-9:50
02234567915	科目一	003	03	8:30-9:50
02234567916	科目二	004	04	8:30-9:50
03232567917	科目一	005	05	8:30-9:50
03232567918	科目二	006	06	8:30-9:50
03232567919	科目一	007	07	8:30-9:50
03232567920	科目二	008	08	8:30-9:50
01234567911	科目一	009	09	8:30-9:50
02234567915	科目二	010	10	8:30-9:50

图 10－65

制作表格 5：数据有效性（图 10－66）

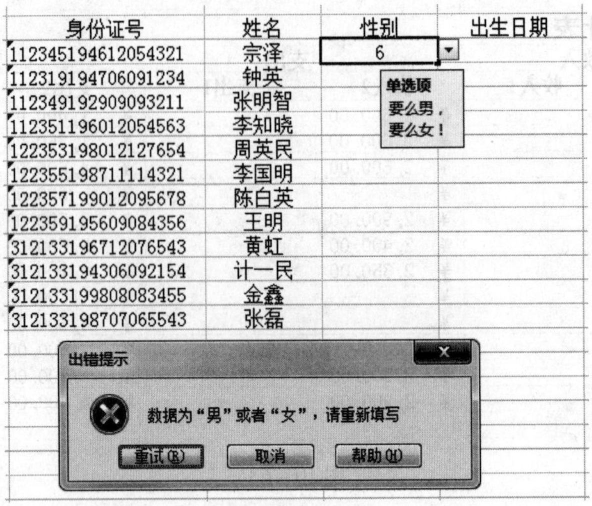

图 10－66

提示 1（图 10－67）：

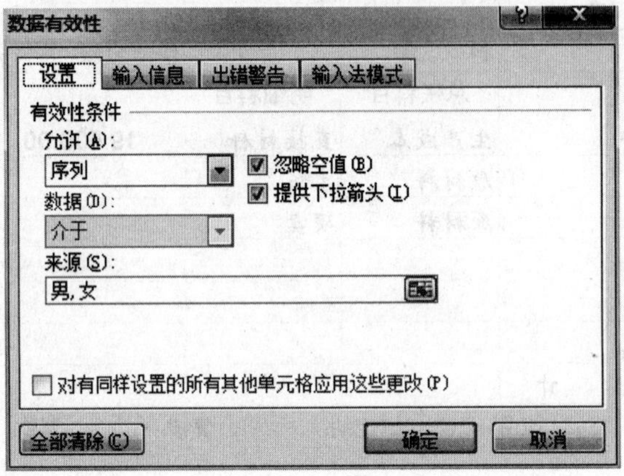

图 10－67

提示 2（图 10－68）：

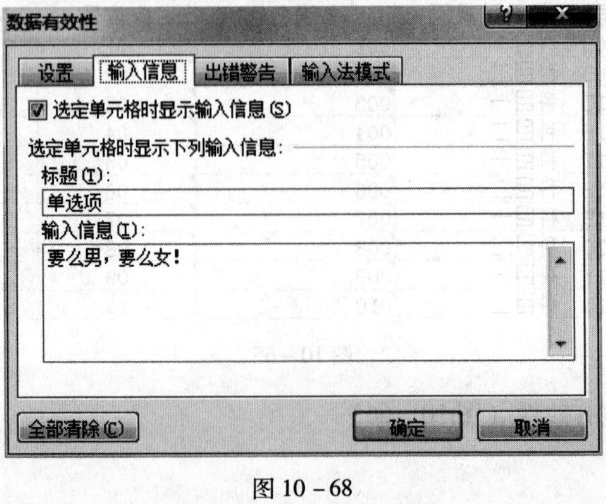

图 10－68

提示 3（图 10－69）：

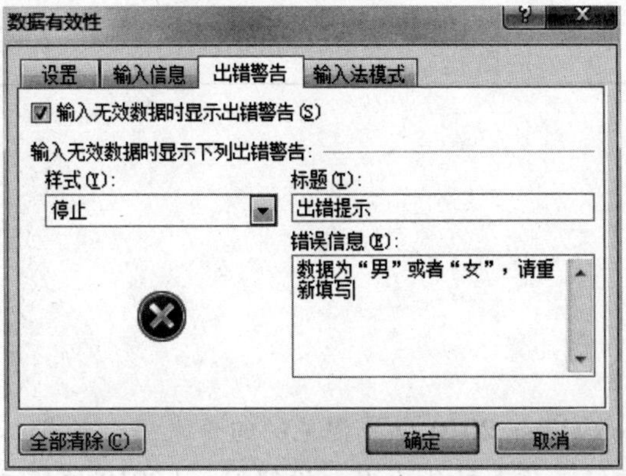

图 10－69

第 11 章

编辑工作表

【本章导读】

Excel 2010 是 Microsoft Office 2010 中最常见的组件之一，编辑工作表是它的基本功能之一。本章从 Excel 2010 编辑工作表功能出发，讲解 Excel 2010 编辑工作表的基本操作和美化工作表的方法，为以后的学习操作打下基础。

【本章学习要点】

- 单元格的基本操作
- 行和列的基本操作
- 格式化工作表

11.1 单元格的基本操作

在 Excel 2010 中，单元格的基本操作包括复制、移动、插入和删除。

11.1.1 复制

①使用鼠标拖动的方法复制单元格数据：先选中要复制数据的单元格区域，将鼠标移动到选定单元格区域的边缘，当鼠标指针变成十字形时，按住 Ctrl 键，拖动鼠标到目的单元格区域，松开鼠标，数据便被快速复制到所需要的位置。

②使用“剪切板”组中的按钮复制数据：选中要复制的单元格。单击“剪切板”组中的“复制”按钮，这时可以看到选中区域出现的一个虚线框。然后选中要粘贴数据的目的单元格，单击“剪切板”组中的“粘贴”按钮。

③使用鼠标右键快捷菜单复制数据：使用鼠标右键快捷菜单的方法可以更快地进行操作，从而有效地提高工作效率。具体操作步骤如下：选中要复制的单元格，单击右键，从弹出的快捷菜单中选择“复制”；选中要粘贴数据的目的单元格。右击鼠标，从弹出的快捷菜单中选择“粘贴”命令。

11.1.2 剪切

使用“剪切板”组中的按钮移动数据和使用鼠标右键快捷菜单移动数据的操作，与使用这两项功能复制数据的操作类似，只是把选择“复制”的操作变为选择“剪切”就可以了。

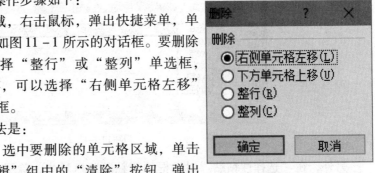

11.1.3　删除

删除单元格中的数据的操作步骤如下：

选中要删除的单元格区域，右击鼠标，弹出快捷菜单，单击“删除”命令选项，弹出如图11－1所示的对话框。要删除整行或整列的内容，直接选择“整行”或“整列”单选框，如果是删除单个单元格内容，可以选择“右侧单元格左移”或“下方单元格上移”单选框。

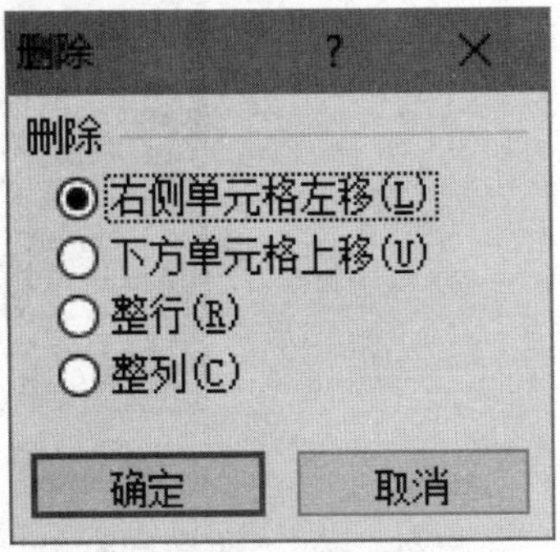

图11－1

删除数据的另外一种方法是：

选中要删除的单元格区域，单击“编辑”组中的“清除”按钮，弹出子菜单，如图11－2所示。如果删除全部内容，单击“全部清除”；如果删除某一数据的格式，单击“清除格式”；如果删除数据，单击“清除内容”；如果只删除批注，单击“清除批注”；如果清除超级链接，单击“清除超链接”。

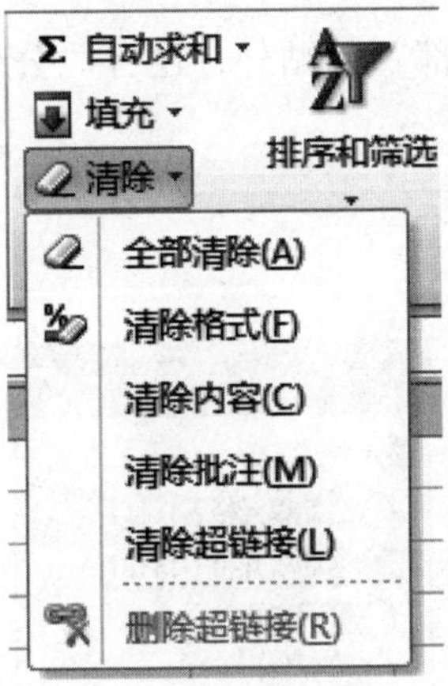

图11－2

11.1.4　转置复制和有选择地复制或移动

转置复制是将一行数据复制成一列，或将一列数据复制成一行。有选择地复制或移动是指用户只想对单元格中的公式、数字、格式进行选择性复制。实现这些操作的步骤如下：

①选中要复制的单元格区域，单击“剪切板”组中的“复制”或“剪切”命令。

②选中要粘贴数据的区域，单击鼠标右键，在弹出的下拉菜单中单击“选择性粘贴”命令，弹出如图11－3所示的对话框。

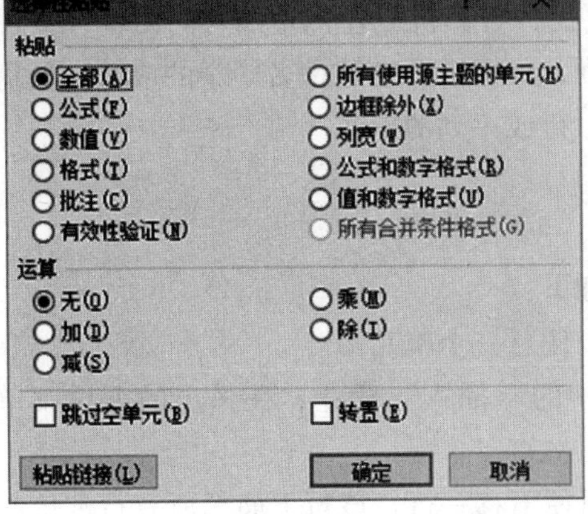

图11－3

如果要将一列中的2005—2010年转置粘贴成一行，那么先选中2005—2010年所在的列，单击“复制”以后，再选中一行中的六个单元格，在图11－3所示的对话框中，选中“转置”复选框，然后单击“确定”按钮，则原先由列显示的2005—2010年就变成由行显示了，如图 11 -4 所示。

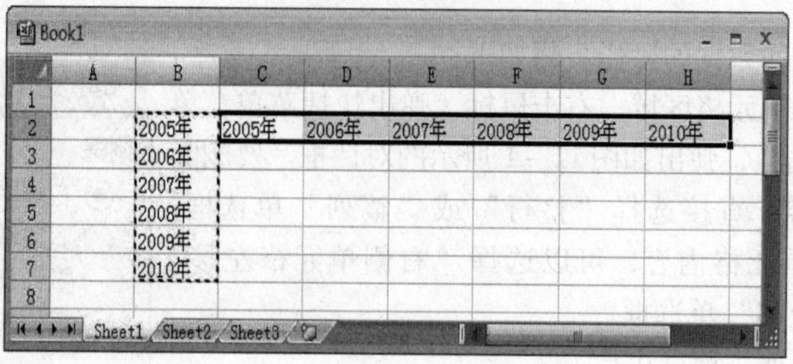

图 11 -4

另外，在“选择性粘贴”对话框的“粘贴”区域中，除了“全部”粘贴外，还有“公式”“数值”“格式”等选项供用户进行选择性粘贴。

11.1.5 插入

插入单元格的操作步骤如下：

选中要插入新单元格的位置（可能该位置已经有数据，但是没有关系，插入新单元格不会覆盖已有的数据），然后单击“单元格”组中的“插入”命令，在弹出的下拉菜单中单击“插入单元格”命令，弹出“插入”对话框，如图 11 -5 所示。

选择活动单元格的移动方向，单击“确定”按钮，完成单元格的插入。

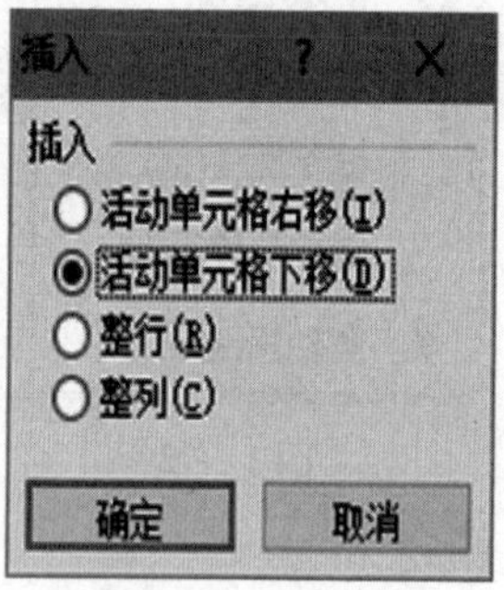

图 11 -5

11.2 行和列的基本操作

可能在更多的情况下需要对行或列进行操作，包括插入或删除行列的数据。例如，在图 11 -6 所示的成绩表中，要在“计算机”左侧增加一门课程，并在这一列中输入每一个同学的成绩，这就需要插入一列；或者需要增加一名同学的成绩，就需要插入一行。下面分别来介绍如何进行插入或删除一行或一列的操作。

11.2.1 插入一行

插入一行的操作步骤如下：

①选中插入行的位置中任意一个单元格。

②选择“单元格”组中的“插入”命令，在弹出的下拉菜单中单击“插入工作表行”命令。

此时，被选中的这一行便下移一行，该行下面的所有行都依次下移一行，而插入行的位置变成一行空白单元格，如图 11 -6 所示。

图 11－6

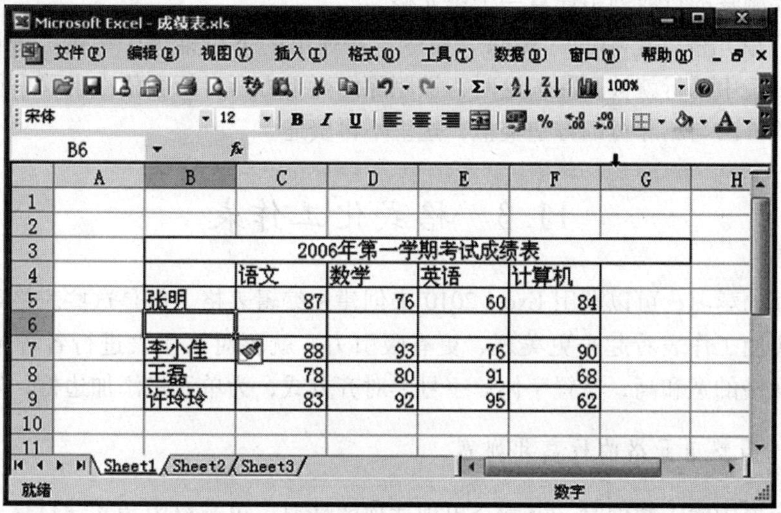

图 11－6

11.2.2　插入一列

插入一列的操作步骤如下：

①选中插入列的位置中的任意一个单元格。

②选择“单元格”组中的“插入”命令，在弹出的下拉菜单中单击“插入工作表列”命令。

此时，被选中的列向右移动一列，而原先的位置成为一列空白的单元格，如图 11－7 所示。

图 11－7

11.2.3　删除一行或一列

删除一行或一列的操作步骤如下：

①选中要删除的行或列中任意一个单元格。

②选择“单元格”组中的“删除”命令，在弹出的下拉菜单中单击“删除工作表行”命令选项，则选中的行就被删除，这时，被删除的行下方所有行会依次上移一行。

删除列的方法与删除行的方法类似，这里不再赘述。

11.3 格式化工作表

通过前面的学习，可以利用 Excel 2010 来创建和编辑表格。但是这些表格是没有任何格式的，如果想使工作表看起来更美观、更有吸引力，就要对工作表进行各种格式设置。例如，调整单元格的宽和高，设置字体、字号、对齐方式，为单元格添加边框、填充等。

11.3.1 调整单元格的行高和列宽

在向单元格中输入数据时，经常会出现这样的情况：单元格中的文字只显示一部分或显示一串“#”符号，造成这种结果的原因可能是单元格的高度或宽度不合适，此时可以对工作表中单元格的高度或宽度进行调整。

一般情况下，用户不必调整行高度，因为在用户改变字体大小时，它会自动调整。但是因工作需要，也可以进行人工调整。方法如下：

①将鼠标指针移到要调整高度的行的下框线，当鼠标指针变成+形状时，按下鼠标左键并向下拖动，即可改变行的高度。

②用户也可以通过对话框来调整行的高度。用鼠标单击“单元格”组中的“格式”命令，在弹出的下拉菜单中选择“行高”命令，在“行高”对话框中输入数值，然后单击“确定”按钮即以该数值调整行高。

③如果选择“自动调整行高”选项，系统便根据字符的大小自动设置行的高度。

默认情况下，单元格的列宽会使用默认的宽度，如果用户对这个数值不满意，可以对其进行调整。

调整单元格列宽的方法与调整单元格的行高类似，最快捷的方法是用鼠标单击列单元格的右框线，然后向右拖动鼠标即可。

11.3.2 设置数字格式

默认情况下，单元格中的数字是常规格式，不包括任何特定的数字格式，即以整数、小数、科学计数的方式显示。Excel 2010 提供了多种数字显示格式，如货币、千位分隔符、百分比、日期等。用户可以根据数字的不同类型设置它们在单元格中的显示格式。

如果要格式化的单元格中的数据比较简单，可以利用“数字”组中的命令按钮进行设置。“数字”组上的命令按钮有五个：会计数字格式、百分比样式、千位分隔样式、增加小数位数、减少小数位数，如图 11－8 所示。

图 11－8

选中要设置的单元格区域，在工具栏上单击相应的按钮即可完成设置。

如果数字格式化的工作比较复杂，可以利用“设置单元格格式”对话框来完成。具体操作方法如下：

①选中要设置的单元格区域。

②单击“数字”组右下角的▣按钮，打开“设置单元格格式”对话框，单击“数字”选项卡，进行相应的设置，如图 11－9 所示。

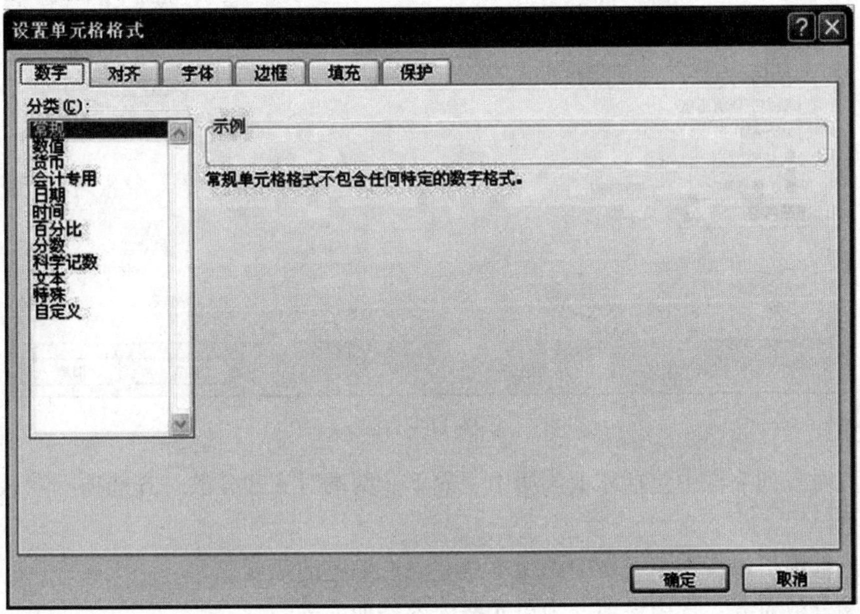

图 11－9

11.3.3 设置对齐格式

对齐是指单元格中的数据在显示时相对单元格上、下、左、右的位置。默认情况下，输入的文本在单元格内左对齐，数字右对齐，逻辑值和错误值居中对齐。为了使工作表更加美观，可以使数据按照需要的方式进行对齐。

简单的对齐设置可以利用“对齐方式”组中的命令按钮，包括顶端对齐、垂直居中、底端对齐、文本左对齐、居中、文本右对齐，此外还有方向、减少缩进量、增加缩进量、自动换行、合并后居中命令按钮。选中要对齐的数据单元格区域，单击某一按钮，就会实现相应的对齐方式，如图 11－10 所示。

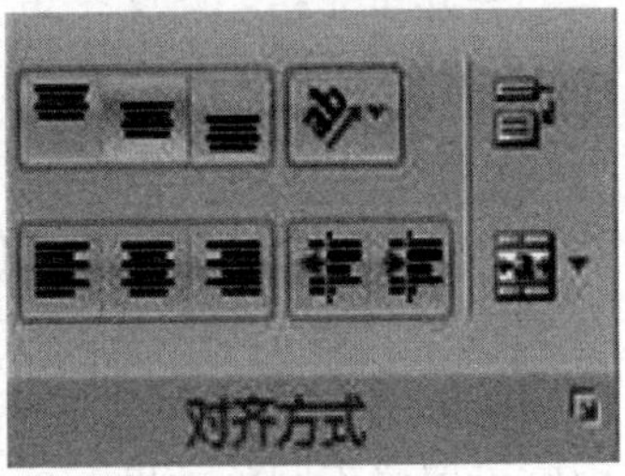

图 11－10

如果单元格中的数据需要在水平、垂直方向上两端对齐、分散对齐等，可以利用“设置单元格格式”对话框进行设置，如图 11－11 所示。

在“文本对齐方式”区域内：

①水平对齐列表框中包括常规、靠左、居中、靠右、填充、两端对齐、跨列居中、分散对齐选项。可以根据需要单击某一选项。默认的情况下是“常规”选项，即文本左对齐，

数字右对齐。

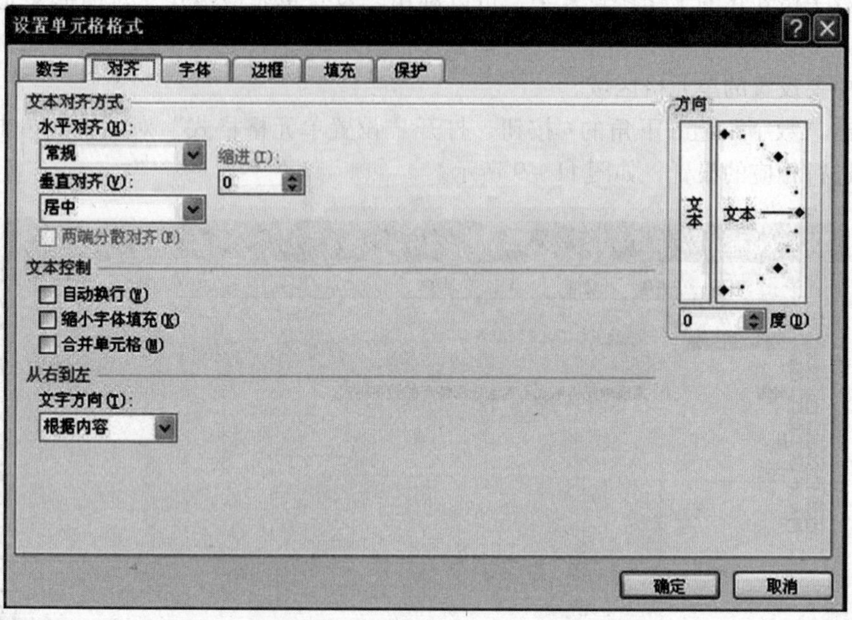

图 11－11

②垂直对齐列表框中包括靠上、居中、靠下、两端对齐和分散对齐选项。默认情况下是靠下对齐。

③缩进框中可以指定单元格中的文本从左向右缩进的幅度。

④两端分散对齐：选中该项，为单元格内容添加缩进。

⑤方向：用来改变单元格中文本旋转的角度。“度”框中如果是正数，文本逆时针方向旋转；如果是负数，则文本顺时针方向旋转。

⑥文本控制：包括下面三个复选框。

自动换行：根据文本长度及单元格宽度自动换行，并且自动调整单元格的高度，使全部内容都显示在该单元格上。

缩小字体填充：缩减单元格中字符的大小，以使数据调整到与列宽一致。

合并单元格：将多个单元格合并为一个单元格。

11.3.4 设置字体

默认情况下，工作表中的中文为“宋体”，英文字体为“Time New Roman”。为了使工作表中的数据能够突出显示和整洁美观，可以将单元格的内容设置成不同的效果。

如果只是对文字字体、字号、字形或颜色等方面进行设置，可以直接使用“字体”组中的命令按钮，如图 11－12 所示。

图 11－12

具体操作步骤是：

①选中要设置格式的文本或数字。

②如果是设置字体或字号，单击“字体”组中的“字体”命令或“字号”右侧的箭头，打开下拉列表框，选择需要的字体或字号；如果是设置加粗、倾斜、下划线，可以单击相应的按钮；如果设置字符颜色，单击“字体颜色”按钮右侧的箭头，弹出“字体颜色”下拉菜单，单击需要的颜色即可。

如果进行更复杂的设置，可以使用“单元格格式”进行设置。操作步骤是：

①选中要设置的文本或数字。

②单击“字体”组右下角的按钮，在弹出的“设置单元格格式”对话框中，选择“字体”选项卡进行相应设置，如图 11 - 13 所示。

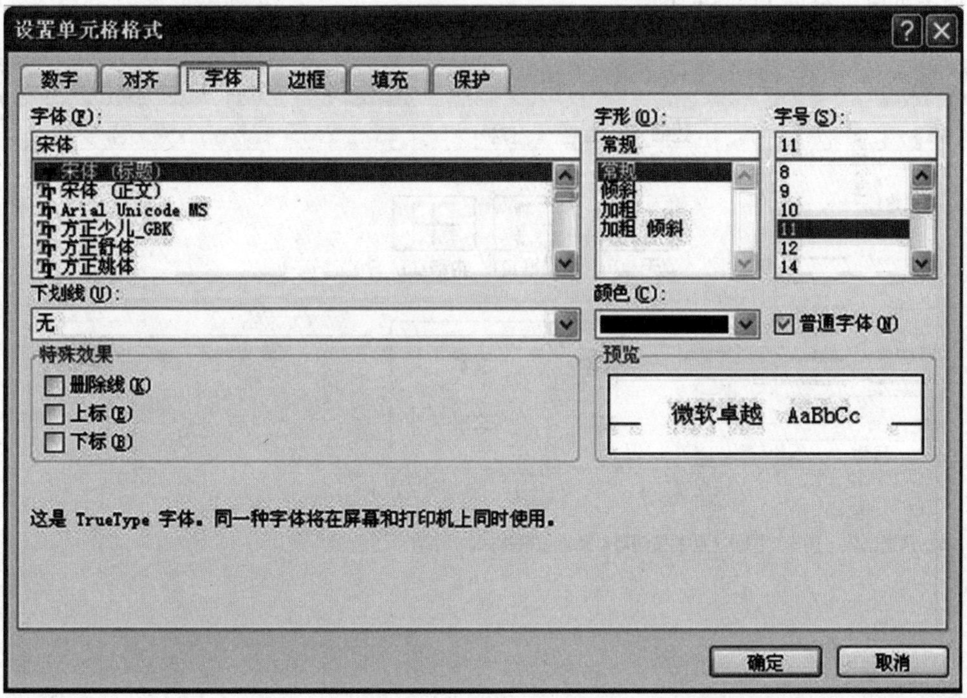

图 11 - 13

在“字体”选项卡中可以对字体进行各种设置。“字体”选项卡中的各项名称与功能是：

①字体：选择所需要的字体，如宋体、隶书等。

②字形：有常规、倾斜、加粗和加粗倾斜四个选项。

③字号：设置字体大小，以“磅”为单位。

④下划线：单击右侧箭头，从下拉列表框中选择下划线种类。

⑤颜色：单击右侧箭头，从下拉列表框中选择一种颜色，以改变选定字体的颜色。

⑥普通字体：选中此选项则将选项卡各项设置为默认值。

⑦特殊效果：有删除线、上标、下标三个选项。选择删除线后，可以产生一条贯穿于选中字符的直线，表示该内容被删除；上标和下标可将选中的文本和数字设为上标和下标。

⑧预览：可以观察所设置的效果。

11.3.5 设置边框

Excel 工作表中的网格线是用来分隔单元格的，在打印时不会显示出来。如果要在打印时输出表格框线，必须给单元格加上边框线。添加边框线不但可以区分工作表的范围，还可以使工作表更加清晰美观。设置单元格边框的操作步骤如下：

①选择要添加边框的单元格区域。

②如果只设置简单的边框，可以直接单击“字体”组中的 命令按钮右侧的小三角，打开“边框”下拉菜单，选择需要的边框即可。

如果要设置比较复杂的边框，打开“设置单元格格式”对话框，选择“边框”选项卡进行相应设置，如图 11－14 所示。

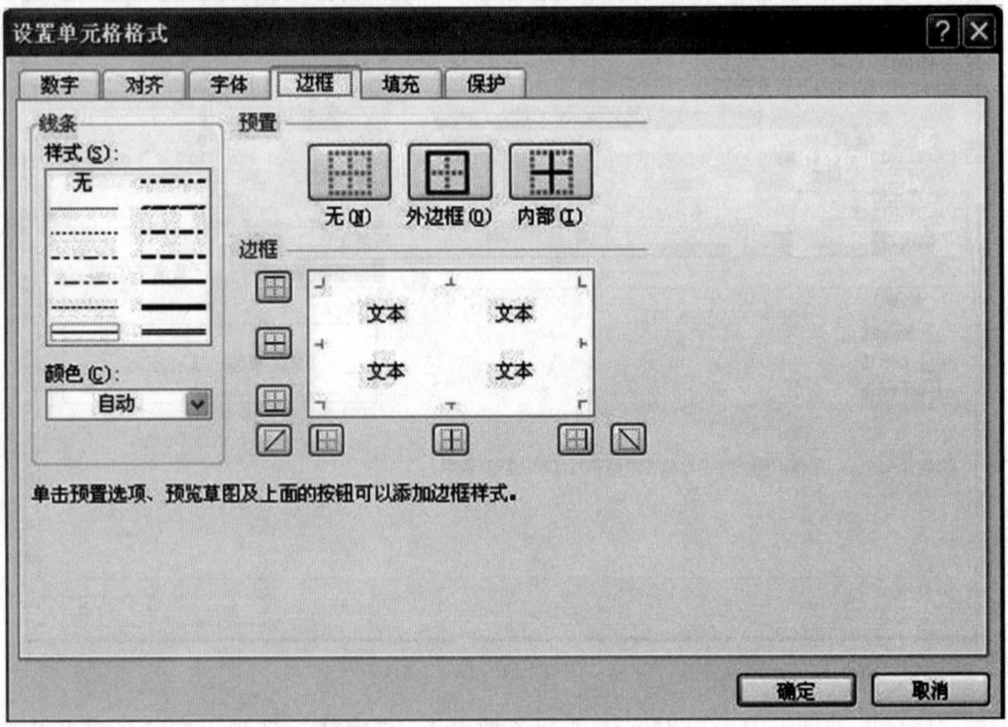

图 11－14

在“线条”区域选择外边框线条，在“颜色”区域设置外边框的颜色，然后在“预置”区域，单击“外边框”，设置外边框线。重新选择线和颜色，继续设置内部线。在预览窗口中预览设置效果，满意后单击“确定”按钮。

如单元格边框需要删除，则操作步骤如下：

①选定要删除边框的单元格区域。

②打开“设置单元格格式”对话框，选择“边框”选项卡。单击“预置”中的“无”选项，然后单击“确定”按钮。

11.3.6 设置填充

默认情况下，单元格既无颜色，也无底纹图案。给单元格添加底纹、图案，可以增强单元格的视觉效果，还可以突出需要强调的数据。

设置单元格图案和颜色的操作步骤如下：

①选定要添加图案的单元格区域。

②打开“设置单元格格式”对话框，单击“填充”选项卡，打开“填充”选项卡页面，如图 11－15 所示。

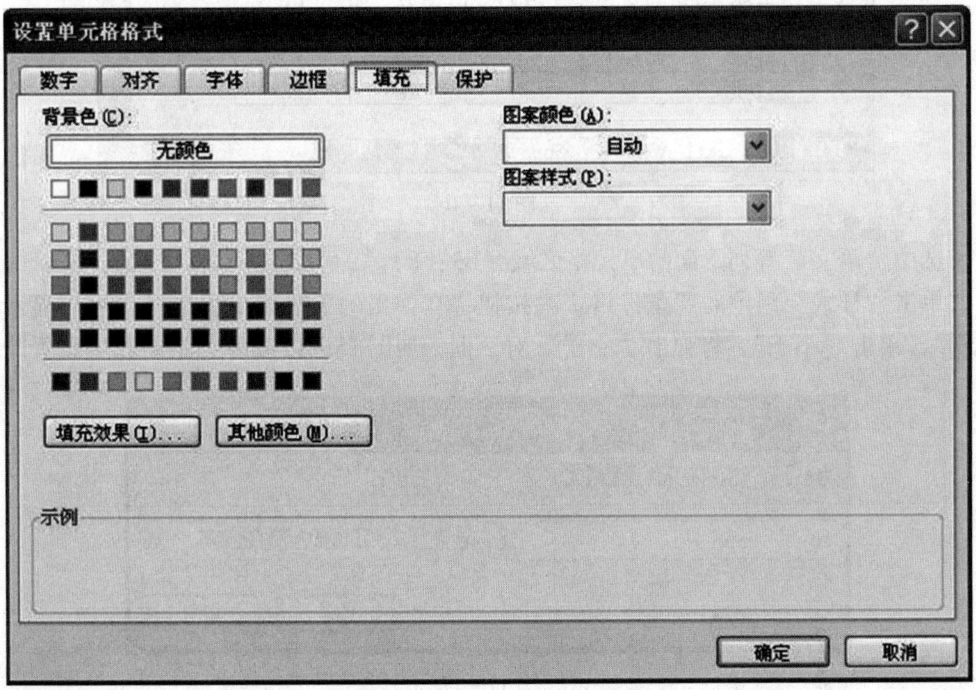

图 11－15

③在“背景色”中选择颜色。

④在“图案颜色”列表框中选择单元格的底纹颜色。

⑤在“图案样式”列表框中选择单元格的底纹样式。

⑥单击“确定”按钮，完成设置。

如果对以上颜色不满意，还可以单击“其他颜色”按钮，选择其他颜色；或者单击“填充效果”按钮，设置其他填充效果。

11.3.7 设置条件格式

条件格式是指当单元格中的数据满足某种条件时，电脑将自动把单元格显示成与条件对应的单元格样式，以便用户对其进行查看和管理。

下面通过一个具体例子来说明使用条件格式搜索数据的方法。

图 11－16 所示是一张成绩表，在此成绩表的中，要求将单科成绩不及格的单元格设置为彩色背景，其余的不变。设置条件格式的操作步骤如下：

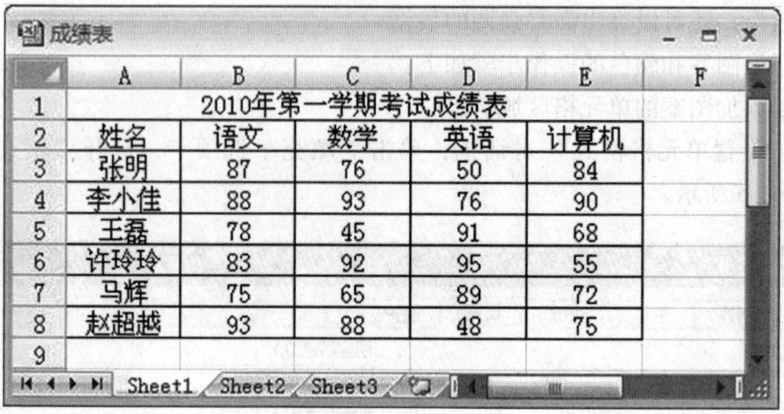

	A	B	C	D	E	F
1	2010年第一学期考试成绩表					
2	姓名	语文	数学	英语	计算机	
3	张明	87	76	50	84	
4	李小佳	88	93	76	90	
5	王磊	78	45	91	68	
6	许玲玲	83	92	95	55	
7	马辉	75	65	89	72	
8	赵超越	93	88	48	75	
9						

图 11－16

①选中“语文”等列下面的单元格区域（B3:E8）。

②单击“样式”组中的“条件格式”按钮，在弹出的下拉菜单中选择“突出显示单元格规则”，单击“小于”，将弹出“小于”对话框，如图 11－17 所示，进行相应设置即可。

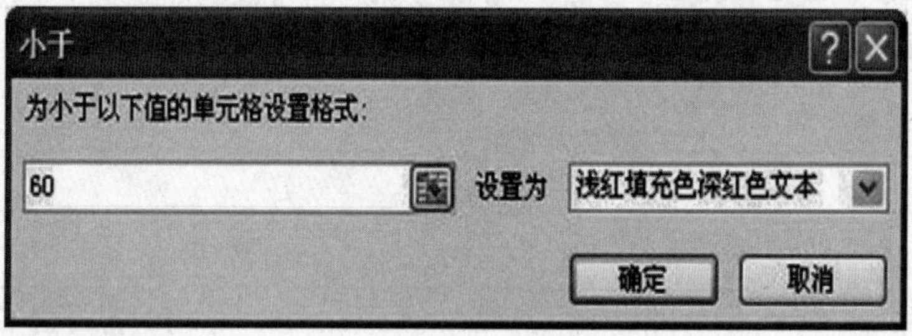

图 11－17

③单击“确定”按钮，完成设置，最后效果如图 11－18 所示。

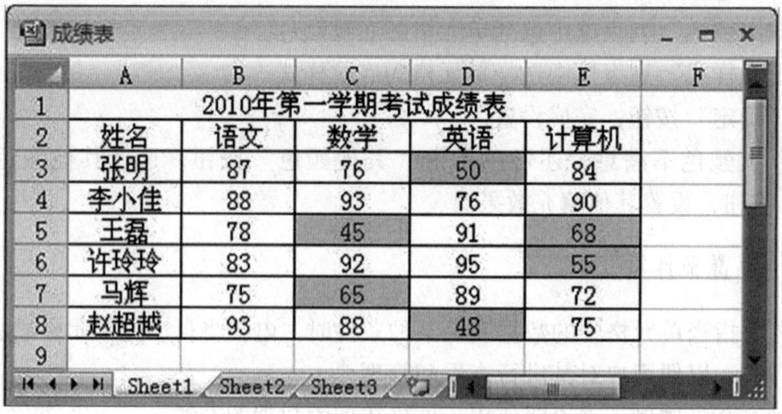

	A	B	C	D	E	F
1	2010年第一学期考试成绩表					
2	姓名	语文	数学	英语	计算机	
3	张明	87	76	50	84	
4	李小佳	88	93	76	90	
5	王磊	78	45	91	68	
6	许玲玲	83	92	95	55	
7	马辉	75	65	89	72	
8	赵超越	93	88	48	75	
9						

图 11－18

此外，“条件格式”中还可以设置数据条、色阶、图标集等，用户可以自行练习。

11.3.8　套用表格格式

套用表格样式可以同时对表格的标题、单元格、边框等内容进行设置，其应用格式的内容更加丰富。下面以图 11－19 所示的成绩表为例，套用表格格式。操作步骤如下：

①选中准备套用格式的区域（A2:E8）。单击“样式”组中的“套用表格格式”按钮，在弹出的下拉菜单中单击样式类型即可，如图 11－19 所示。

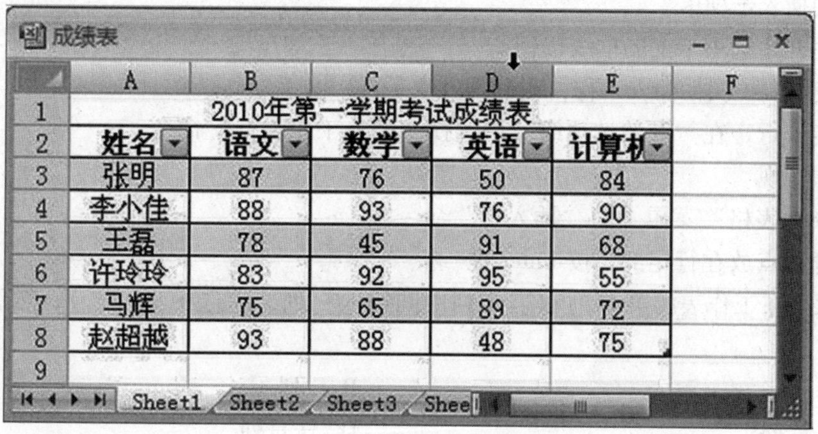

	A	B	C	D	E	F
1	2010年第一学期考试成绩表					
2	姓名	语文	数学	英语	计算机	
3	张明	87	76	50	84	
4	李小佳	88	93	76	90	
5	王磊	78	45	91	68	
6	许玲玲	83	92	95	55	
7	马辉	75	65	89	72	
8	赵超越	93	88	48	75	
9						

图 11－19

②如果对默认提供的样式类型不满意，可以单击下面的“新建样式表”命令按钮来创建新的样式。

习　题

一、选择题

1. Excel 工作表中，某单元格数据为日期型“一九〇〇年一月十六日”，单击“编辑”菜单下“清除”选项的“格式”命令，单元格的内容为（　　）。

A. 16　　B. 17　　C. 1916　　D. 1917

2. 在 Excel 工作表中，选定某单元格，单击“编辑”菜单下的“删除”选项，不可能完成的操作是（　　）。

A. 删除该行　　B. 右侧单元格左移

C. 删除该列　　D. 左侧单元格右移

3. 执行“插入”→“工作表”菜单命令，每次可以插入（　　）个工作表。

A. 1　　B. 2　　C. 3　　D. 4

4. 利用鼠标拖放移动数据时，若出现“是否替换目标单元格内容?”提示框，则说明（　　）。

A. 目标区域尚为空白　　B. 不能用鼠标拖放进行数据移动

C. 目标区域已经有数据存在　　D. 数据不能移动

5. 设置单元格中数据居中对齐方式的简便操作方法是（　　）。

A. 单击格式工具栏“跨列居中”按钮

B. 选定单元格区域，单击格式工具栏“跨列居中”按钮

C. 选定单元格区域，单击格式工具栏“居中”按钮

D. 单击格式工具栏“居中”按钮

6. 下列操作中，能为表格设置边框的操作是（　）。

A. 执行“格式”→“单元格”菜单命令后选择“边框”选项卡

B. 利用绘图工具绘制边框

C. 使用插入选项卡

D. 利用开始选项卡上的框线按钮

7. 在表格中一次性插入3行，正确的方法是（　　）。

A. 选定3行，在“开始选项组”中选择“插入工作表行”命令

B. 无法实现

C. 选择“表格”菜单中的“插入行”命令

D. 把插入点放在行尾部，按Enter键

8. 如果要在工作表的第D列和第E列中间插入一列，应选中（　　），然后再进行有关的操作。

A. D列　　B. E列

C. D和E列　　D. 任意列

9. 在Excel 2010中，关于“删除”和“清除”的正确叙述是（　　）。

A. 删除指定区域是将该区域的数据连同单元格一起从工作表中删除；清除指定区域仅清除该区域中的数据

B. 删除内容不可以恢复，清除的内容可以恢复

C. 删除和清除均不移动单元格本身，但删除操作将单元格清空，而清除操作将原单元格中的内容变为0

D. Del键的功能相当于删除命令

10. 操作时，如果将某些单元格选中（抹黑），然后再按Delete键，将删除单元中的（　　）。

A. 批注

B. 数据或公式但是保留格式

C. 输入的内容（数值或公式），包括格式和批注

D. 全部内容（包括格式和批注）

二、操作题

1. 启动Excel 2010，制作如图11－20所示的数据表。

记 账 凭 证

年 月 日

摘要	科目		借方金额	贷方金额	
	总账科目	明细科目			
车间领用材料	生产成本	直接材料	19 500.00		附
	原材料	主板		11 500.00	单
	原材料	硬盘		8 000.00	据
					张
合 计					

会计主管： 记账： 出纳： 复核： 制单：

图 11 – 20

2. 启动 Excel 2010，制作如图 11 – 21 所示的数据表。

用 途	甲材料		乙材料		合 计
	数量（千克）	金额（元）	数量（千克）	金额（元）	
生产A产品领用	12000	9600	8000	6000	
生产B产品领用	10000	8000	4000	3000	
车间一般耗用	1000	800			
厂部管理部门耗用			2000	1500	
合 计					

图 11 – 21

3. 启动 Excel 2010，制作如图 11 – 22 所示的数据表，具体要求如下：表格标题合并及居中，设置为华文隶书、20 号字、紫色；表格外框线为蓝色粗线、内框为红色细线；填充颜色为黄色和橙色；其他格式如图 11 – 22 所示。

汽车配件生产销售表 2014年第一季度

生产状况 / 车间	生产总额	总人数	人均生产值	备注
一车间	85000.00	140	607.1428571	
二车间	56500.00	100	565	
三车间	75040.00	160	469	
四车间	87800.00	170	516.4705882	
五车间	72068.00	150	480.4533333	
六车间				

图 11 – 22

4. 启动 Excel 2010，制作如图 11－23 所示的数据表，具体要求如下：表格标题合并及居中，设置为宋体、18 号字、蓝色；表格外框线为紫色粗线、内框为紫色单线；填充颜色为浅绿色和黄色；其他格式如图 11－23 所示。利用条件格式将应收数量在 300 以上的设置为橙色倾斜。

产品信息表

单号	品名规格	单位	应收数量	实收数量	单价	金额	检验
010	甲产品	台	400	340	¥1,458.00		
012	乙产品	台	321	300	¥1,253.00		
013	丙产品	辆	253	241	¥1,635.00		
014	丁产品	台	341	321	¥1,523.00		

图 11－23

5. 启动 Excel 2010，制作如图 11－24 所示的数据表，具体要求如下：标题宋体、红色、加粗、26 号字，表格内文字为仿宋、16 号字；表格外框为绿色双线，内框为红色细线；填充颜色为浅蓝色；其他格式如图 11－24 所示。

成本计量表

产量	固定成本	可变成本	总成本	平均固定成本	平均成本
0		0			
1		52			
2		65			
3		74			
4	100	88			
5		92			
6		110			
7		153			
8		204			

图 11－24

6. 启动 Excel 2010，制作如图 11－25 所示的数据表，具体要求如下：表格标题合并及居中，设置为华文琥珀、18 号字；表格框线为绿色的粗线或细线；填充颜色为橙色和浅蓝色；其他格式如图 11－25 所示。利用条件格式将零售价单价小于 90 的设置为黄色底纹。

鑫鑫销售商品验收单

品名	购进价			零售价			进销差价
	数量	单价	金额	数量	单价	金额	
甲		80			90		
乙	100	54		100	64		
丙		70			80		
合计							

图 11－25

第 12 章

公式与函数

【本章导读】

Excel 2010 是 Microsoft Office 2010 中最常见的组件之一，数据计算是它的主要功能之一。本章从 Excel 2010 公式与函数功能出发，讲解 Excel 2010 公式与函数的基本操作，为以后的数据处理操作打下基础。

【本章学习要点】

➢ 公式的使用
➢ 函数的使用
➢ 函数与公式中单元格引用

12.1 公式的使用

Excel 不仅能够帮助用户制作表格，还可以在表格中应用公式和函数进行复杂的数据运算，这一强大的功能将那些烦琐、枯燥的数字计算变得简单而容易。熟练应用公式和函数，可以使工作变得轻松有趣，效率得到极大的提高。下面来学习如何在 Excel 中应用公式和函数进行数据运算。

12.1.1 Excel 公式中的运算符

运算符用来说明对运算对象进行了何种操作，如“+”是把前后两个操作对象进行加法运算。在 Excel 2010 中，包含四种运算符：算术运算符、比较运算符、文本运算符和引用运算符，见表 12－1。

1. 算术运算符

主要进行一些基本的数学运算，如加法、减法、乘法、除法和乘方等。

①+加法运算；

②－减法运算；

③*乘法运算；

④/除法运算；

⑤^乘方（指数）运算；

⑥%百分比运算。

2. 比较运算符

是用来比较两个数值大小的运算符，结果是一个逻辑值：TRUE（真）或FALSE（假）。

①>，大于；

②<，小于；

③>=，大于等于；

④<=，小于等于；

⑤<>，不等于；

⑥=，等于。

3. 文本运算符

可以将多个文本连接起来组合成一个新的文本。文本连接运算符只有一个“&”，其含义是将两个文本值连接或串联起来产生一个连续的文本值，如“计算机”&“文化基础”的结果是“计算机文化基础”。

4. 引用运算符

可以将单元格区域合并运算，如下所示：

①区域（冒号）：表示对两个引用之间（包括两个引用在内）的所有单元格进行引用，例如，SUM(B2:H2)。

②联合（逗号）：表示将多个引用合并为一个引用，例如，(B2:H2,B5:H5)。

③交叉（空格）：表示同时隶属于两个引用共有的单元格区域，例如，(C2:F4　C4:F6)。

表 12-1

运算符	说明
:（冒号）	区域运算符
,（逗号）	交叉运算符
（空格）	联合运算符
-	负号（如-10）
%	百分号
^	乘幂
*和/	乘和除
+和-	加和减
&	文本运算符
=、<、>、<=、>=、<>	比较运算符

12.1.2 公式中的运算符优先级

当公式中既有加法，又有乘法、除法时，Excel 2010 与数学中的运算顺序相似，从左到右计算公式。对于同一级的运算，则按照从左到右进行计算；对于不同级别的运算符，则按照运算符的优先级进行计算。

如果要修改计算的顺序，可以将公式中要先计算的部分用括号括起来。例如，公式“=9-5*2”的结果是-1，先进行乘法运算，再进行减法运算。如果要先进行减法运算，后进行乘法运算，就必须使用括号来改变计算顺序，如公式“=(9-5)*2”，结果是8。

12.1.3 在单元格中应用公式进行运算

以图12-1为例介绍在单元格中应用公式运算的方法。图12-1所示的表格是一个进货单，表中已经有进货的名称与数量，现在要算出金额。

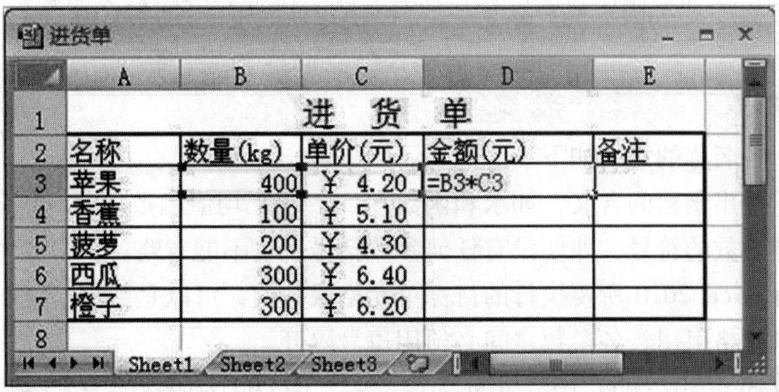

图12-1

双击D3单元格，在D3单元格中输入“=B3*C3”，系统就会将B3单元格中的300与C3单元格中的4.20相乘。按Enter键，计算结果便显示在D3单元格中。

对于图12-1中的其他物品金额的计算，不必在以下的单元格中一一输入相应的公式，只要利用Excel自动填充功能，就可以实现自动输入和计算。单击C3单元格，使其成为活动单元格，鼠标指向该单元格右下角的填充柄，当指针变为十字形时，向下拖动鼠标，一直拖到D7单元格，松开鼠标，这时每一项物品的金额便显示在相应的单元格中，如图12-2所示。

图12-2

12.2 函数的使用

在Excel单元格中可以使用公式完成许多计算，但是有一些计算则无法用公式来完成，比如要求一组数值的最大值、最小值，或者进行其他有条件的计算等，这就需要运用函数。Excel 2010提供了大量的内置函数，涉及许多工作领域，如财务、工程、统计、时间、日期、数学等，合理利用这些函数可以极大地提高工作效率。

12.2.1 函数语法

函数实际上是 Excel 预先定义好的公式，它们使用一些称为参数的特定数值，按特定的顺序或结构进行计算。Excel 2007 函数由三部分组成，即函数名称、括号和参数。其结构以等号“=”开始，后面紧跟函数名称和左括号，然后以逗号分隔输入参数，最后是右括号。其语法结构为：

函数名称(参数1,参数2,…,参数N)

在函数中，各名称的意义如下。

函数名称：指出函数的含义，如求和函数 SUM、求平均值函数 AVERAGE。

括号：括住参数的符号，即使没有任何参数括号，也不能省略。

参数：告诉 Excel 2010 所要执行的目标单元格或数值，可以是数字、文本、逻辑值、数组、错误值或单元格引用。各参数之间必须用逗号隔开。

例如，函数 SUM(B2:B6) 中，SUM 为函数名，B2:B6 为函数的一个参数，即一个单元格区域，它是对 B2 到 B6 单元格的数值求和。

12.2.2 输入函数

如果在工作表中使用函数，首先要输入函数。函数的输入可以采用手工输入和使用函数向导两种方法来实现。

对于一些简单的函数，可以采用手工输入的方法。先在编辑栏中输入一个“=”，然后直接输入函数本身。

例如，可以在单元格中输入：=AVERAGE(A1:A5)、=SUM(B2:B6)。这两个公式能够分别求出单元格区域 A1:A5 的平均值、单元格区域 B2:B6 的和。

一些常用函数可以通过单击“编辑”组中的 Σ· 按钮右侧的下三角按钮，在弹出的下拉菜单中选择相关函数来输入，如果下拉菜单中没有，可以单击“其他函数”打开“插入函数”对话框来选择函数，如图 12-3 所示。

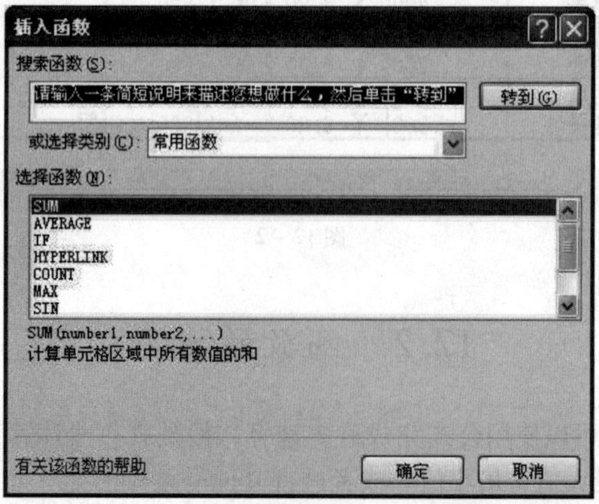

图 12-3

在单元格中输入“=”，单击“编辑栏”左侧下三角按钮，将弹出函数选项板，可以选择相关函数来输入，如果选项板中没有，可以选择最下面的“其他函数”，打开“插入函数”对话框来选择函数。

12.2.3 常用函数的使用

在 Excel 中，系统提供了 11 类函数，这些函数按功能来说分别为数据库函数、日期与时间函数、工程函数、财务函数、信息函数、逻辑函数、查询与引用函数、数学和三角函数、统计函数、文本函数和用户自定义函数。

下面以实例的形式，介绍常用函数的具体应用。

1. SUM( )函数

功能：返回某一单元格区域中所有数字的和。

语法：SUM (number1, number2, …)

number1, number2, …为 1 ~ 30 个需要求和的参数。

例如，在“成绩表”中求每个学生的总分。具体操作方法如下。

①单击 F3 单元格，输入“=”，如图 12 - 4 所示。

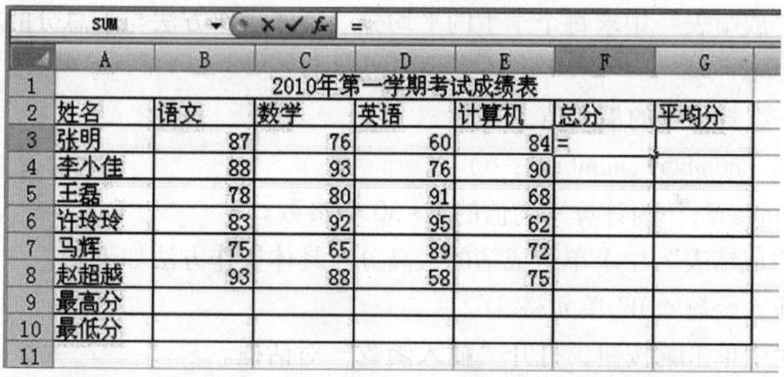

	A	B	C	D	E	F	G
1	2010年第一学期考试成绩表						
2	姓名	语文	数学	英语	计算机	总分	平均分
3	张明	87	76	60	84	=	
4	李小佳	88	93	76	90		
5	王磊	78	80	91	68		
6	许玲玲	83	92	95	62		
7	马辉	75	65	89	72		
8	赵超越	93	88	58	75		
9	最高分						
10	最低分						
11							

图 12 - 4

②在格式工具栏上单击 Σ · 按钮右侧的下三角按钮，选择“其他函数”，将弹出“插入函数”对话框。

③在函数列表框中双击“SUM”，在弹出的函数参数对话框中通过按钮选择参数(单元格区域 B3:E3)，如图 12 - 5 所示。

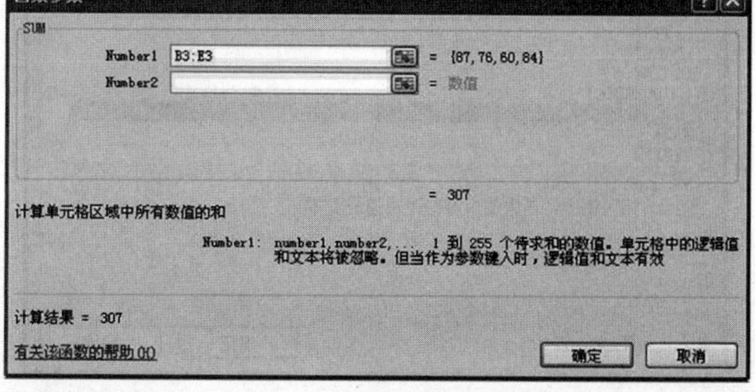

图 12 - 5

④单击“确定”按钮，F3 单元格将显示求和结果。下面相同的求和计算可以通过填充柄向下填充来实现，如图 12－6 所示。

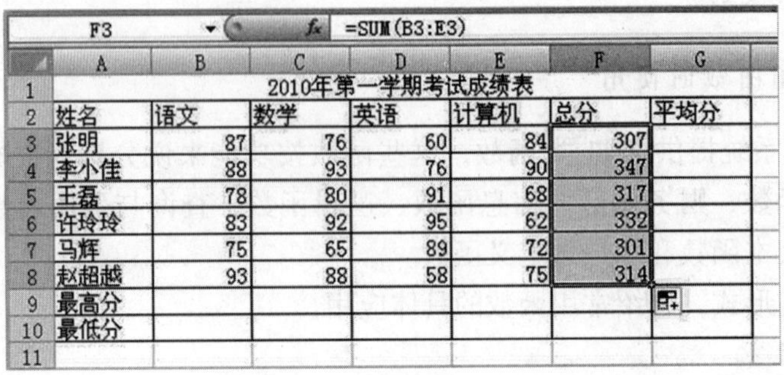

	A	B	C	D	E	F	G
1	2010年第一学期考试成绩表						
2	姓名	语文	数学	英语	计算机	总分	平均分
3	张明	87	76	60	84	307	
4	李小佳	88	93	76	90	347	
5	王磊	78	80	91	68	317	
6	许玲玲	83	92	95	62	332	
7	马辉	75	65	89	72	301	
8	赵超越	93	88	58	75	314	
9	最高分						
10	最低分						
11							

图 12－6

2. AVERAGE( ) 函数

功能：对所有参数求平均值。

语法：AVERAGE(number1,number2,…)

number1,number2,…为计算平均值的 1～30 个参数。

例如，在“成绩表”中求每个学生的平均分。具体操作方法与求总分的相似。

3. MAX( ) 函数

功能：求一组数值中的最大值。

语法：MAX (number1,number2,…)

number1,number2,…为计算平均值的 1～30 个参数。

例如，在“成绩表”中求单科成绩的最高分。具体操作方法如下。

①单击要插入函数的 B9 单元格。

②在编辑栏中单击 f_x 按钮，打开“插入函数”对话框。

③在“或选择类别”下拉列表中选择“统计”选项，在“选择函数”列表中选择 MAX，如图 12－7 所示。

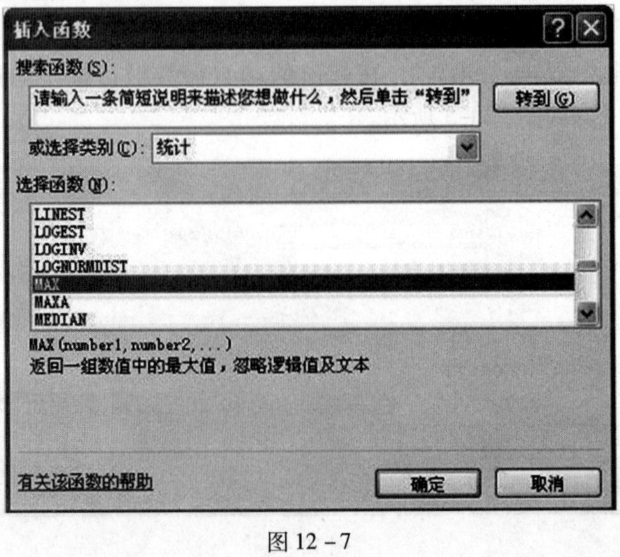

图 12－7

④单击“确定”按钮，在“函数参数”对话框的 Number1 中选择参数 B3:B8 单元格区域。

⑤单击“确定”按钮，求出最大值的结果，如图 12－8 所示。

B9　=MAX(B3:B8)

	A	B	C	D	E	F	G
1	2010年第一学期考试成绩表						
2	姓名	语文	数学	英语	计算机	总分	平均分
3	张明	87	76	60	84	307	
4	李小佳	88	93	76	90	347	
5	王磊	78	80	91	68	317	
6	许玲玲	83	92	95	62	332	
7	马辉	75	65	89	72	301	
8	赵超越	93	88	58	75	314	
9	最高分	93					
10	最低分						
11							

图 12－8

⑥向右拖动该单元格的填充柄，将函数复制到 C9:F9 单元格区域。

4. MIN( )函数

功能：求一组数值中的最小值。

语法：MIN(number1,number2,…)

number1,number2,…是 1～30 个参数值，从中求出最小值。

例如，在“成绩表”中求单科成绩的最低分，方法与求最大值的相同。

5. IF( )函数

功能：执行真假判断，根据逻辑计算的真假值，返回不同的结果。

语法：IF(logical_test,value_if_true,value_if_false)

logical_test 表示要选取的条件；value_if_true 表示条件为真时返回的值；value_if_false 表示条件为假时返回的值。

例如，在“英语成绩表”中学生的成绩以分数显示，如图 12－9 所示。

	A	B	C
1	英语成绩表		
2	姓名	英语	备注
3	张明	60	及格
4	李小佳	76	
5	王磊	91	
6	许玲玲	95	
7	马辉	89	
8	赵超越	58	

图 12－9

若某一同学的成绩大于等于 60 分，备注信息显示为“及格”，否则备注信息为“不及格”，此时就可以使用条件函数 IF 进行计算，具体操作方法如下：

①单击 C3 单元格。

②在编辑栏中单击“插入函数”按钮，打开“插入函数”对话框。

③在“或选择类别”下拉列表中选择“逻辑”选项，在“选择函数”列表中选择 IF，如图 12－10 所示。

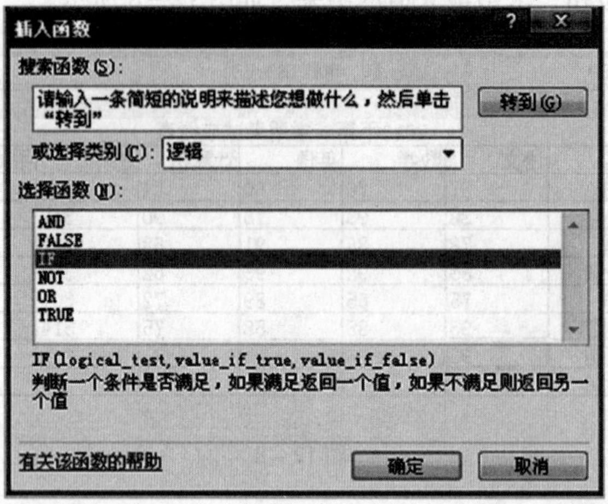

图 12－10

④单击“确定”按钮，在“函数参数”对话框中输入参数，如图 12－11 所示。

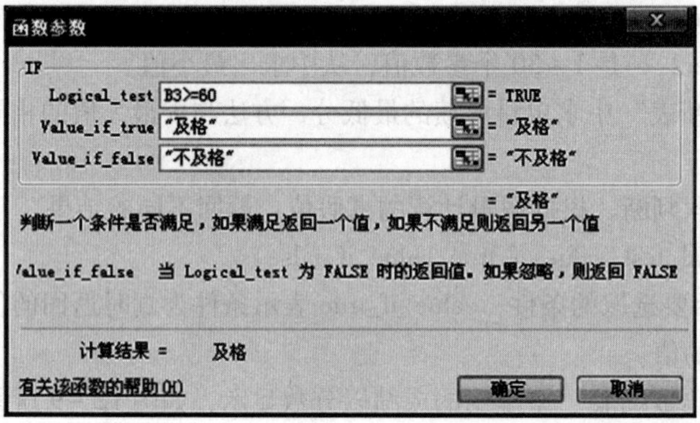

图 12－11

⑤单击“确定”按钮，求出备注的结果，如图 12－12 所示。

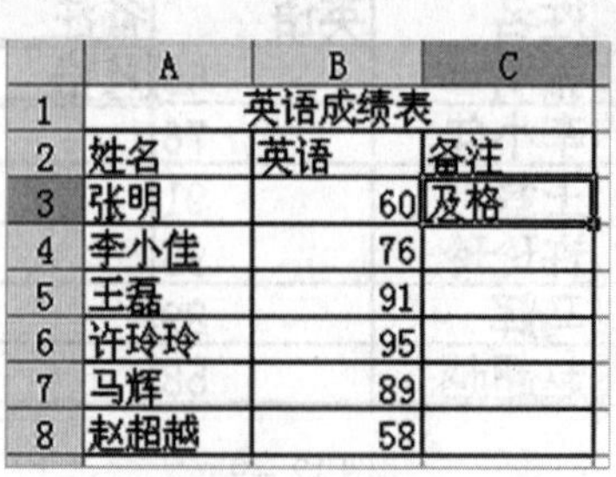

	A	B	C
1	英语成绩表		
2	姓名	英语	备注
3	张明	60	及格
4	李小佳	76	
5	王磊	91	
6	许玲玲	95	
7	马辉	89	
8	赵超越	58	

图 12－12

⑥向右拖动该单元格的填充柄，将函数复制到 C4:C8 单元格区域。

6. SUMIF( ) 函数

功能：对符合条件的单元格求和。

语法：SUMIF（range,criteria,sum-range）

range：要进行计算的单元格区域。

criteria：确定符合相加的条件。

sum-range：需要求和的实际单元格区域。

例如，在图 12－13 所示的“销售表”中，用户需要计算销售额在 2 000 以上的销售额之和（包含 2 000），具体操作方法如下。

①在工作表 B10 单元格中输入函数＝SUMIF(B4:G8,">=2000")，如图 12－13 所示。

②单击“输入“按钮，即可得到计算结果。

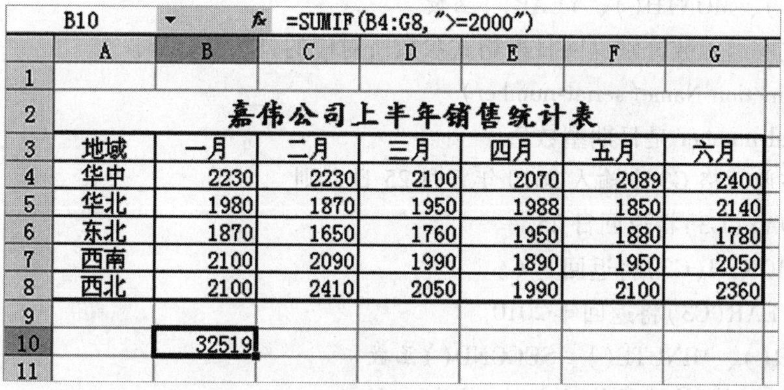

B10 =SUMIF(B4:G8,">=2000")

	A	B	C	D	E	F	G
1							
2	嘉伟公司上半年销售统计表						
3	地域	一月	二月	三月	四月	五月	六月
4	华中	2230	2230	2100	2070	2089	2400
5	华北	1980	1870	1950	1988	1850	2140
6	东北	1870	1650	1760	1950	1880	1780
7	西南	2100	2090	1990	1890	1950	2050
8	西北	2100	2410	2050	1990	2100	2360
9							
10		32519					
11							

图 12－13

7. COUNTIF( ) 函数

功能：计算符合条件的单元格的个数。

语法：COUNTIF(range,criteria)

range：需要计算满足条件的单元格数目的单元格区域。

criteria：确定哪些单元格将被计算在内的条件。

例如，在图 12－14 所示的“销售表”中，用户需要计算销售额在 2 000 以上的销售额的个数（包含 2 000），具体操作方法如下：

①在工作表 D10 单元格中输入函数＝COUNTIF(B4:G8,">=2000")，如图 12－14 所示。

②单击“输入”按钮，即可得到计算结果。

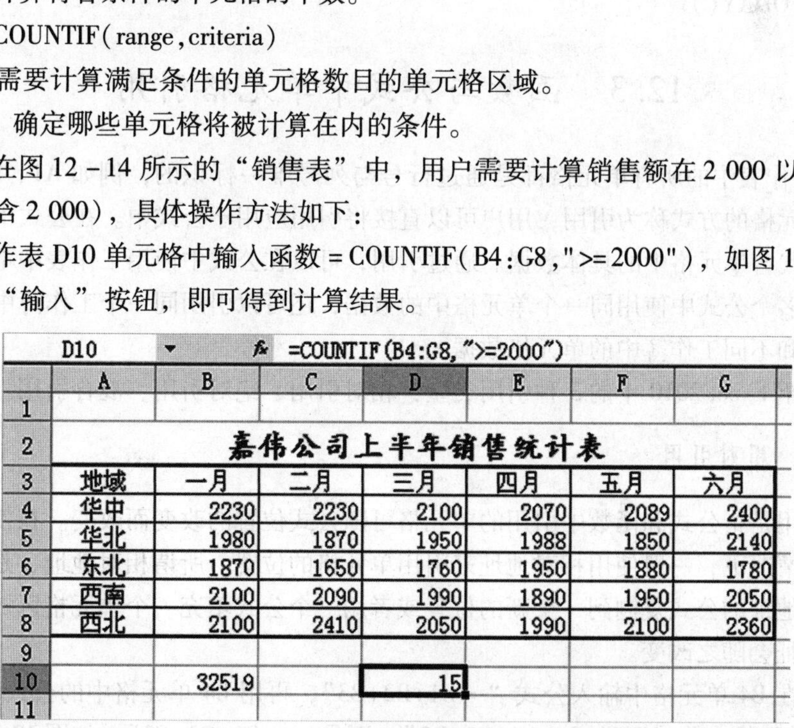

D10 =COUNTIF(B4:G8,">=2000")

	A	B	C	D	E	F	G
1							
2	嘉伟公司上半年销售统计表						
3	地域	一月	二月	三月	四月	五月	六月
4	华中	2230	2230	2100	2070	2089	2400
5	华北	1980	1870	1950	1988	1850	2140
6	东北	1870	1650	1760	1950	1880	1780
7	西南	2100	2090	1990	1890	1950	2050
8	西北	2100	2410	2050	1990	2100	2360
9							
10		32519		15			
11							

图 12－14

8. SUBTOTAL( )函数

功能：对数据清单或数据库数值分类汇总。

语法：SUBTOTAL(function-num,ref1,ref2,…)

function-num 为 1 ~ 11 之间的数字，它指定分类汇总所使用的函数类型。

ref1,ref2,…是要进行分类汇总计算的 1 ~ 29 个区域或引用。

9. NOW( )函数

功能：返回系统的日期和时间。

语法：NOW( )

10. DAY( )、MONTH( )、YEAR( )函数

功能：这一组函数分别返回日期格式参数所对应的日、月、年。

语法：Function Name(serial-number)

其中 serial-number 是日期型数值。

例如，在单元格 G3 中输入 2010 年 6 月 25 日，则

①函数 DAY(G3)将返回日 25。

②函数 MONTH(G3)将返回月 6。

③函数 YEAR(G3)将返回年 2010。

11. HOUR( )、MINUTE( )、SECOND( )函数

功能：返回时间格式数值的小时、分钟、秒。

12. TODAY( )函数

功能：返回计算机内部设置的内部时钟当前日期。

语法：TODAY( )。

12.3 函数与公式中单元格引用

Excel 工作表中的所有单元格都是通过行号与列号唯一标识的，例如 A1、B2 等，这种唯一标识单元格的方式称为引用，用户可以直接将引用应用于公式中。在公式中可以使用单元格引用来代替单元格中的具体数据。通过引用，可以在公式中使用工作表中不同部分的数据，或者在多个公式中使用同一个单元格中的数据，还可以引用同一个工作簿中不同工作表中的单元格和不同工作簿中的单元格数据。

下面介绍 Excel 2010 中的 3 种引用类型：相对引用、绝对引用、混合引用。

12.3.1 相对引用

相对引用是指公式和函数中引用的单元格可随公式位置的改变而改变。在使用公式和函数时，默认情况下，一般使用相对地址来引用单元格的位置。所谓相对地址，是指当把一个含有单元格地址的公式复制到一个新的位置或者用一个公式填充一个单元格区域时，公式中的单元格地址会随之改变。

例如，在 B4 单元格中输入公式“ = B1+B2+B3”，再用 B4 单元格中的公式填充 C4 单元格，则 C4 单元格中公式不是“ = B1+B2+B3”，而是“ = C1+C2+C3”，如图 12 - 15 所示。

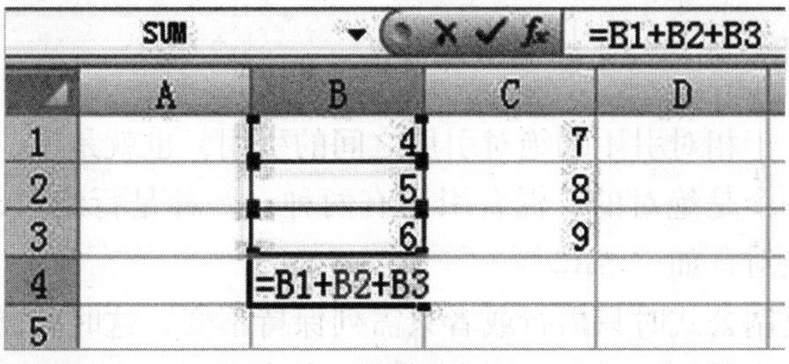

（a）

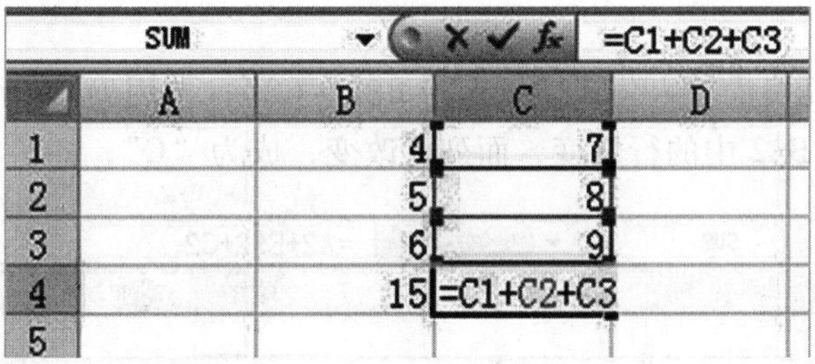

（b）

图 12－15

12.3.2 绝对引用

有时需要将公式复制到一个新的位置，并且需要保持公式中所引用的单元格不变，那么相对引用是解决不了问题的，此时需要使用绝对引用。

绝对引用是指公式所引用的单元格地址是固定不变的。采用绝对引用的公式，无论将它复制或填充到哪里，都将引用同一个固定的单元格。绝对引用使用“＄”符号，使用绝对引用时，在列标号及行标号前面加上一个“＄”符号。

例如，在 D2 单元格中输入公式“＝A2+B2+C2”，再用 D2 单元格的公式填充 D3 单元格，则 B2 单元格中的数据保持不变，还是 2，如图 12－16 所示。

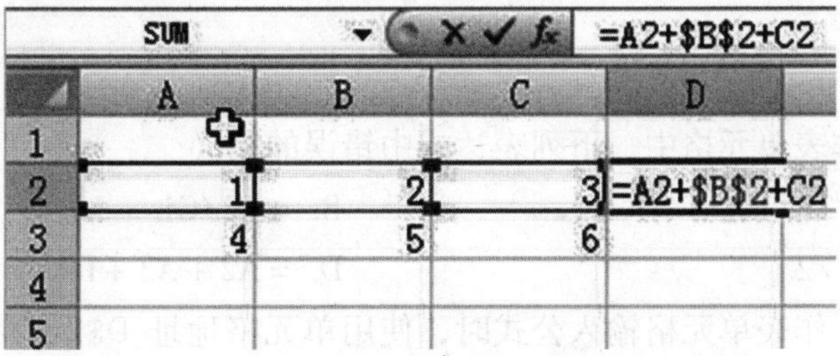

（a）

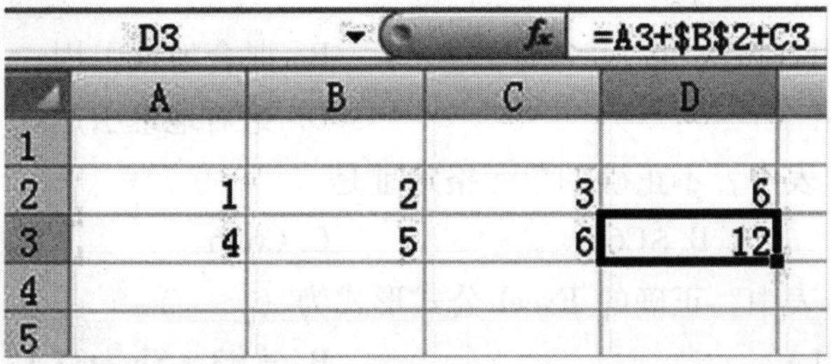

（b）

图 12－16

12.3.3 混合引用

混合引用是一种介于相对引用和绝对引用之间的引用，也就是说，引用单元格的行和列之中一个是相对的，一个是绝对的。混合引用有两种：一种是行绝对，列相对，如“A$2”；另一种是行相对，列绝对，如“ $A2”。

有些情况下，在复制公式时只需行或者只需列保持不变，这时就需要使用混合引用。所谓混合引用，是指在一个单元格地址引用中，既包含绝对单元格地址引用，又包含相对单元格地址引用。

例如，在 D2 单元格中输入公式“ = A2 + B$2 + C2”，再用 D2 单元格的公式填充 E3 单元格，则单元格地址 B$2 中的行没变，而列已改变，成为“C”，如图 12 – 17 所示。

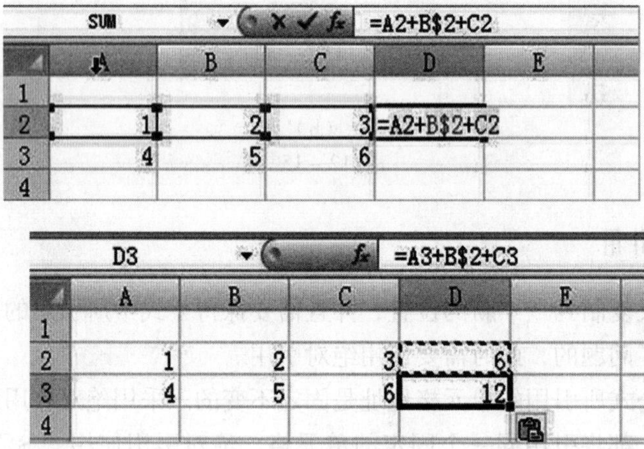

图 12 – 17

习　题

一、选择题

1. 在 Excel 工作表单元格中，下列表达式中错误的是（　　）。

A. =(15 – A1)/3　　　　B. = A2/C1

C. SUM(A2:A4)/2　　　　D. = A2 + A3 + D4

2. 当向 Excel 工作表单元格输入公式时，使用单元格地址 D$2 引用 D 列 2 行单元格，该单元格的引用称为（　　）。

A. 交叉地址引用　　　　B. 混合地址引用

C. 相对地址引用　　　　D. 绝对地址引用

3. 在 Excel 工作表中，不正确的单元格地址是（　　）。

A. C$66　　B. $C66　　C. C6$6　　D. C66

4. 在 Excel 工作表中，正确的 Excel 公式形式为（　　）。

A. = B3 * Sheet3!A2　　　　B. = B3 * Sheet3$A2

C. = B3 * Sheet3:A2　　　　D. = B3 * Sheet3% A2

5. 在 Excel 工作表中，D5 单元格中有公式“ = B2 + C4”，删除第 A 列后 C5 单元格中的公式为（　　）。

A. = A2 + B4　　B. = B2 + B4

C. = SA$2 + C4　　D. = B2 + C4

6. 在 Excel 工作表中，单元格区域 D2:E4 所包含的单元格个数是（　　）。

A. 5　　B. 6　　C. 7　　D. 8

7. 在 Excel 工作表中，单元格 C4 中有公式“ = A3 + C5”，在第三行之前插入一行之后，单元格 C5 中 的公式为（　　）。

A. = A4 + C6　　B. = A4 + C5

C. = A3 + C6　　D. = A3 + C5

8. 假设 B1 为文字“100”，B2 为数字“3”，则 COUNT(B1:B2) 等于（　　）。

A. 103　　B. 100

C. 3　　D. 1

9. 准备在一个单元格内输入一个公式，应先键入（　　）先导符号。

A. $　　B. >

C. <　　D. =

10. 当在某单元格内输入一个公式并确认后，单元格内容显示为#REF!，它表示（　　）。

A. 公式引用了无效的单元格　　B. 某个参数不正确

C. 公式被零除　　D. 单元格太小

二、操作题

1. 启动 Excel 2010，制作如图 12 – 18 所示数据表并用公式计算销售额（单价 × 销量），用函数计算最高销量和最低销量。

销售统计表							
年份	销售地区	商品名称	单价	销量	销售额	最高销量	最低销量
2010	北京	彩电	3 000.00	1 000			
2013	北京	冰箱	3 500.00	2 000			
2011	北京	彩电	2 500.00	800			
2010	北京	冰箱	3 000.00	1 500			
2013	天津	彩电	2 500.00	980			
2011	天津	冰箱	3 000.00	2 100			
2012	天津	彩电	2 200.00	900			
2013	天津	冰箱	3 000.00	1 300			
2011	上海	彩电	3 500.00	1 100			
2012	上海	冰箱	4 000.00	2 100			
2011	上海	彩电	2 500.00	1 000			
2012	上海	冰箱	3 200.00	1 600			

图 12 – 18

2. 启动 Excel 2010，制作如图 12 – 19 所示数据表并用公式计算实发工资（基本工资 + 职称工资 + 应发工资 – 扣除）。

职工工资表						
工号	职称	基本工资	职称工资	应发工资	扣除	实发工资
GH10023002	会计师	2000	3000	5000	343	
GH10023010	会计师	2111	3000	5111	234	
GH10023003	助理会计师	1500	1000	2500	234	
GH10023004	会计员	1000	800	1800	332	
GH10023025	高级会计师	2243	800	3043	321	
GH10023005	高级会计师	2300	800	3100	223	
GH10023007	助理会计师	3245	1000	4245	322	
GH10023008	会计员	2342	800	3142	45	
GH10023009	高级会计师	3222	800	4022	65	

图 12－19

3. 启动 Excel 2010，按要求制作如下样表，并完成计算：

（1）表格标题文字为隶书、26 号字，加粗，合并单元格并居中对齐；表格文字设置为宋体、14 号字、深蓝色；表格框线为橙粗线和紫色细线；填充颜色为浅蓝色；其他格式如图 12－20 所示。

（2）用公式计算：利润 = 销售收入 - 成本，投资收益率 = 利润/(成本 + 投资)，结果保留两位小数；用 IF 函数计算“结论”，计算方法为投资收益率在 10% 以上的填充“通过”，否则填充“淘汰”。

（3）利用条件格式将销售收入小于 2 800 的设置为红色加粗文本。

销售情况表						
品名	销售收入	成本	利润	投资	投资收益率%	结论
鸡蛋	2712.5	2191.6		3288		
牛肉	2983.8	2218.7				
香肠	3255	2527.4				
芹菜	2712.5	2231.3				

图 12－20

4. 启动 Excel 2010，按要求制作如图 12－21 所示样表，并完成计算：

（1）表格标题合并及居中，设置为隶书 20 号字、深蓝色、黄色底纹；表内文字 12 号居中；表格外框线为红色粗线、内框线为蓝色细线；填充颜色为橙色；其他格式如图 12－21 所示。

（2）用函数计算“总分”“单科最高分”“85 分以上人数”和“评价”，“评价”的计算方法是总分在 235 分以上的为“好”，其他的为“一般”。

（3）利用条件格式将“总分”大于 220 分的设置为绿色加粗文本。

管理会计1班学生成绩单						
学号	姓名	管理会计	英语	计算机	总分	评价
001	甲	75	56	98		
002	乙	85	89	76		
003	丙	56	98	88		
004	丁	98	77	71		
005	戊	77	88	85		
006	己	88	72	54		
单科最高分						
85分以上人数						

图 12－21

5. 启动 Excel 2010，按要求制作如图 12－22 所示样表，并完成计算：

（1）表格标题为黑体 20 号，表格文字字体为幼圆、14 号字；表格外框线为紫色粗线，内框线为蓝色细线和紫色双线；填充颜色为橙色和浅绿色；其他格式如样图 11－22 所示。

（2）用公式计算：应发工资＝岗位工资＋补贴，公积金＝岗位工资×5%，实发工资＝应发工资－扣款－公积金，结果均保留一位小数。

（3）利用条件格式将岗位工资大于 660 的设置为蓝色底纹。

职工工资表							
职工号	姓名	岗位工资	补贴	应发工资	扣款	公积金（扣）	实发工资
0011	张三	666	50		32		
0012	李四	585			45		
0013	王武	776			37		
0014	周全	696			40		

图 12－22

6. 启动 Excel 2010，按要求制作如图 12－23 所示样表，并完成计算：

（1）表格标题合并及居中，设置为黑体、浅蓝、16 号字、加粗；表格外框线为红色粗线、内框为蓝色细线；表格填充颜色为黄色；其他格式如图 12－23 所示。

（2）用公式计算：总金额＝数量×单价×折价，结果保留一位小数；用函数计算“评价”，计算方法为单价在 170 以上的填充为“偏贵”，否则为“适中”。

（3）利用条件格式将总金额大于 400 的设置为紫色填充文本。

销售情况表							
品名	颜色	尺码	数量	单价（元）	折价	总金额（元）	评价
031A	红	35	3	168	0.88		
020B	蓝	34	2	158			
010C	灰	36	3	178			
040E	绿	33	1	188			
010D	白	32	2	158			

图 12－23

7. 启动 Excel 2010，按要求制作如图 12－24 所示的样表，并完成计算：

（1）表格标题合并及居中，设置为宋体、14 号字、加粗、紫色；表格外框为绿色双线、内框为红色虚线；填充颜色为白色，背景 1，深色 25% 和浅蓝色；其他格式如图 12－24 所示。

（2）用公式计算：利润＝销售收入－成本，结果保留一位小数；投资收益率＝利润/（成本＋投资），结果保留三位小数。

（3）利用条件格式将投资收益率在 9%～14% 的设置为红色加粗，14.5%～17% 的设置为蓝色倾斜。

矿泉水利润表					
品名	销售收入（万元）	成本（万元）	利润（万元）	投资（万元）	投资收益率%
康师傅	2612.5	2119.6		3288	
冰露	2983.8	2218.8			
泉阳泉	3255	2425.6			
思念	3155	2233.5			

图 12－24

8. 启动 Excel 2010，按要求制作如图 12－25 所示样表，并完成计算：

（1）表格标题合并及居中，设置为微软雅黑、14 号字；表内文字为 14 号字、黑色；表格外框为蓝色粗线、内框为红色点画线；填充颜色为浅蓝色和白色，背景 1，深色 5%；其他格式如图 12－25 所示。

（2）用函数计算“小计 1”和“小计 2”；用公式计算：实际情况＝年度支出－年度预算；结果均保留两位小数，并加会计专用货币符号￥，负数用红色加括号表示；用 IF 函数计算“结论”，计算方法为：“实际情况”为正的，填充“超支”，否则为空。

2015年度某公司经费预算、支出一览表

单位：万元

	项目	年度预算	年度支出	实际情况	结论
员工经费	工资	¥ 250.00	¥ 255.00		
	就餐补助	¥ 50.00	¥ 55.00		
	其他工资	¥ 20.00	¥ 15.00		
	职工福利费	¥ 10.00	¥ 12.00		
	社会保障费	¥ 50.00	¥ 52.00		
	奖学金	¥ 20.00	¥ 22.00		
	小计1				
公用经费	公务费	¥ 60.00	¥ 55.00		
	出差费	¥ 200.00	¥ 210.00		
	补助费	¥ 30.00	¥ 31.00		
	业务费	¥ 40.00	¥ 33.00		
	其他费用	¥ 10.00	¥ 8.00		
	小计2				
全年合计					

图 12 – 25

第 13 章

使用图形对象

【本章导读】

Excel 2010 是 Microsoft Office 2010 中最常见的组件之一，图形图像也是它的基本功能之一。本章从 Excel 2010 使用图形图像功能出发，讲解 Excel 2010 图形图像的添加与编辑，为以后的操作打下基础。

【本章学习要点】

➢ 使用剪贴画
➢ 使用图片
➢ 使用艺术字
➢ 使用 SmartArt 图形
➢ 使用形状
➢ 使用文本框

13.1 使用剪贴画

剪贴画是 Office 2010 内置的图形库。在 Excel 2010 中插入剪贴画方法如下：

①在“插入”功能区的“插图”分组中单击“剪贴画”即可打开“剪贴画”的任务窗格，如图 13－1 所示。

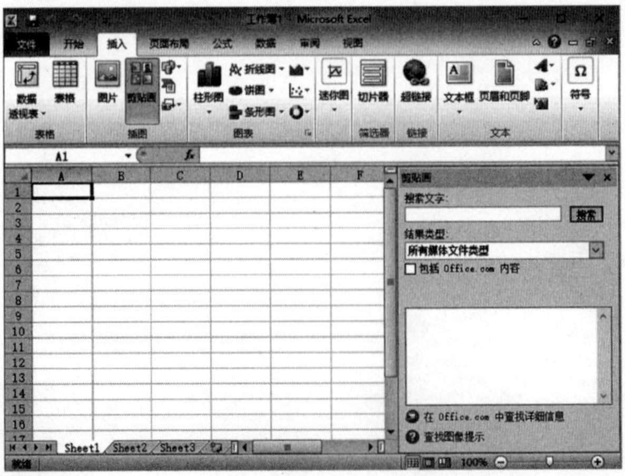

图 13－1

②在“搜索文字”对话框中输入剪贴画的类型，例如“人物”，还可限定“搜索范围”和“结果类型”，然后单击“搜索”按钮，即可在系统中找到所需类型的剪贴画，选择所需要的一张，单击，即可将剪贴画插入文档中，如图 13－2 所示。

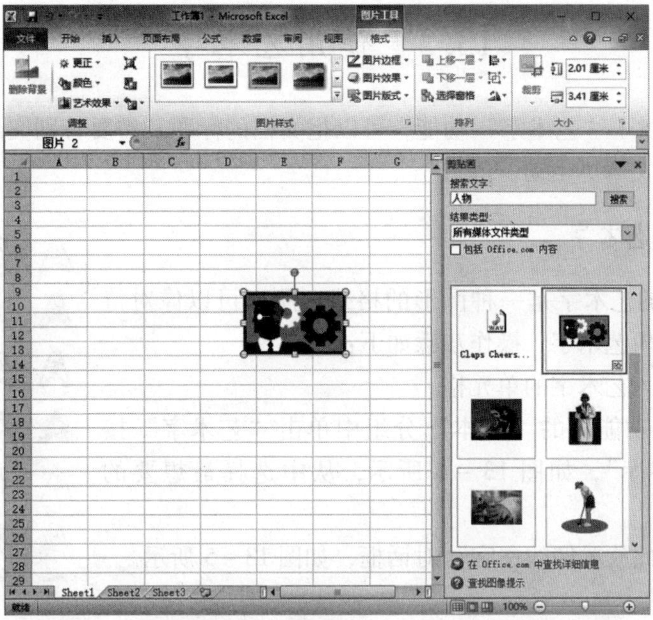

图 13－2

13.2 使用图片

在 Excel 2010 中可以插入图片。所用方法如下：

①在“插入”功能区的“插图”分组中单击“图片”即可打开“插入图片”的对话框，如图 13－3 所示。

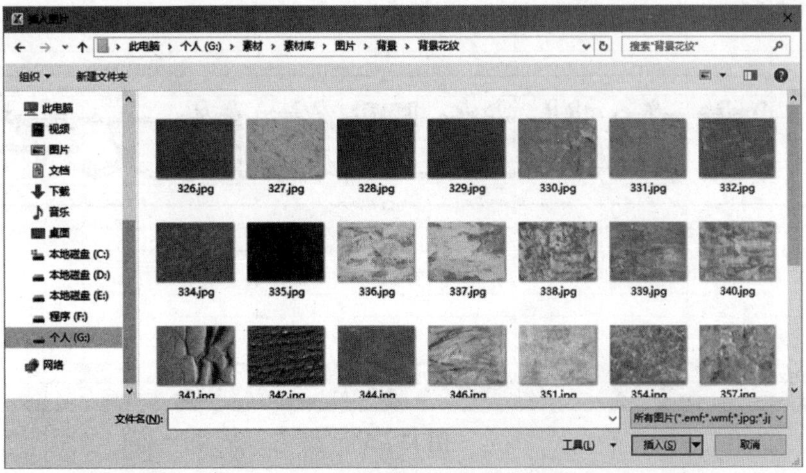

图 13－3

②在打开的对话框中，“文件类型”编辑框中将列出最常见的图片格式。找到并选中需要插入到 Excel 2010 文档中的图片，然后单击“插入”按钮即可。

插入 Excel 2010 中的剪贴画或图片其编辑方法与 Word 2010 方法一样，这里不再介绍。

13.3 使用艺术字

Excel 2010 提供了“艺术字”功能，可以把文档的标题及需要特别突出的地方用艺术字显示出来，从而使文章更生动、醒目。

13.3.1 插入艺术字

Excel 2010 中的艺术字是一种图形的格式，所以可以像对待图形一样插入和编辑艺术字，操作步骤如下：

①选定准备插入艺术字的单元格。

②在“插入”功能区的“文本”分组中单击“艺术字”按钮，出现“艺术字库”，如图 13－4 所示，从中选择最想要的样式。

③弹出“请在此放置您的文字”对话框，如图 13－5 所示。

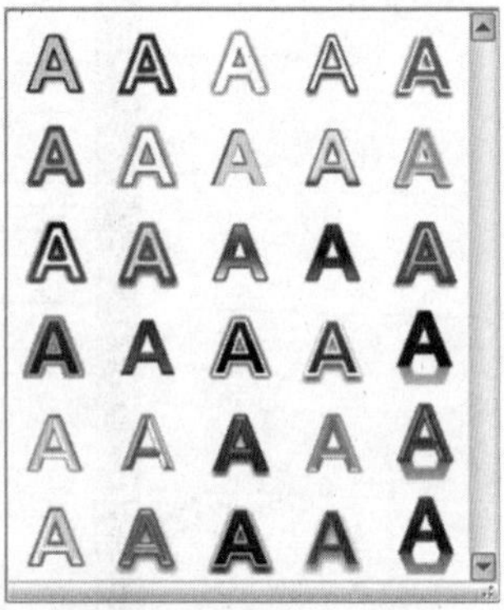

图 13－4

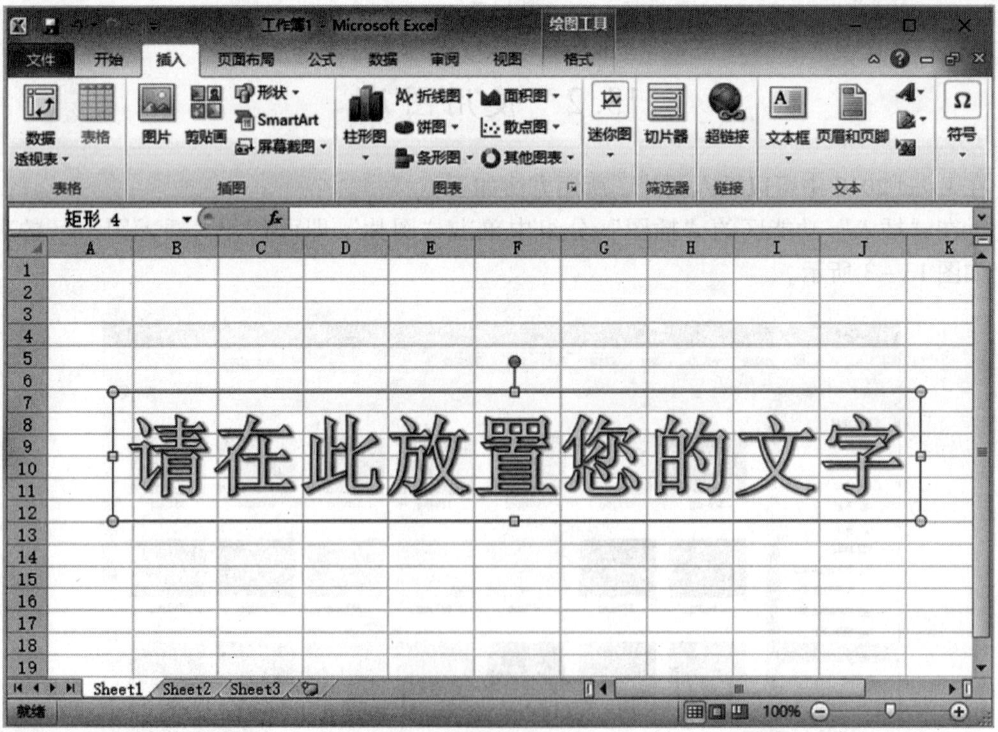

图 13－5

在该对话框中将文字更改需要的就可以了。

13.3.2　编辑艺术字

插入艺术字后，单击即可选中它，选择“格式”选项卡，从中选择对应功能按钮即可对艺术字进行编辑，如图 13－6 所示。

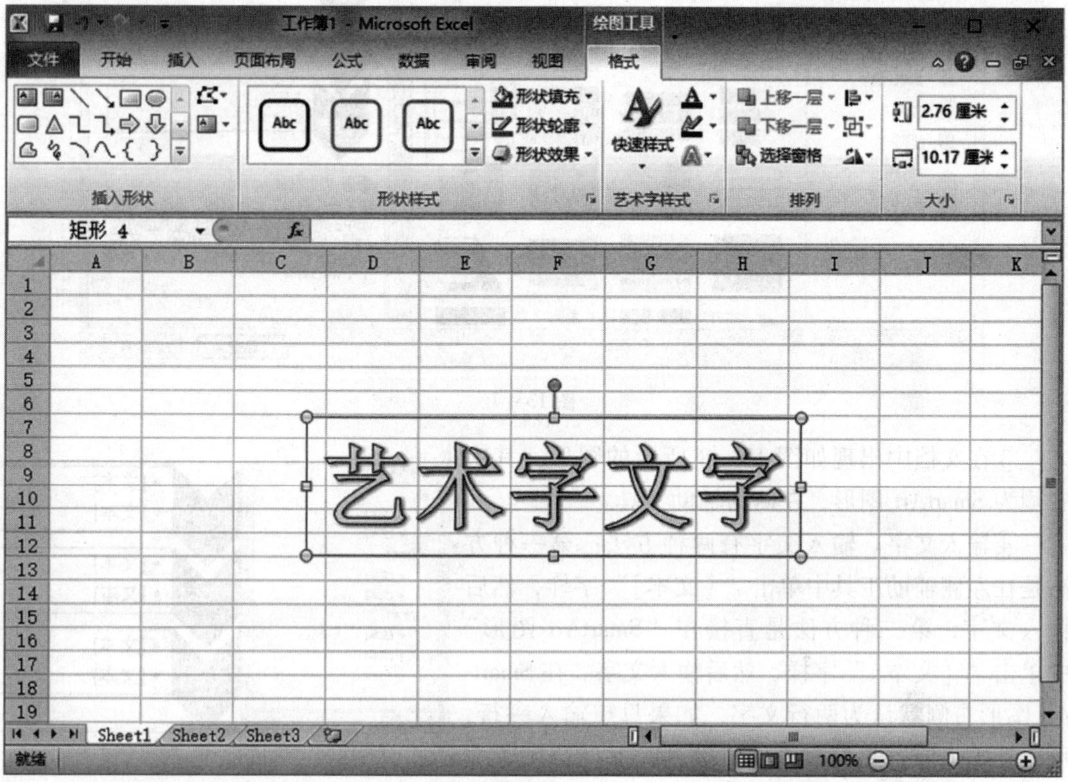

图 13－6

其编辑方法与 Word 2010 艺术字编辑方法一样，这里不再介绍。

13.4　使用 SmartArt 图形

Excel 2010 中增加了“SmartArt 图形”工具，有了这个工具，制作精美的文档将变得非常容易。SmartArt 图形主要用于演示流程、层次结构、循环或关系。SmartArt 图形包括列表、流程、循环及层次结构等。

13.4.1　插入 SmartArt 图形

在 Excel 2010 中插入 SmartArt 图形的操作步骤如下：

①选定要插入“SmartArt 图形”的单元格。

②在“插入”功能区的“插图”分组中单击“SmartArt 图形”按钮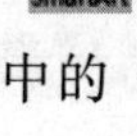，出现“选择 SmartArt 图形”对话框，从中选择最想要的样式。比如选择“列表”中的“垂直 V 形列

表”，如图 13 - 7 所示，单击“确定”按钮。

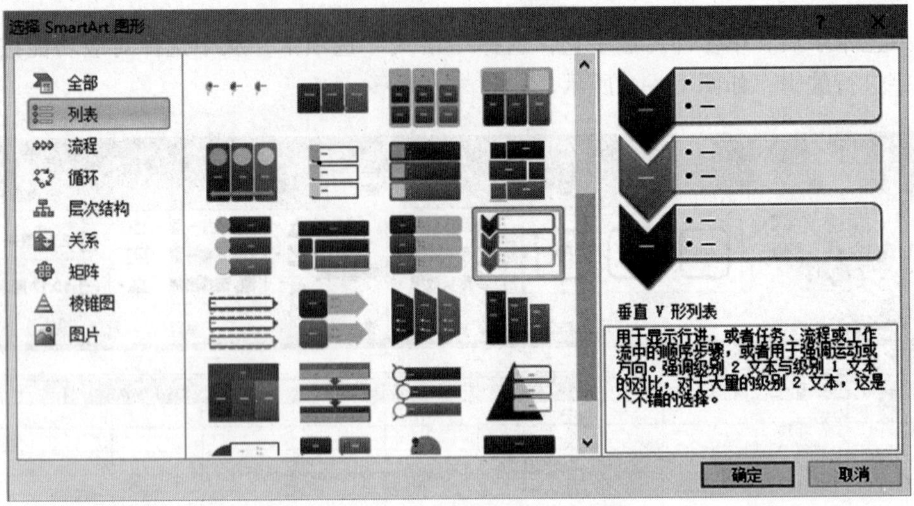

图 13 - 7

③在文档中出现如图 13 - 8 所示的图形，其中右侧为 SmartArt 图形，左侧为辅助工具。

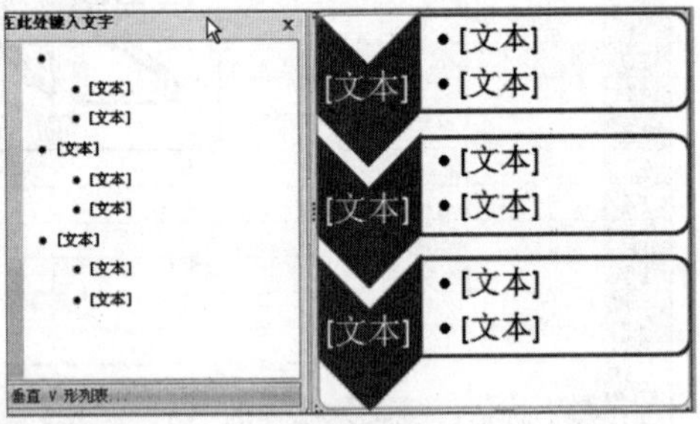

图 13 - 8

④输入文字。输入文字有两种方法：第一种方法是在左侧辅助工具中单击“[文本]”字样，然后输入文字；第二种方法是直接在“SmartArt 图形”中单击“[文本]”字样，然后输入文字。在 SmartArt 图形右侧默认为两行文字，如果只想输入一行，可以在输入该行之后按下 Del 键删除下一行预置文本。输入完成如图 13 - 9 所示。

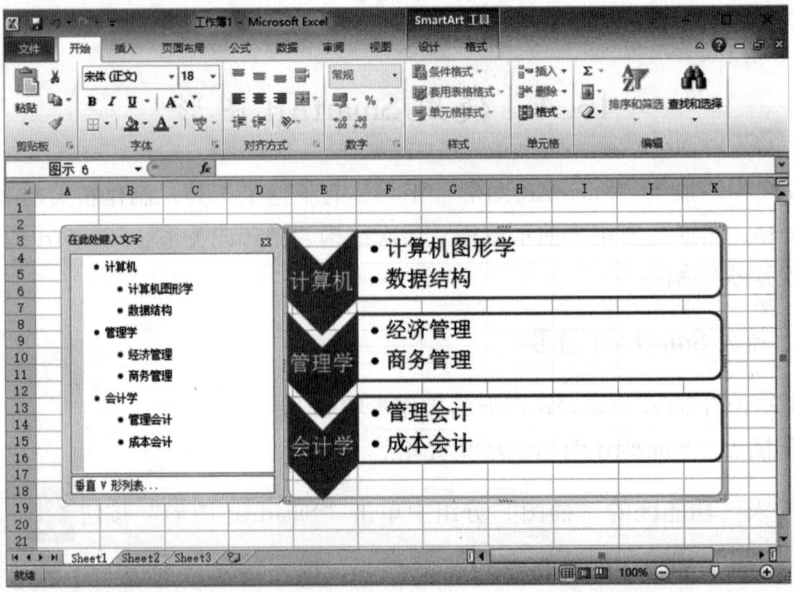

图 13 - 9

⑤增加项目。默认插入的 SmartArt 图形只有三个项目，而需要的往往是三个以上的项目，因此需要增加项目。选择对应的“SmartArt 图形框”，然后在“SmartArt 工具”中“设计”选项卡上单击“创建图形”项目组中“添加形状”按钮

，在下拉菜单中选择“在后面添加形状”或“在前面添加形状”命令，如图 13－10 所示，即可添加一个项目，用同样的方法可以添加其他项目。

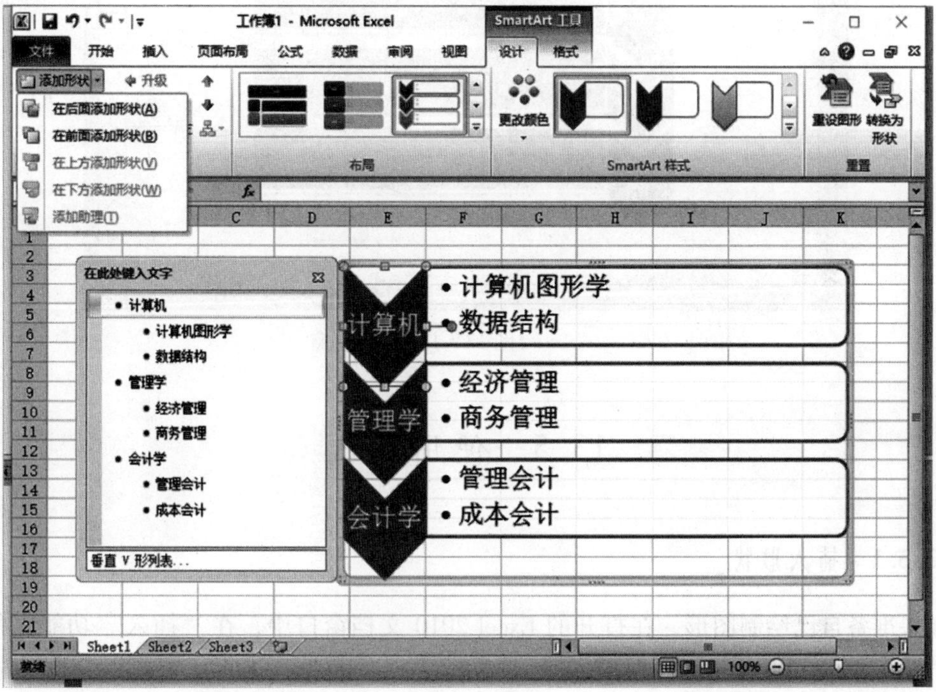

图 13－10

13.4.2 编辑修饰 SmartArt 图形

插入“SmartArt 图形”后，单击即可选中它，同时标题栏上出现“SmartArt 工具”，单击该按钮，则出现如图 13－11 所示的“SmartArt 工具”，从中选择对应功能按钮即可对 SmartArt 图形进行编辑。

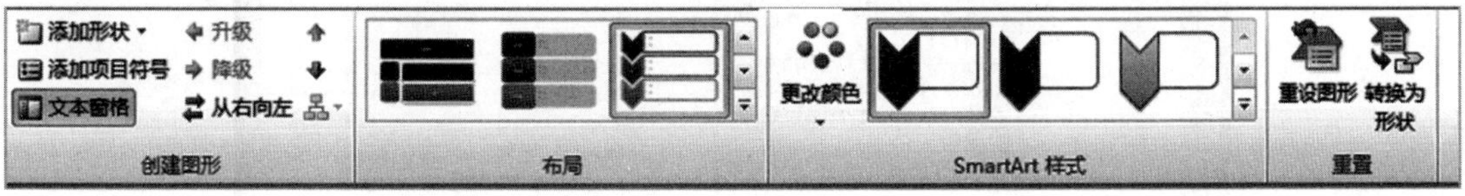

图 13－11

“SmartArt 图形”的编辑除了应用系统所提供的 SmartArt 样式外，其他操作与早期版本的“组织结构图”类似，也与“文本框”修饰相差无几。图 13－12 所示是修饰后的效果图。

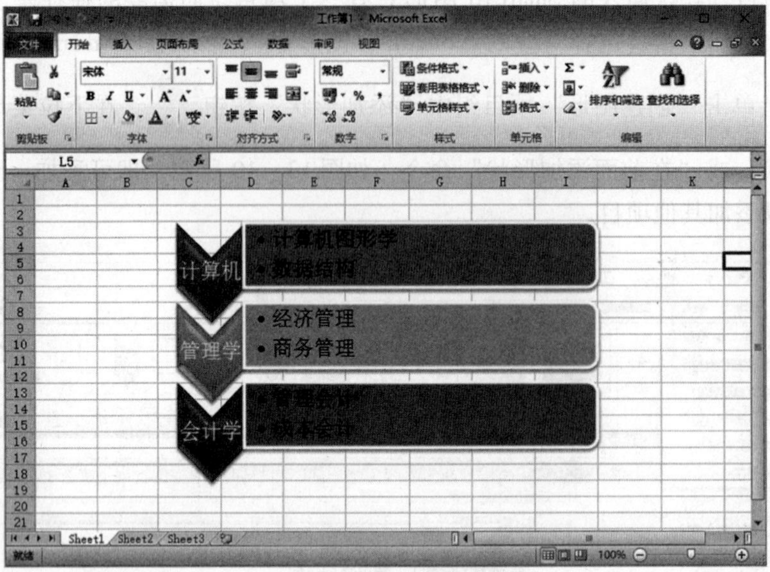

图 13－12

13.5　使用形状

13.5.1　插入形状

如果准备自己绘制图形，在打开的 Excel 2010 文档窗口中，在“插入”功能区的“插图”分组中单击“形状”，即可打开如图 13－13 所示的下拉列表，从中选择欲绘制的形状，在文档中拖曳鼠标即可绘制完成。

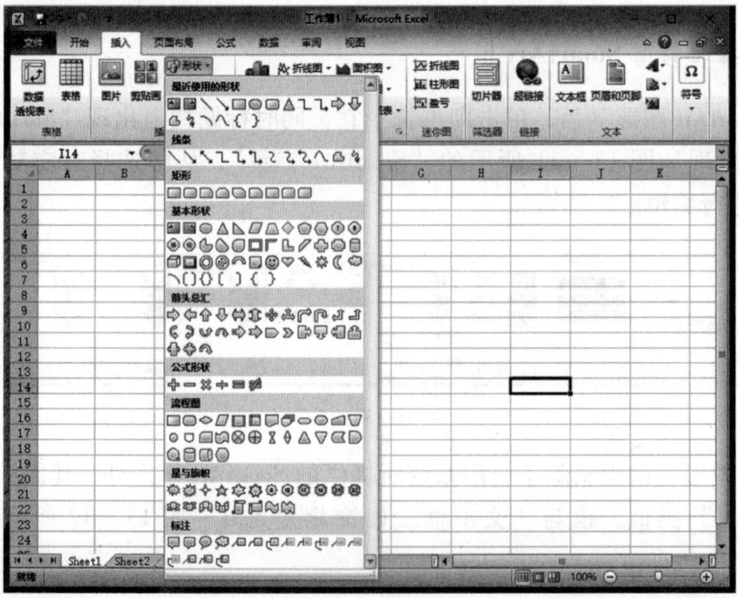

图 13－13

13.5.2 编辑形状

绘制完“形状”后，单击插入的形状即可选中它，同时标题栏上出现“绘图工具”，同时出现如图 13－14 所示的“格式”选项卡，从中选择对应功能按钮即可对“形状”进行编辑。

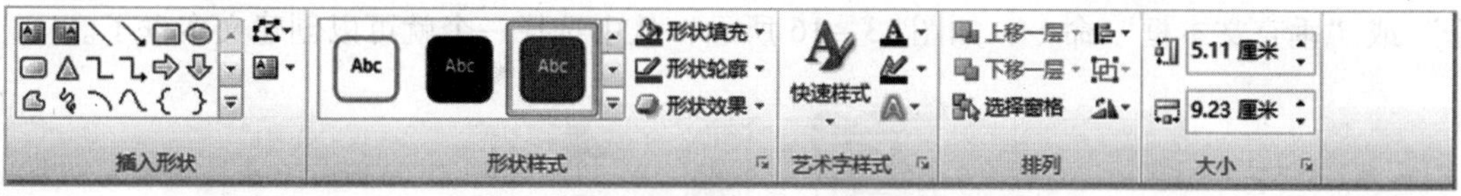

图 13－14

①“形状样式”“排列”和“大小”的设置与图片工具的类似；选择“形状”后，其上面的绿色圆圈为“旋转”工具，黄色菱形为“变形”工具。

②要想在“形状”上添加文字，则在“形状”上单击右键，从快捷菜单中选择“添加文字”或“编辑文字”。

③多个“形状”可“组合”成一个整体，具体操作为：单击选择其中一个“形状”，然后按 Shift 键，分别单击其他“形状”，在“形状”范围内单击右键，在快捷菜单中选择“组合”或“重新组合”。图 13－15 所示是设置“形状”后的效果图。

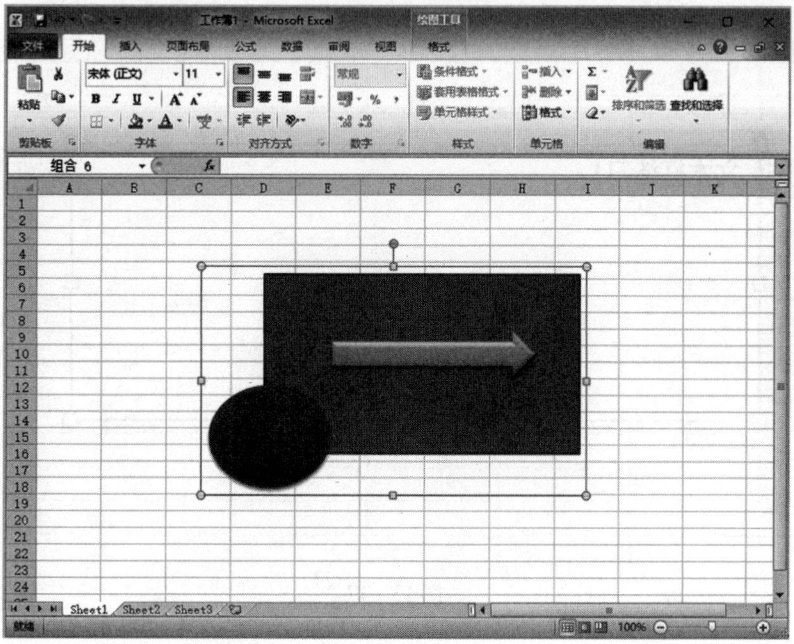

图 13－15

13.6 使用文本框

Excel 2010 对文本框做了改进，可以在插入文本框时进行装饰和美观方面的处理。其提供的强大的样式库可以制作出变化万千的精美文本框。

13.6.1 插入文本框

在 Excel 2010 插入文本框方法如下：

①在“插入”功能区的“文本”分组中单击“文本框”按钮，出现“横排文本框”或“垂直文本框”命令，如图 13－16 所示，从中选择一个就可以创建文本框了。

图 13－16

②拖动鼠标绘制文本框，输入需要的内容就可以了，如图 13－17 所示。

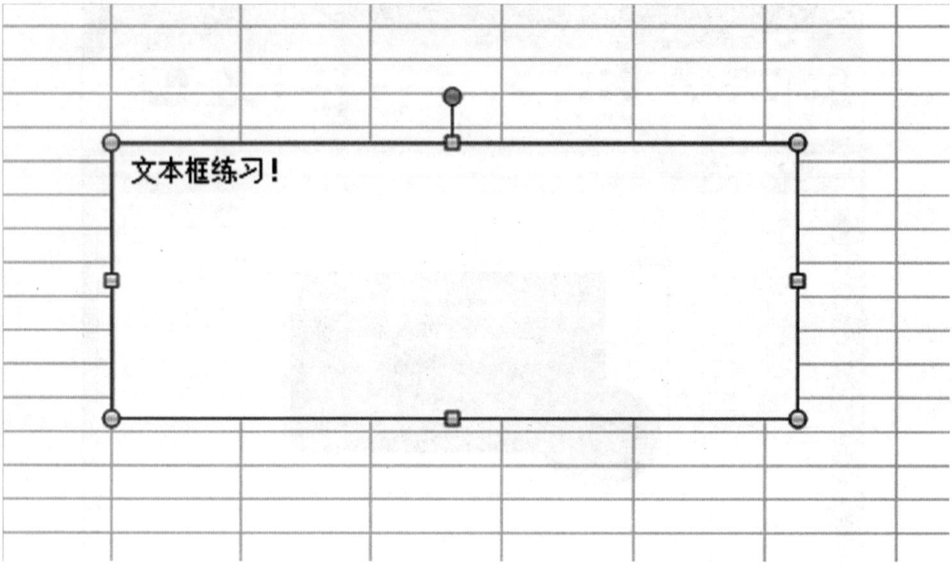

图 13－17

13.6.2 编辑美化文本框

插入“文本框”后单击即可选中它，同时标题栏上出现“文本框工具”，则出现如图 13－18所示的“格式”选项卡，从中选择对应功能按钮即可对文本框进行编辑。

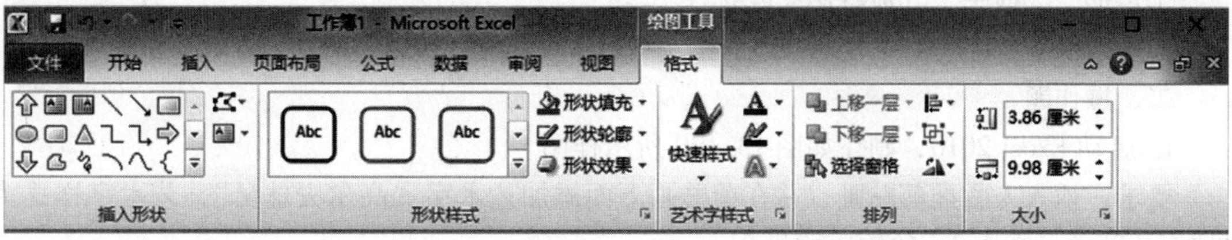

图 13－18

“文本框”的编辑与“形状”的编辑方法基本相同，图 13－19 所示是修饰后的效果图。

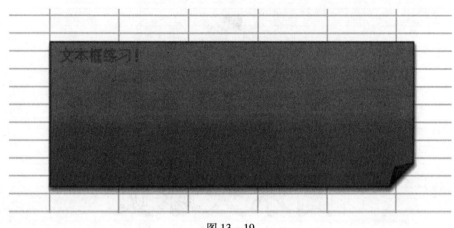

图 13－19

习　题

一、选择题

1. 在插入图像时，以下操作步骤中错误的是（　　）。

A. 选定单元格

B. 单击“编辑”菜单中的“复制图片”命令

C. 在工作表中，单击需要粘贴图片的位置

D. 单击“粘贴”按钮

2. 要想插入来自文件的图片，下面操作中步骤中错误的是（　　）。

A. 单击要插入图片的对象

B. 选择“插入”菜单

C. 在图片库中选定自选图形

D. 选定待插入的图片文件，单击“插入”按钮

3. 在 Excel 2010 中不能插入的 SmartArt 图形类型是（　　）。

A. 顺序型　　B. 流程型　　C. 循环型　　D. 关系型

4. 在 Excel 2010 中不能插入的图形是（　　）。

A. 剪贴画　　B. 艺术字　　C. 文本框　　D. 数据库

5. 以下分类中能在 Excel 2010 中插入的类型是（　　）。

①矩形　②箭头　③流程图　④标注

A. ①②　　B. ③④　　C. ①②③　　D. ①②③④

二、操作题

1. 启动 Excel 2010，制作如图 13－20 所示样图。

要求：插入人物类剪贴画，并在剪贴画下面添加艺术字“高尔夫球员”，艺术字样式为“填充－茶色，文本 2，轮廓－背景 2”。

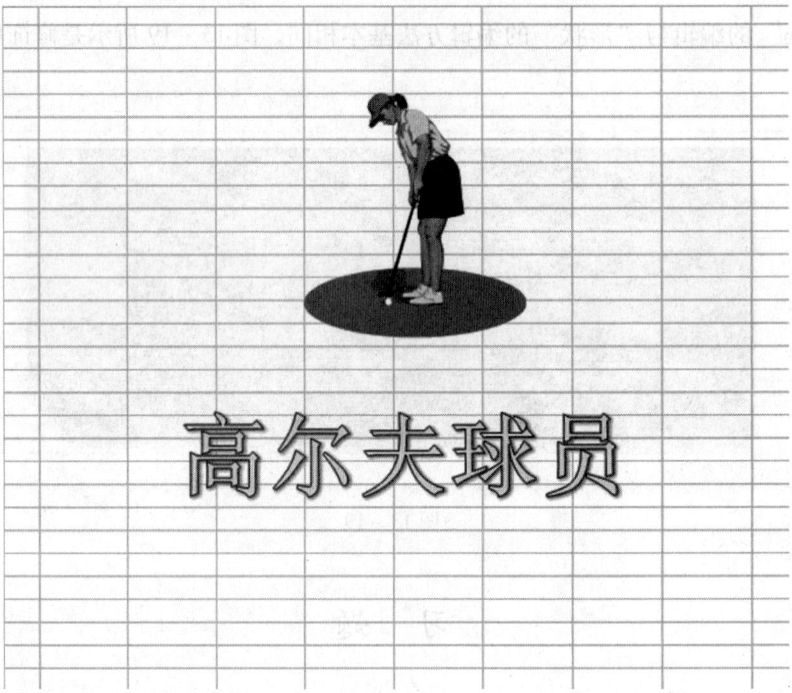

图 13－20

2. 启动 Excel 2010，制作如图 13－21 所示样图。

要求：插入垂直文本框“会计的本质”，字体“宋体”，颜色为黑色，大小为 36 号；余下的为横排文本框，字体“宋体”，颜色为白色，大小为 36 号；垂直文本框形状样式为“强烈效果－橄榄色，强调颜色 3”，横排文本框形状样式为“中等效果－橙色，强调颜色 6”。

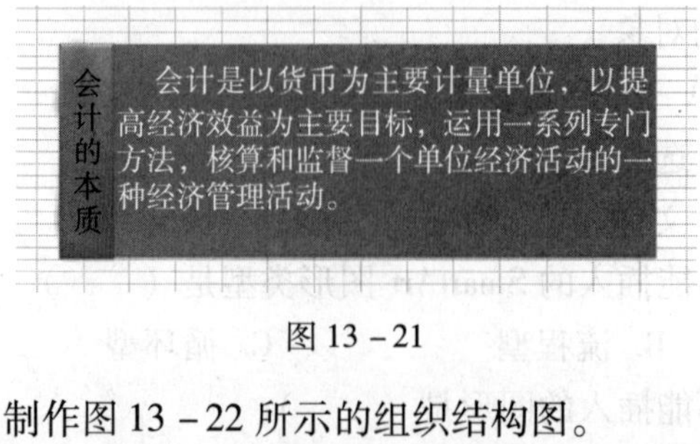

图 13－21

3. 启动 Excel 2010，制作图 13－22 所示的组织结构图。

要求：插入 SmartArt 图，类型为“标记的层级结构”，其他以样图为准。

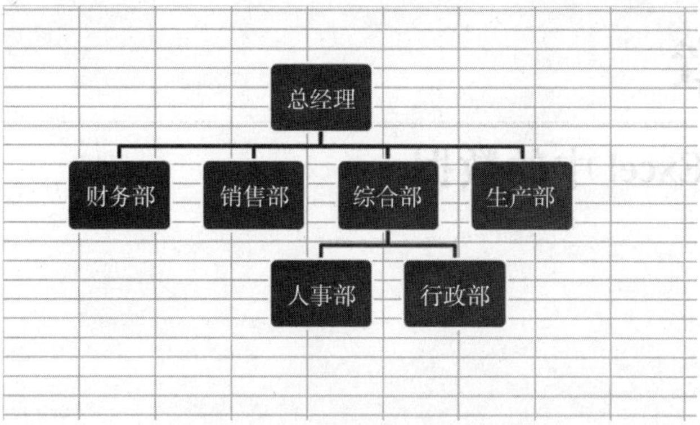

图 13－22

4. 启动 Excel 2010，制作如图 13－23 所示的样图。

要求：插入人物类剪贴画，并在上面添加形状“圆角矩形标注”，形状样式为“彩色填充－蓝色，强调颜色 1”；在标注中添加文字“怎么用会计方法计算呢?”，文字字体“宋体”，颜色为白色，大小为 18 号。

图 13－23

第 14 章

统计分析 Excel 中的数据

【本章导读】

Excel 2010 是 Microsoft Office 2010 中最常见的组件之一，统计数据是它的主要功能之一。本章从 Excel 2010 统计数据功能出发，讲解 Excel 2010 统计数据的基本操作方法，为以后的学习操作打下基础。

【本章学习要点】

➢ 数据排序
➢ 数据筛选
➢ 数据的分类汇总
➢ 合并计算
➢ 使用数据透视表分析数据

14.1　数据排序

数据的排序是指将一组数据按一定的顺序，比如由小到大（升序），或由大到小（降序）来排列工作表的行，排序不能改变每一行本身的内容。

下面以图 14－1 所示“望海学院教师工资表”为例对表中的数据进行排序。

14.1.1　按单列排序

按一列数据排序是最简单的一种排序方法，比如对图 14－1 的“望海学院教师工资表”按“总工资”的“降序”进行排序。

	A	B	C	D	E	F	G	H
1	望海学院教师工资表							
2	姓名	性别	学历	职称	岗位工资	薪级工资	补贴	总工资
3	李玉萧	男	本科	讲师	1200	850	300	2350
4	刘宏伟	男	研究生	教授	2000	1630	900	4530
5	魏玲玲	女	本科	讲师	1200	800	260	2260
6	史丹	女	研究生	副教授	1500	1350	380	3230
7	李浩	男	本科	教授	2000	1850	880	4730
8	王晓霞	女	本科	讲师	1200	810	350	2360
9	赵庆东	男	研究生	副教授	1500	1620	450	3570
10	张大光	男	本科	副教授	1500	1700	750	3950
11								

图 14－1

其操作步骤如下：单击“总工资”列中的任意单元格，再单击“编辑”组中的“排序和筛选”按钮，在弹出的下拉菜单中选择的“降序” 按钮，即可出现如图 14－2 所示的“降序”排序。

	A	B	C	D	E	F	G	H
1	望海学院教师工资表							
2	姓名	性别	学历	职称	岗位工资	薪级工资	补贴	总工资
3	李浩	男	本科	教授	2000	1850	880	4730
4	刘宏伟	男	研究生	教授	2000	1630	900	4530
5	张大光	男	本科	副教授	1500	1700	750	3950
6	赵庆东	男	研究生	副教授	1500	1620	450	3570
7	史丹	女	研究生	副教授	1500	1350	380	3230
8	王晓霞	女	本科	讲师	1200	810	350	2360
9	李玉萧	男	本科	讲师	1200	850	300	2350
10	魏玲玲	女	本科	讲师	1200	800	260	2260
11								

图 14－2

14.1.2 按多列排序

利用“编辑”组中的“排序和筛选”按钮进行排序非常方便快捷，但是只能按某一字段名的内容进行排序，如果要根据两个或两个以上字段名的内容进行较为复杂的排序，就需要使用多列排序。

Excel 2010 最多可以按 64 列数据进行排序。例如，将“望海学院教师工资表”先按“性别”升序排序，再按“总工资”降序排序，具体方法如下：

①在数据区域内单击任意一个单元格。

②单击“开始”选项卡，选择“编辑”组中的“排序和筛选”按钮，在弹出的下拉菜单中选择“自定义排序”按钮，打开“排序”对话框。

③在“排序”对话框中的“主要关键字”下拉列表中选择“性别”，“次序”下拉列表中选择“升序”按钮。

④单击“添加条件”，然后在“次要关键字”下拉列表中选择“总工资”，次序下拉列表中选择“降序”按钮，如图 14－3 所示。

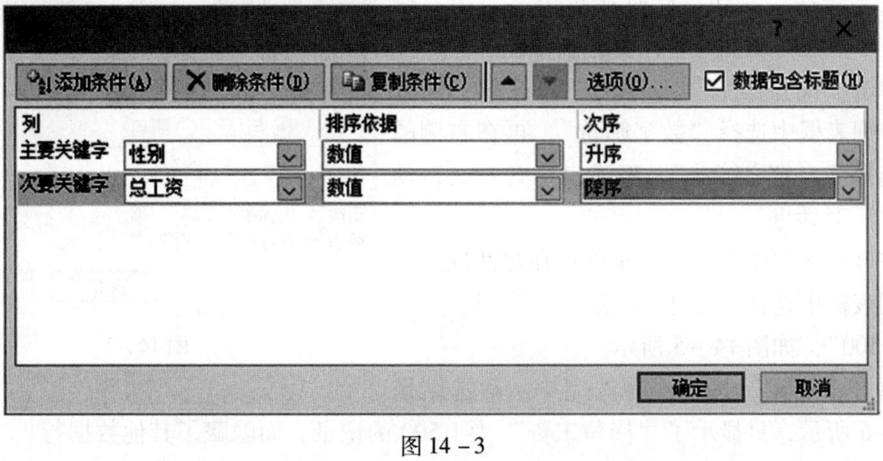

图 14－3

⑤单击“确定”按钮，出现如图 14－4 所示的排列效果。

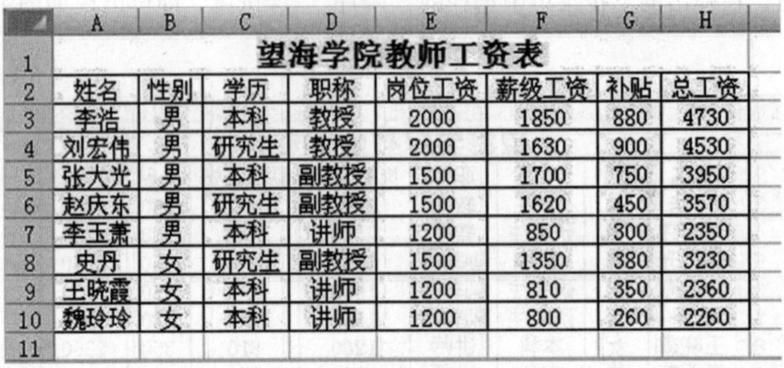

	A	B	C	D	E	F	G	H
1	望海学院教师工资表							
2	姓名	性别	学历	职称	岗位工资	薪级工资	补贴	总工资
3	李浩	男	本科	教授	2000	1850	880	4730
4	刘宏伟	男	研究生	教授	2000	1630	900	4530
5	张大光	男	本科	副教授	1500	1700	750	3950
6	赵庆东	男	研究生	副教授	1500	1620	450	3570
7	李玉萧	男	本科	讲师	1200	850	300	2350
8	史丹	女	研究生	副教授	1500	1350	380	3230
9	王晓霞	女	本科	讲师	1200	810	350	2360
10	魏玲玲	女	本科	讲师	1200	800	260	2260
11								

图 14－4

在“排序”对话框中如果选中“数据包含标题”单选按钮，则表示在排序时保留记录的字段名称行，字段名称行不参与排序。如果未选中“数据包含标题”单选按钮，则表示在排序时删除字段名称行，字段名称行中的数据也参与排序。

14.2 数据筛选

筛选是指为工作表中的数据指定某些特定的条件，使工作表中只显示满足条件的数据记录，其他不符合条件的数据记录全部隐藏起来。

Excel 2010 提供了两个筛选命令：用于简单条件的“自动筛选”和用于复杂条件的“高级筛选”。与排序不同，筛选并不重排记录，只是暂时隐藏不必显示的行（记录）。

14.2.1 自动筛选

例如，要在“望海学院教师工资表”中筛选出“岗位工资”为 1 500 的记录，就可以按以下步骤筛选数据：

①在“望海学院教师工资表”中单击任意一个单元格。

②切换到“数据”选项卡，在“排序和筛选”组中单击“筛选”按钮，此时在每个字段的右侧会显示一个下拉按钮▾。

③单击“岗位工资”右侧的下拉按钮，在弹出的下拉列表框中选择“数字筛选”，再在右侧的列表中选择“自定义筛选”，将弹出“自定义自动筛选方式”对话框。

④在该对话框中设置筛选条件：在对话框左边的下拉列表框中选择“等于”，在右边的列表框中输入“1 500”，如图 14－5 所示。

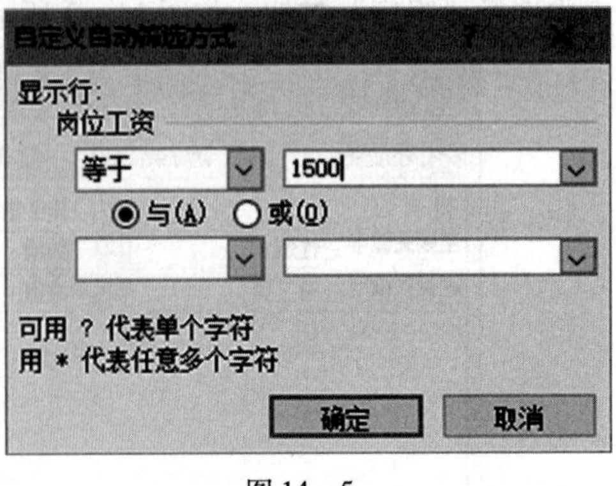

图 14－5

⑤单击“确定”按钮，筛选完毕。筛选结果如图 14－6 所示，只显示了“岗位工资”为 1 500 的记录，而隐藏了其他数据行。

	A	B	C	D	E	F	G	H
1	望海学院教师工资表							
2	姓名	性别	学历	职称	岗位工资	薪级工资	补贴	总工资
5	张大光	男	本科	副教授	1500	1700	750	3950
6	赵庆东	男	研究生	副教授	1500	1620	450	3570
11								

图 14－6

自动筛选功能也能设置多项筛选条件，比如要筛选“岗位工资”为 1 500，并且“性别”为男的记录，可以在图 14－6 所示的“岗位工资”为 1 500 的记录中再单击“性别”单元格右侧的下拉按钮，进行相应设置即可。

在筛选后的数据表中可以发现：使用了自动筛选的字段，其字段名右边的下三角箭头变成了，并且行号也变为黄色。

14.2.2 恢复隐藏的数据

如果查看过已经筛选的数据以后，还想恢复原来的全部记录，可以单击“数据”选项卡，在“排序和筛选”组中再次单击“筛选”按钮。

14.2.3 高级筛选

如果需要进行筛选的数据列表中的字段比较多，筛选条件又比较复杂，则使用自动筛选就显得非常麻烦，此时使用高级筛选将可以非常简单地对数据进行筛选。

使用高级筛选时，必须先建立一个条件区域，输入筛选字段名称，并在其下方输入筛选条件，然后打开“高级筛选”对话框，设置筛选条件。“高级筛选”可以和“自动筛选”一样对数据列表进行数据筛选，但与“自动筛选”不同的是，使用“高级筛选”将不显示字段名的下拉列表，而是在区域下方单独的条件区域中键入筛选的条件，条件区域允许设置复杂的条件筛选。需要注意的是，条件区域和数据列表不能连接在一起，必须用一条空记录将其隔开。对于比较复杂的数据筛选，使用“高级筛选”可以大大提高工作效率。

例如，在“望海学院教师工资表”中筛选出性别为男，岗位工资大于等于 1 500，总工资大于 3 900 的记录，其操作步骤如下：

①在条件区域中输入列标志和进行筛选的条件，如图 14－7 所示。

	A	B	C	D	E	F	G	H
1	望海学院教师工资表							
2	姓名	性别	学历	职称	岗位工资	薪级工资	补贴	总工资
3	李浩	男	本科	教授	2000	1850	880	4730
4	刘宏伟	男	研究生	教授	2000	1630	900	4530
5	张大光	男	本科	副教授	1500	1700	750	3950
6	赵庆东	男	研究生	副教授	1500	1620	450	3570
7	李玉萧	男	本科	讲师	1200	850	300	2350
8	史丹	女	研究生	副教授	1500	1350	380	3230
9	王晓霞	女	本科	讲师	1200	810	350	2360
10	魏玲玲	女	本科	讲师	1200	800	260	2260
11								
12				性别	岗位工资	总工资		
13				男	>=1500	>3900		
14								

图 14－7

②选择数据区域内任意一个单元格。切换至“数据”选项卡，单击“排序和筛选”组中的“高级”按钮，打开“高级筛选”对话框。如图 14－8 所示。

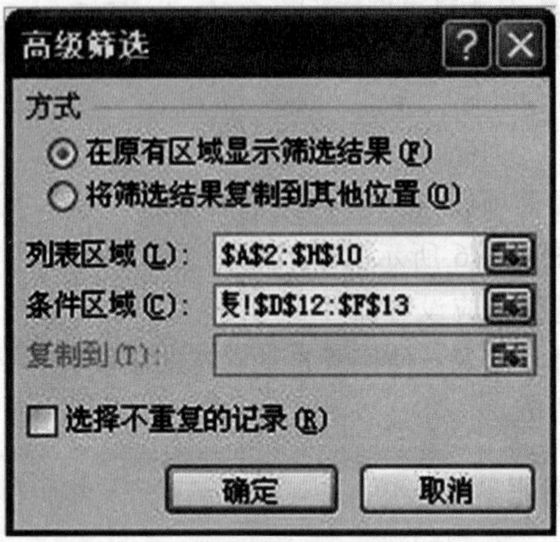

图 14－8

③默认选择“在原有区域显示筛选结果”单选按钮，表示在原区域上进行筛选，并且 Excel 自动选择工作表中的列表区域，用户无须设置“列表区域”。

④单击“条件区域”右侧的“跳转”按钮，切换至工作表，选择 D12:F13 单元格区域。

⑤单击“确定”按钮，即可在原区域中显示出筛选结果，如图 14－9 所示。

	A	B	C	D	E	F	G	H
1	望海学院教师工资表							
2	姓名	性别	学历	职称	岗位工资	薪级工资	补贴	总工资
3	李浩	男	本科	教授	2000	1850	880	4730
4	刘宏伟	男	研究生	教授	2000	1630	900	4530
5	张大光	男	本科	副教授	1500	1700	750	3950
11								
12				性别	岗位工资	总工资		
13				男	>=1500	>3900		
14								

图 14－9

14.3 数据的分类汇总

分类汇总是对数据列表进行数据分析的一种方法。分类汇总对数据列表中指定的字段进行分类，然后统计同一类记录的有关信息。利用自动分类汇总可实现一组或多组数据的分类汇总、求和，还可以求平均值、最大值、最小值，计数，求标准偏差及总计方差等。

在进行分类汇总前，先确定两点：一是进行分类汇总的列已经排好序，二是工作表中的各列都包含列标题。

14.3.1 插入分类汇总

例如，对“望海学院教师工资表”以职称为单位求总工资的平均值，操作步骤如下：

①选择“职称”字段的任意单元格，切换到“数字”选项卡，单击“排序和筛选”组中“升序”按钮，将“职称”字段按“升序”排列好。

②选中数据区域内的任意一个单元格。

③单击“分级显示”组中的“分类汇总”按钮，弹出“分类汇总”对话框。在“分类字段”中选择“职称”，在“汇总方式”中选择“平均值”，在“选定汇总项”中选择“总工资”，如图 14－10 所示。

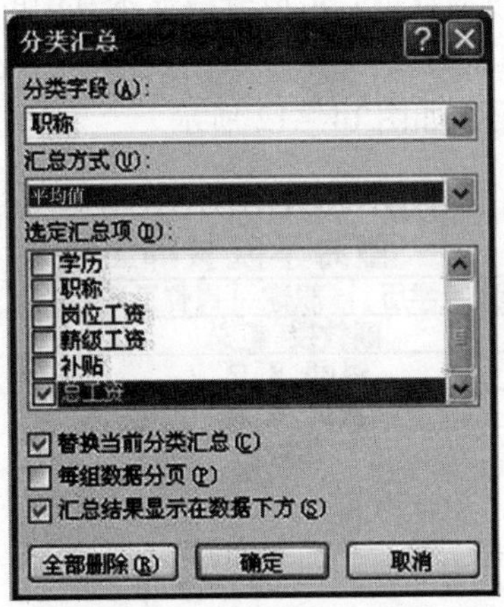

图 14－10

④单击“确定”按钮，分类汇总完毕，结果如图 14－11 所示。

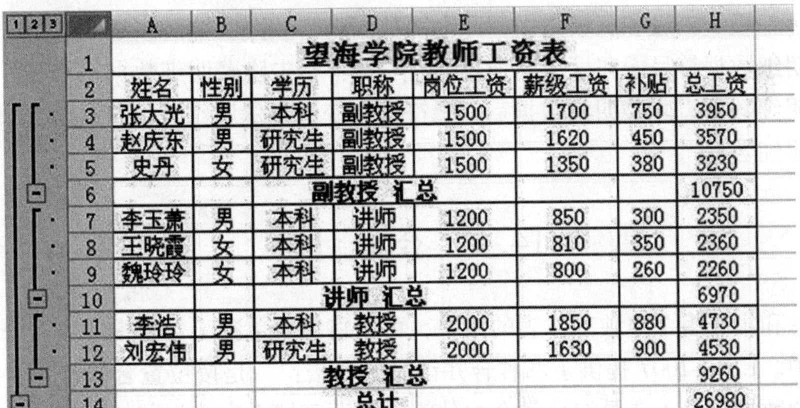

	A	B	C	D	E	F	G	H
1	望海学院教师工资表							
2	姓名	性别	学历	职称	岗位工资	薪级工资	补贴	总工资
3	张大光	男	本科	副教授	1500	1700	750	3950
4	赵庆东	男	研究生	副教授	1500	1620	450	3570
5	史丹	女	研究生	副教授	1500	1350	380	3230
6				副教授 汇总				10750
7	李玉萧	男	本科	讲师	1200	850	300	2350
8	王晓霞	女	本科	讲师	1200	810	350	2360
9	魏玲玲	女	本科	讲师	1200	800	260	2260
10				讲师 汇总				6970
11	李浩	男	本科	教授	2000	1850	880	4730
12	刘宏伟	男	研究生	教授	2000	1630	900	4530
13				教授 汇总				9260
14				总计				26980
15								

图 14－11

提示：在分类汇总时，要进行分类汇总的数据列表必须有字段名，即每一列的数据都要有列标题，同类型的数据要连续，Excel 根据列标题及连续的数据类型来创建数据组并计算总和。

14.3.2 删除分类汇总

删除分类汇总的操作步骤如下：

①选中分类汇总数据表中的任意单元格，切换至“数据”选项卡，单击“分级显示”

组中的“分类汇总”按钮。

②在打开的“分类汇总”对话框中，单击左下角的“全部删除”按钮，则数据表恢复到原始状态。

14.3.3 分级显示数据

在工作表中进行了分类汇总后，会同时显示原数据和汇总后的数据。为了方便查看汇总数据，或者查看数据清单中的明细数据，可以分级显示其中的数据。

在对工作表数据进行分类汇总后，工作区域左上角会出现 1、2、3 的数字，并在工作区域左侧显示大括号和折叠图标，如图 14－12 所示。

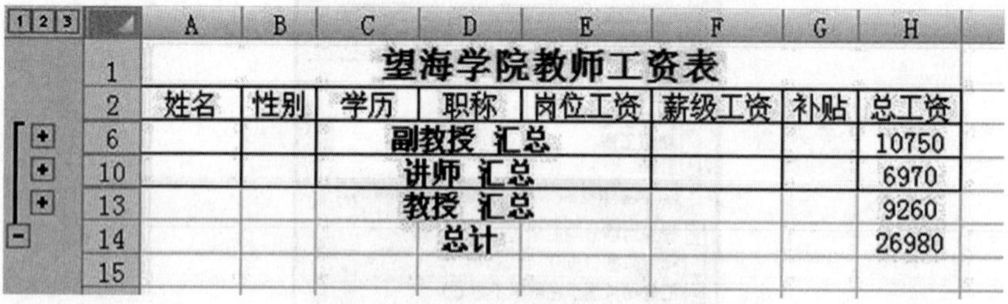

	A	B	C	D	E	F	G	H
1	望海学院教师工资表							
2	姓名	性别	学历	职称	岗位工资	薪级工资	补贴	总工资
6				副教授 汇总				10750
10				讲师 汇总				6970
13				教授 汇总				9260
14				总计				26980
15								

图 14－12

这些符号在 Excel 中称为分级显示符号，下面认识一下这些符号。

①明细数据级符号：用于表示明细数据级别，分别代表一级数据、二级数据和三级数据。单击可以直接显示一级汇总数据；单击可以直接显示一级和二级数据；单击可以直接显示一级、二级和三级数据，即全部数据。

②隐藏明细数据符号和显示明细数据符号：单击隐藏明细数据符号可隐藏该级及以下各级的明细数据。隐藏明细数据后，符号会变成显示明细数据符号，单击可以重新展开该级明细数据。

14.4 合并计算

若要汇总和报告多个单独工作表的结果，可以将每个单独工作表中的数据合并计算到一个主工作表中。Excel 2007 提供了两种合并计算的方法：一是按位置合并计算，即将源区域中相同位置的数据汇总；二是按分类合并计算，当源区域中没有相同的布局时，则采用分类方式进行汇总。

14.4.1 按位置合并计算

按位置合并计算数据，是指将源区域中相同位置的数据汇总。它适合具有相同结构数据区域的计算，即数据列数相同、数据标题相同，只是包含的数据不同。值得注意的是，对于主工作表的标题，用户只能手动输入或从子工作表中复制，不能通过合并计算的方式创建。

图 14－13 和图 14－14 所示的是某公司 A、B 两个部门第一季度的销售情况表，这两个工作表在相同的位置上具有相同的数据项，此时用户可以利用按位置合并计算的功能对两个工作表进行汇总，具体操作方法如下：

电器名称	一月(台)	二月(台)	三月(台)
创维电视	100	150	200
西门子冰箱	40	60	50
长虹电视	200	150	100
TCL电视	60	80	90
LG冰箱	150	120	160
格力空调	40	50	70
海尔空调	60	80	110

图 14－13

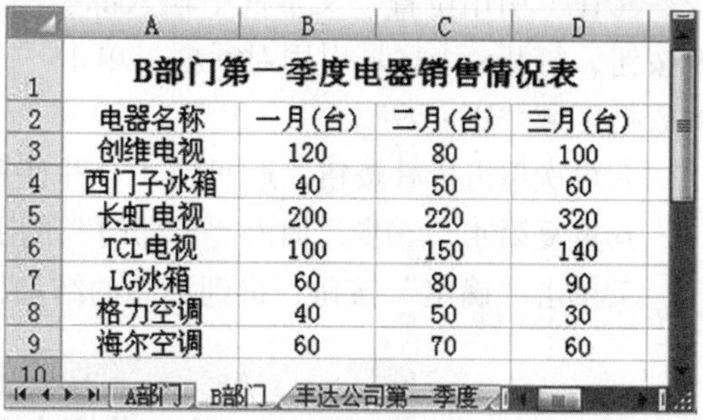

电器名称	一月(台)	二月(台)	三月(台)
创维电视	120	80	100
西门子冰箱	40	50	60
长虹电视	200	220	320
TCL电视	100	150	140
LG冰箱	60	80	90
格力空调	40	50	30
海尔空调	60	70	60

图 14－14

①创建一个新的工作表，在工作表中输入如图 14－15 所示的数据，并在工作表中选中“B3:D9”单元格区域。

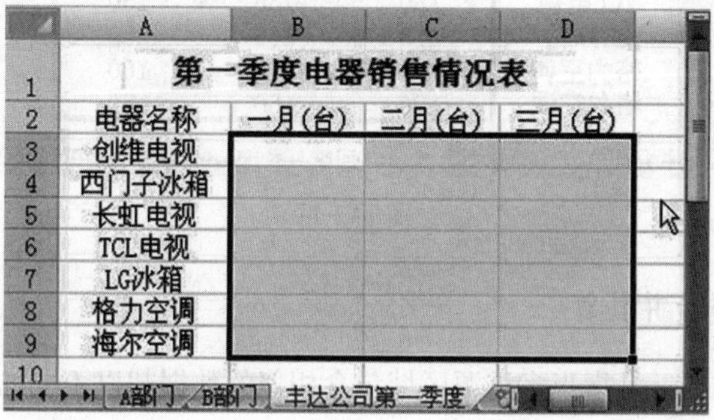

电器名称	一月(台)	二月(台)	三月(台)
创维电视			
西门子冰箱			
长虹电视			
TCL电视			
LG冰箱			
格力空调			
海尔空调			

图 14－15

②切换至“数据”选项卡，单击“数据工具”组中的“合并计算”按钮，打开“合并计算”对话框，如图 14－16 所示。

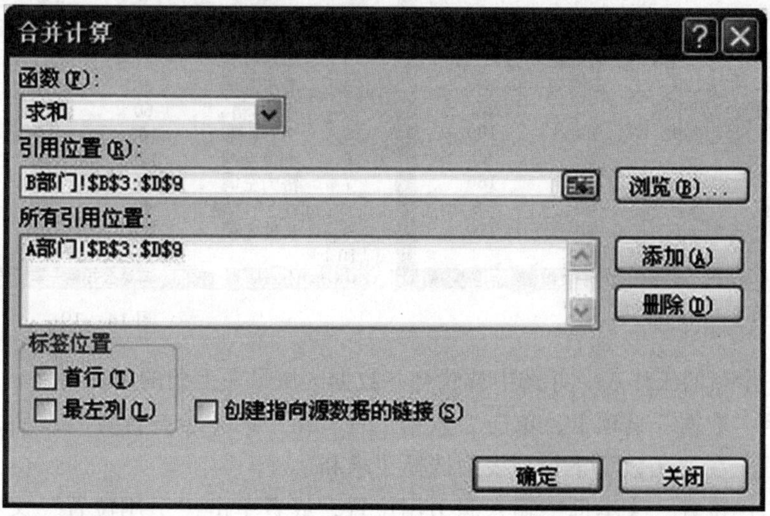

图 14－16

③在“函数”下拉列表中选择“求和”。

④在“引用位置”文本框中输入源引用位置，或者单击“引用位置”文本框右边的折叠按钮，打开一个区域引用对话框，单击“A 部门”工作表，然后在工作表中选中要引用的数据区域“B3 : D9”。

⑤再次单击折叠按钮，返回到“合并计算”对话框，单击“添加”按钮。

⑥重复第④、⑤步，加入“B 部门”的引用位置到“所有引用位置”列表框。

⑦单击“确定”按钮，得到汇总的结果，如图 14 – 17 所示。

第一季度电器销售情况表			
电器名称	一月(台)	二月(台)	三月(台)
创维电视	220	230	300
西门子冰箱	80	110	110
长虹电视	400	370	420
TCL电视	160	230	230
LG冰箱	210	200	250
格力空调	80	100	100
海尔空调	120	150	170

图 14 – 17

14.4.2 按分类合并计算

分类合并计算数据，是指当多重源区域包含相似的数据却以不同的方式排列时，可依不同分类进行数据的合并计算。

如图 14 – 18 和图 14 – 19 所示，某公司 A、B 两个部门的两个工作表中在相同的位置上不具有相同的数据项，此时可以利用分类进行合并计算，具体操作方法如下：

A部门第一季度电器销售情况表			
电器名称	一月(台)	二月(台)	三月(台)
创维电视	100	150	200
西门子冰箱	40	60	50
长虹电视	200	150	100
TCL电视	60	80	90
LG冰箱	150	120	160
格力空调	40	50	70
海尔空调	60	80	110

图 14 – 18

B部门第一季度电器销售情况表			
电器名称	一月(台)	二月(台)	三月(台)
海尔空调	60	70	60
LG冰箱	60	80	90
TCL电视	100	150	140
创维电视	120	80	100
格力空调	40	50	30
西门子冰箱	40	50	60
长虹电视	200	220	320

图 14 – 19

①创建一个新的工作表，并选中放置合并数据区域最左上角的单元格。

②切换至“数据”选项卡，单击“数据工具”组中的“合并计算”按钮，打开“合并计算”对话框，在“函数”下拉列表中选择“求和”。

③在“引用位置”文本框中输入源引用位置，或者单击“引用位置”文本框右边的折叠按钮，打开一个区域引用对话框，单击“A 部门”工作表，然后在工作表中选中要引用的数据区域。

④再次单击折叠按钮，返回“合并计算”对话框，单击“添加”按钮。

⑤重复第③、④步，加入“B 部门”的引用位置到“所有引用位置”列表框。

⑥选中“首行”和“最左列”复选框，如图 14－20 所示。

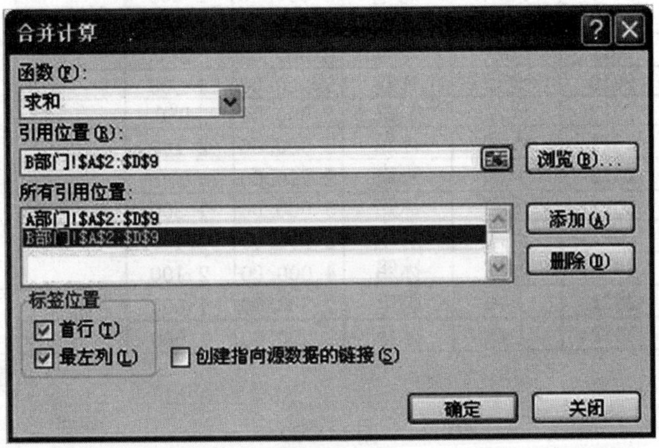

图 14－20

⑦单击“确定”按钮，得到汇总的结果，如图 14－21 所示。

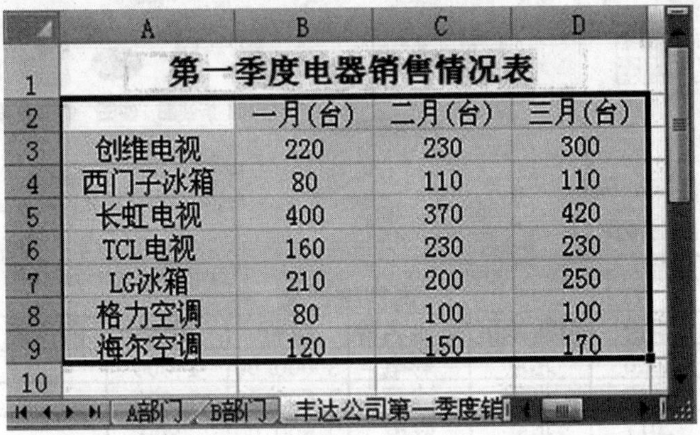

图 14－21

14.4.3 合并计算的自动更新

如果用户希望当数据改变时，Excel 2007 会自动更新合并计算表中的数据，这时用户只要在“合并计算”对话框中选中“创建指向源数据的链接”复选框即可。这样，当数据源改变时，合并计算的结果将自动更新。

14.5 使用数据透视表分析数据

如果使用 Excel 2010 处理大量的数据，熟练掌握透视表的用法就显得尤为重要。使用 Excel 2010 建立数据透视表的方法如下：

①把需要的数据按照标准的字体格式整理完成，相同名称的用格式刷统一刷成一样的，

利于最后数据汇总的准确性，如图 14－22 所示。

销售统计表					
年份	销售地区	商品名称	单价	销量	销售额
2010	北京	彩电	3 000.00	1 000	
2013	北京	冰箱	3 500.00	2 000	
2011	北京	彩电	2 500.00	800	
2010	北京	冰箱	3 000.00	1 500	
2013	天津	彩电	2 500.00	980	
2011	天津	冰箱	3 000.00	2 100	
2012	天津	彩电	2 200.00	900	
2013	天津	冰箱	3 000.00	1 300	
2011	上海	彩电	3 500.00	1 100	
2012	上海	冰箱	4 000.00	2 100	
2011	上海	彩电	2 500.00	1 000	
2012	上海	冰箱	3 200.00	1 600	

图 14－22

②单击工具栏上的“插入”选项，选择“数据透视表”，如图 14－23 所示。

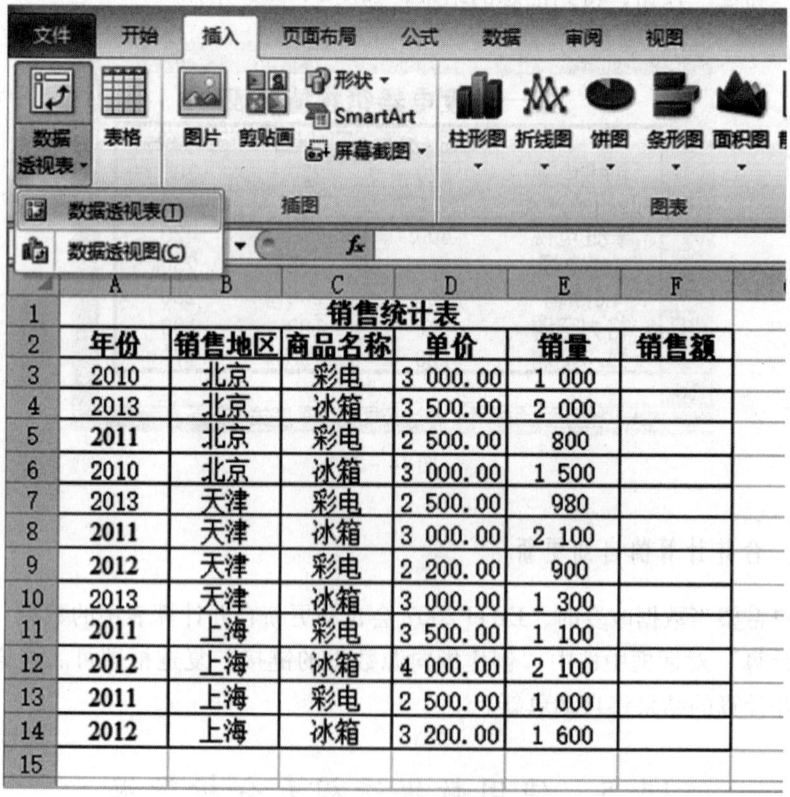

	A	B	C	D	E	F
1	销售统计表					
2	年份	销售地区	商品名称	单价	销量	销售额
3	2010	北京	彩电	3 000.00	1 000	
4	2013	北京	冰箱	3 500.00	2 000	
5	2011	北京	彩电	2 500.00	800	
6	2010	北京	冰箱	3 000.00	1 500	
7	2013	天津	彩电	2 500.00	980	
8	2011	天津	冰箱	3 000.00	2 100	
9	2012	天津	彩电	2 200.00	900	
10	2013	天津	冰箱	3 000.00	1 300	
11	2011	上海	彩电	3 500.00	1 100	
12	2012	上海	冰箱	4 000.00	2 100	
13	2011	上海	彩电	2 500.00	1 000	
14	2012	上海	冰箱	3 200.00	1 600	
15						

图 14－23

③选中需要统计的数据，默认为全部选中，如果只需要部分选中，按住鼠标左键拖动框选即可。确定后，会在该 Excel 下创建一个 Sheet1 工作表，如图 14－24 所示。

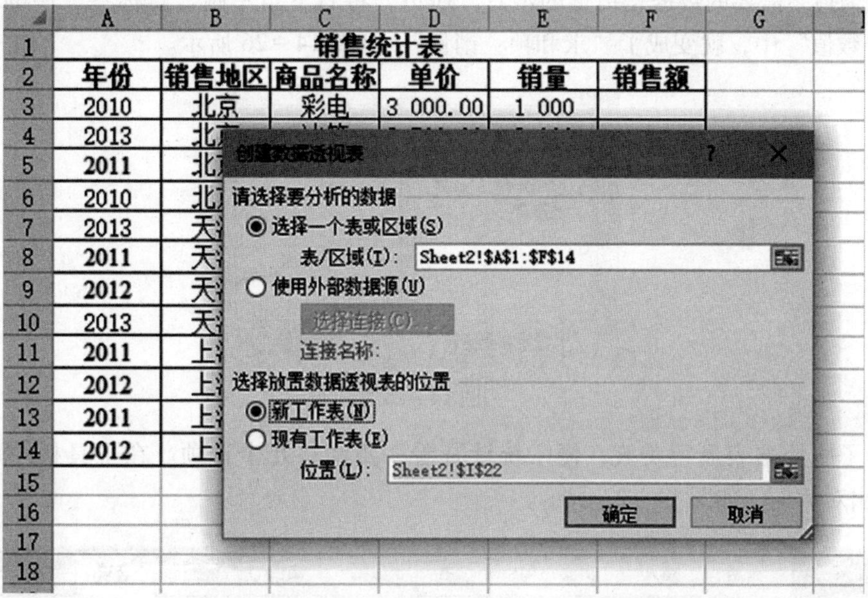

图 14－24

④Sheet1 的右侧是字段列表，根据需要统计的内容相应地选择。默认行标签会相应地显示在右下角，如图 14－25 所示。

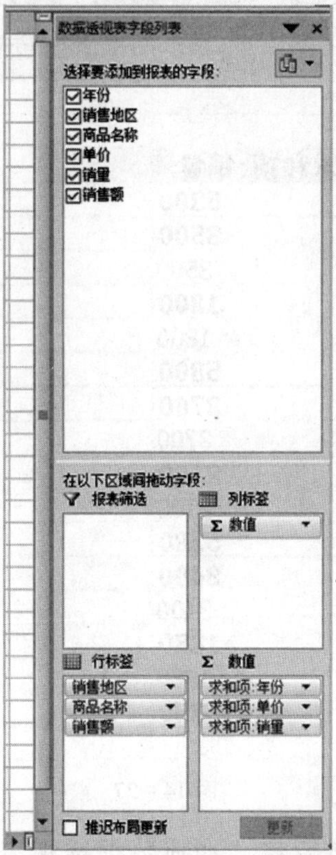

图 14－25

⑤因为最终需要的数据是销量的汇总，所以，将右下角左侧“行标签”中的销量拖动至右侧“数值”中，就变成了“求和项：销量”，如图 14－26 所示。

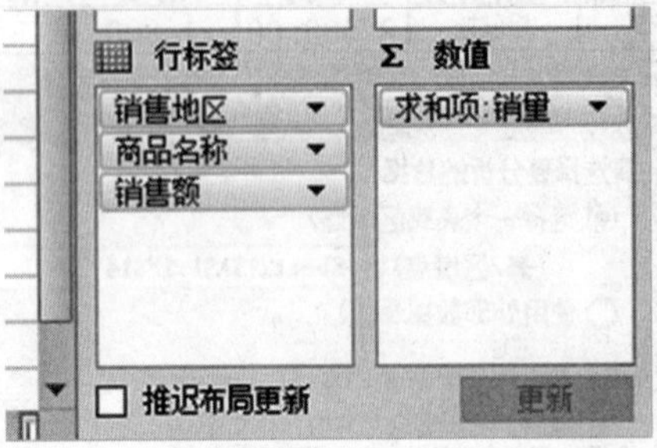

图 14－26

⑥为了使数据表显得美观，便于统计查看，要调整几个选项。在工具栏中单击“选项”，弹出对话框，如图 14－27 所示。

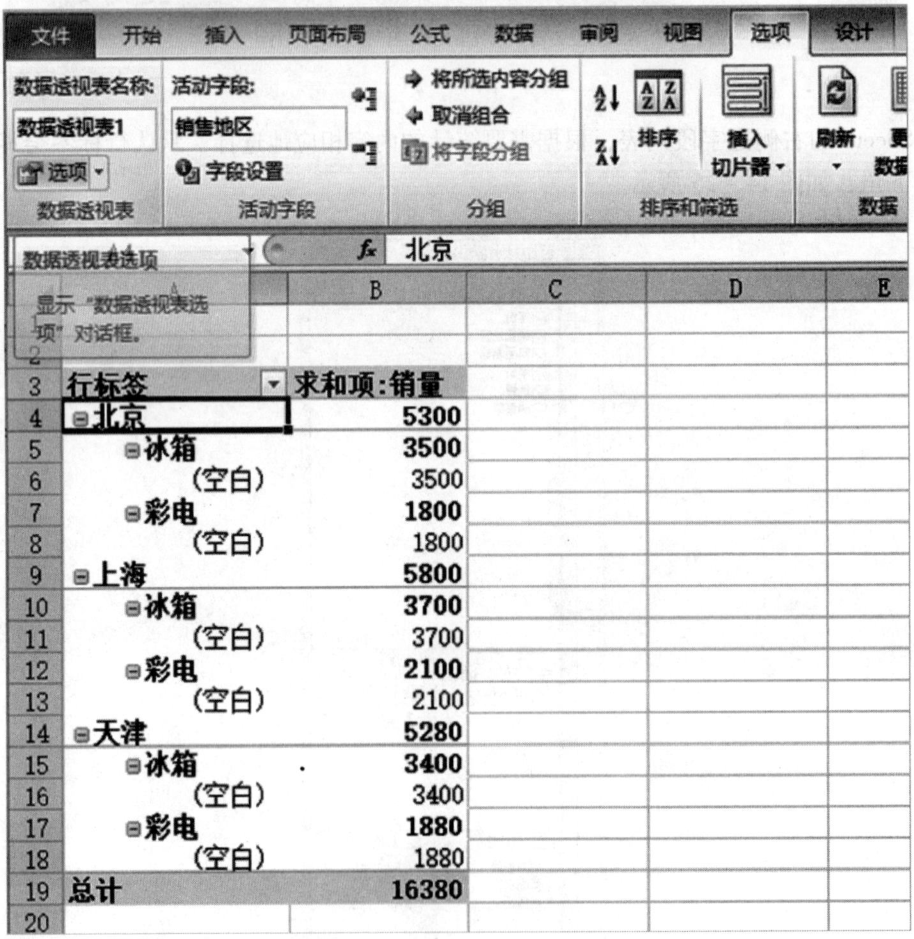

图 14－27

⑦选中“显示”选项卡，然后将“经典数据透视表布局”前的复选框勾中，如图 14－28 所示。

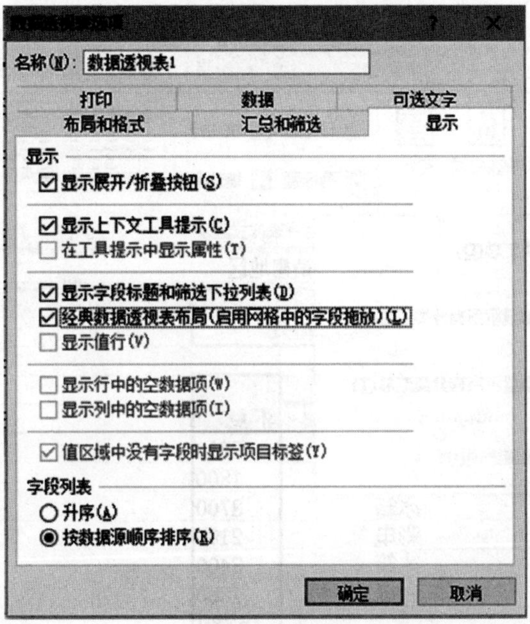

图 14 – 28

⑧如果以后还会改动原始数据，可以将“数据”选项卡中的“打开文件时刷新数据”前的复选框勾中。这样，修改完原始数据后，重新打开表格，会自动更新透视表，如图 14 – 29 所示。

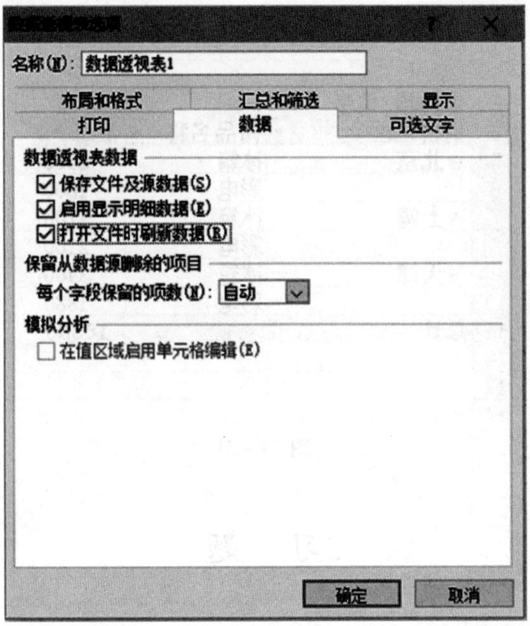

图 14 – 29

⑨很多时候，只是需要最终数据的汇总，不需要每一项都分别列出来，因此，需要将透视表进一步简化。单击工具栏中的“设计”，选中“分类汇总”下的“不显示分类汇总”

选项，如图 14－30 所示。

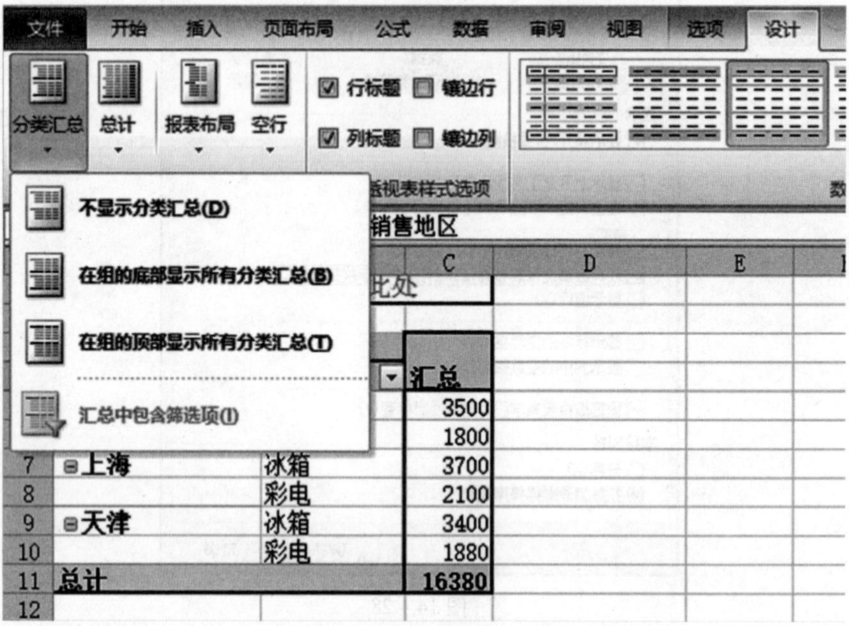

图 14－30

⑩至此，数据统计就算完成了。可以单击单元格右侧的倒三角符号，进行查找筛选，非常方便。也可以将内容复制出来，变成一个新的数据表格，如图 14－31 所示。

图 14－31

习　题

一、选择题

1. 在 Excel 2010 中，可以使用（　　）菜单中的“分类汇总”命令来对记录进行统计分析。

A. 格式　　B. 编辑　　C. 工具　　D. 数据

2. 在 Excel 2010 中，要显示表格中符合某个条件要求的记录，采用（　　）命令。

A. 排序　　B. 有效性　　C. 筛选　　D. 条件格式

3. 在 Excel 中，下面关于分类汇总的叙述，错误的是（　　）。

A. 分类汇总前必须按关键词段排序数据库

B. 汇总方式只能是求和

C. 分类汇总的关键词段只能是一个字段

D. 分类汇总可以被删除，但删除汇总后排序操作不能撤销

4. 下列关于 Excel 2010 的排序功能叙述，不正确的是（　　）。

A. 既可以对整个清单排序，也可以只排序其中的一部分

B. 既可以按递增排序，也可以按递减排序

C. 既可以按一个字段排序，也可以按多个字段排序

D. 只可以用字定义序列里部分序列来排序

5. 在 Excel 中，关于“筛选”的正确叙述是（　　）。

A. 自动筛选和高级筛选都可以将结果筛选至另外的区域中

B. 不同字段之间进行“或”运算的条件必须使用高级筛选

C. 自动筛选的条件只能是一个，高级筛选的条件可以是多个

D. 如果所选条件出现在多列中，并且条件间有“与”的关系，必须使用高级筛选

6. 在 Excel 2010 排序中，下列对默认的升序的说法不正确的是（　　）。

A. 西文按 A ~ Z（不区分大小写），其中以数字开始的文本排最前，空格排最后

B. 数值从最小负数到最大正数

C. 日期从最早到最近

D. 中文按汉字的笔画从少到多

7. 使用数据清单，能（　　）记录。

A. 增加　　B. 删除

C. 寻找　　D. 以上都正确

8. 在一个工作表中筛选出某项的正确操作方法是（　　）。

A. 鼠标单击数据表外的任一单元格，执行“数据”→“筛选”菜单命令，鼠标单击想查找列的向下箭头，从下拉菜单中选择筛选项

B. 鼠标单击数据表中的任一单元格，执行“数据”→“筛选”→“自动筛选”菜单命令，鼠标单击想查找列的向下箭头，从下拉菜单中选择筛选项

C. 执行“编辑”→“查找”菜单命令，在“查找”对话框的“查找内容”框输入要查找的项，单击“关闭”按钮

D. 执行“编辑”→“查找”菜单命令，在“查找”对话框的“查找内容”框输入要查找的项，单击“查找下一个”按钮

9. 下列各选项中，对分类汇总的描述，错误的是（　　）。

A. 分类汇总前需要排序数据

B. 汇总方式主要包括求和、最大值、最小值等

C. 分类汇总结果必须与原数据位于同一个工作表中

D. 不能隐藏分类汇总数据

10. 在 Excel 中建立的数据表，通常把每一行称为一个（　　）。

A. 记录　　B. 二维表

C. 属性　　D. 关键字

二、操作题

1. 启动 Excel，在 Sheet1 中输入图 14－32 所示表格，并完成如下要求：

（1）复制 Sheet1 中的表格到 Sheet2，分类汇总出各职称的平均工资与奖金；

（2）复制 Sheet1 中的表格到 Sheet3，按职称为主要关键字升序、工资为次要关键字降序排序记录；

（3）在 Sheet3 后插入一新工作表，命名为“筛选”，复制 Sheet1 中的表格到“筛选”，利用筛选功能筛选出工资大于 5 000 元的男职工的记录。

金星公司十二月份工资表

工号	姓名	性别	职称	部门	工资	奖金
00001	刘亮	男	中级工程师	销售部	¥8, 600. 00	¥2, 100. 00
00002	牛红	女	高级工程师	销售部	¥6, 410. 00	¥1, 500. 00
00003	刘海	男	初级工程师	开发部	¥5, 420. 00	¥1, 120. 00
00004	赵丽	女	高级工程师	销售部	¥6, 340. 00	¥1, 620. 00
00005	柳峰	男	高级工程师	销售部	¥6, 520. 00	¥1, 650. 00
00006	杨帆	男	初级工程师	开发部	¥5, 120. 00	¥1, 190. 00
00007	岳娟	女	初级工程师	开发部	¥5, 310. 00	¥1, 200. 00

图 14－32

2. 启动 Excel，在 Sheet1 中输入图 14－33 所示表格，并完成如下要求：

（1）复制 Sheet1 中的表格到 Sheet2，分类汇总出各规格的总发货数量；

（2）复制 Sheet1 中的表格到 Sheet3，按用户为主要关键字升序、规格为次要关键字降序排序记录；

（3）在 Sheet3 后插入一新工作表，命名为“筛选”，复制 Sheet1 中的表格到“筛选”，利用筛选功能筛选出发给用户“赵明”的品级为 4 的记录。

长吉货站发货明细单

序号	时间	用户	规格	品级	数量	编号
001	15-Feb-15	赵明	大货	3	2568	AA-001
002	19-Feb-15	赵明	皮卡	4	5987	AA-002
003	14-Feb-15	刘丽	大货	3	2214	AA-003
004	01-Mar-15	刘丽	三轮	3	3326	AA-004
005	09-Mar-15	赵明	三轮	4	1587	AA-005
006	22-Mar-15	刘丽	皮卡	4	3780	AA-006
007	29-Apr-15	赵明	大货	3	4780	AA-007

图 14－33

3. 启动 Excel，在 Sheet1 中输入图 14－34 所示表格，并完成如下要求：

（1）复制 Sheet1 中的表格到 Sheet2，分类汇总出男女员工的平均年龄与工龄；

（2）复制 Sheet1 中的表格到 Sheet3，按姓名为主要关键字降序、工龄为次要关键字升序排序记录；

（3）在 Sheet3 后插入一新工作表，命名为“筛选”，复制 Sheet1 中表格到“筛选”，利用筛选功能筛选出工龄大于等于 15 的女员工的记录。

***公司员工档案统计表							
职工号	姓名	部门	性别	年龄	婚否	学历	工龄
A101	张磊	市场部	男	35	已婚	学士	12
A102	刘佳	技术部	女	34	未婚	学士	9
A103	李东	业务部	男	43	已婚	学士	21
A104	王旭	市场部	男	33	已婚	硕士	9
A105	杨振	技术部	男	23	未婚	学士	1
A106	赵慧	业务部	女	54	已婚	专科	30
A107	李晓	业务部	女	40	已婚	学士	18

图 14－34

4. 启动 Excel，在 Sheet1 中输入图 14－35 所示表格，并完成如下要求：

（1）利用函数在备注项中对成绩进行评价，方法是：成绩小于60 的为不及格，否则为及格。

（2）复制 Sheet1 中的表格到 Sheet2，按性别为主关键字升序、成绩为次关键字降序排序。

（3）复制 Sheet1 中的表格到 Sheet3，并将 Sheet3 重命名为“筛选”。筛选出成绩及格的且性别为男的记录。

（4）在 Sheet3 后新建工作表 Sheet4。将 Sheet1 中的表格复制到 Sheet4，汇总出各个班级的总成绩。

学生计算机成绩单						
学号	班级	姓名	性别	年龄	成绩	备注
002	会计1班	钱 一 方	男	18	76	
004	会计1班	乔　　风	女	20	90	
001	会计1班	张　　三	男	20	86	
001	会计2班	齐　　方	女	18	58	
004	会计2班	赵　　凯	男	19	59	
002	会计2班	李　　四	女	19	77	
005	会计3班	孙　　甜	女	20	46	
003	会计3班	孟　　想	男	19	88	
003	会计3班	王　　二	女	18	67	
005	会计3班	段　　雨	男	19	89	

图 14－35

5. 启动 Excel，在 Sheet1 中输入图 14－36 所示表格，并完成如下要求：

（1）复制 Sheet1 中的表格到 Sheet2，按职称为主关键字升序、性别为次关键字降序进行排序。

（2）复制 Sheet1 中的表格到 Sheet3，汇总出不同职称的年龄和总加班时的平均值。

（3）新建工作表 Sheet4 并重命名为“筛选”，复制 Sheet1 中表格到“筛选”，利用筛选功能筛选出总加班时在 300 以上的中级工的记录。

某公司2003年加班补贴费报表					
职工号	姓名	年龄	职称	性别	总加班时
100020	张多	40	中级工	男	300
100021	赵择	38	中级工	男	320
100022	王亭	31	初级工	女	260
100023	李丽	30	初级工	女	245
100024	齐敏	25	中级工	女	300
100025	张萍	28	中级工	女	280
100026	孙天	30	中级工	男	310
100027	周鹰	28	中级工	男	290
100028	吴名	25	初级工	男	250
100029	郑浩	40	初级工	男	240
100030	钱国	38	初级工	男	284
100031	韩梅	31	初级工	女	259

图 14－36

6. 启动 Excel，在 Sheet1 中输入图 14－37 所示表格，并完成如下要求：

（1）利用公式计算出利润和库存积压。利润＝销售数量＊出厂价－成本价＊产量；库存积压＝产量－销售数量。

（2）对利润报表进行年终评价。方法是：如果利润超过 500 000，则为“盈利”，否则为“亏损”。

（3）复制 Sheet1 中的表格到 Sheet2，筛选出利润大于 500 000 的所有记录。

（4）复制 Sheet1 中的表格到 Sheet2，按利润为主关键字升序，库存积压为次关键字降序进行排序。

（5）新建工作表 Sheet4 并重命名为“汇总”，复制 Sheet1 中表格到“汇总”，汇总出不同车间的利润和库存积压的平均值。

2005年度全全电冰箱厂利润报表						
车间	产量	销售数量	成本价	出厂价	利润	库存积压
一车间	1000	825	800	1500		
二车间	1050	1000	800	1500		
一车间	1230	1200	800	1500		
二车间	1040	1000	800	1500		
一车间	1245	1208	800	1500		
二车间	1420	1402	800	1500		
一车间	1500	850	800	1500		
二车间	1250	610	800	1500		
一车间	1340	1222	800	1500		
二车间	1420	900	800	1500		
一车间	1500	680	800	1500		
二车间	1230	780	800	1500		

图 14－37

第 15 章

制作统计图表与打印工作表

【本章导读】

Excel 处理数据的功能非常强大，但是只对数据进行操作，难免让人疲劳，且不易于分析各数据之间的关系。为了解决这个问题，Excel 提供了处理数据的另一种方法：制作统计图表。图表在 Excel 中占有相当重要的位置，本节将介绍制作统计图表的方法，以便用户创建出符合要求的图表，能够直观地分析出各数据间的关系。同时，本章将介绍打印工作表的方法，方便用户打印工作表。

【本章学习要点】

- 认识图表
- 创建与调整图表
- 编辑图表
- 设置页面布局
- 设置打印区域和打印标题

15.1　认识图表

图表也称为数据表，是以图形的方式显示 Excel 工作表中的数据，可直观地体现工作表中各数据间的关系。由于图表是以工作表中的数据为基础创建的，如果更改了数据表中的数据，则图表也会相应地更改。

要学习使用图表，首先要了解图表的组成结构，它是由图表区、绘图区、图例、数据轴、分类轴、图标标题、数据系列及网格线组成的，如图 15 - 1 所示。

在图 15 - 1 所示的折线图表中，各组成部分的功能如下：

①图表区：它是整个图表的背景区域，包括了所有的数据信息及图表辅助的说明信息。

②绘图区：是图表呈现的主体，是图表中最重要的组成部分，它根据用户设定的图表类型显示工作表中的数据信息。

③图表标题：图表中标题分为两类：图表主标题和坐标轴标题。默认情况下，图表主标题一般位于绘图区顶端的中心位置，而水平坐标轴标题位于水平坐标轴的下方，垂直坐标轴标题位于垂直坐标轴的左侧。如图 15 - 1 中 Y 轴左侧的“单位：册”，X 轴下方的“月份”。

④网格线：网格线是图标中为了查看数据方便而添加的辅助线条。一般情况下，只显示主要水平网格。根据方向的不同，可将网格线分为水平网格线和垂直网格线；根据辅助关系

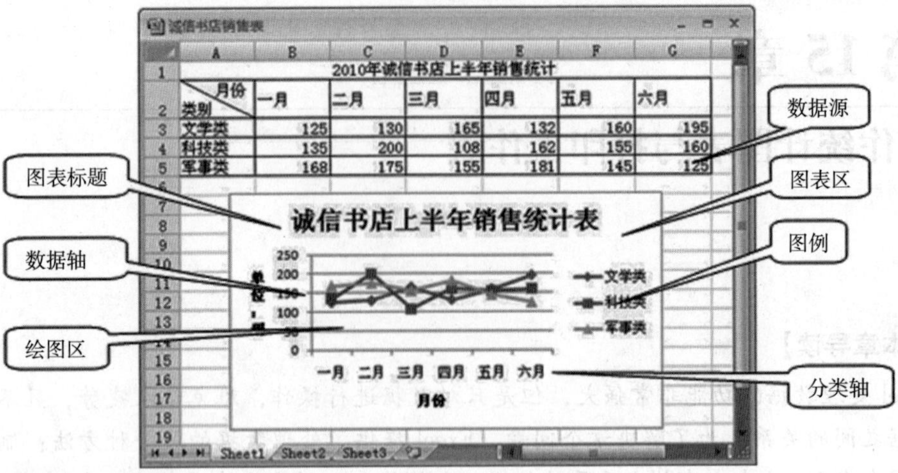

图 15－1

的不同，可将网格线分为主要网格线和次要网格线。

⑤坐标轴：坐标轴一般分为垂直坐标轴和水平坐标轴。水平坐标轴通常用于显示数据类别，也称为分类轴或 X 轴；垂直坐标轴通常用于显示数据，也称为数据轴或 Y 轴。在三维图表中，还包含了一条与水平、垂直坐标轴垂直的轴线，称为 Z 轴。

⑥数据系列：绘制在图表中的一组相关数据点就是一个数据系列。图表中的每一个数据系列都具有特定的颜色或图案，并在图表的图列中进行了描述。

⑦图例：用来表示图表中各个数据系列的名称或者分类而指定的图案和颜色。

在创建图表之前，还应该了解一些图表的形状及其反映数据的特点。浏览图表的方法是：

①创建或打开一个工作表，切换到“插入”选项卡，单击“图表”组右下角的“创建图表”按钮，就会打开如图 15－2 所示的“插入图表”对话框。

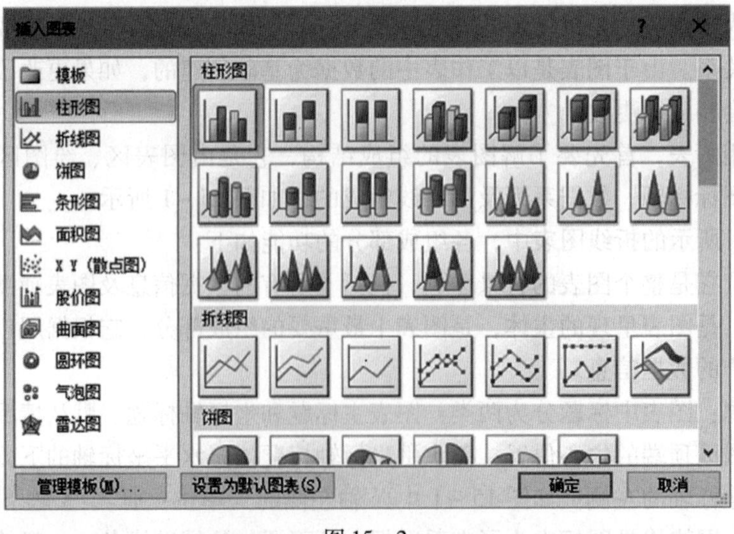

图 15－2

②在左边选择图表类型，对话框右边的窗口就会显示该图表的子类型的各种形状，供用户浏览和选择。

通常的情况下，图表的形状与反映数据的特点是：

①柱形图：用来表示一段时间内数据的变化或者各项之间的比较。柱形图通常用来强调数据随时间变化而变化。

②折线图：用来显示等间隔数据的变化趋势。主要用于显示产量、销售额或股票市场随时间变化的趋势。

③饼图：用于显示数据系列中每一项占该系列数值总和的比例关系。当需要知道某项占总数的百分比时，可使用该类图表。

④条形图：用来显示不连续的且无关的对象的差别情况，这种图表类型淡化数值随时间的变化而变化，能突出数值的比较。

⑤面积图：用于强调数值随时间而变化的程度，也可用于引起人们对总值趋势的注意。

⑥散点图：用于显示几个数据系列中数据间的关系，常用于分析科学数据。

可以根据数据的特点和具体使用环境来决定使用哪种图表，下面介绍图表的创建方法。

15.2 创建与调整图表

为数据表格创建图表有两种方法：一是通过“图表”组创建图表；二是通过对话框创建图表。

15.2.1 通过“图表”组创建图表

通过“图表”组创建图表的方法比较简单，下面以“诚信书店销售表”为例，创建“簇状柱形图”，其具体操作步骤如下：

①创建一张空工作表，输入如图 15－3 所示数据，选中 A2:G5 区域作为“图表数据源”。

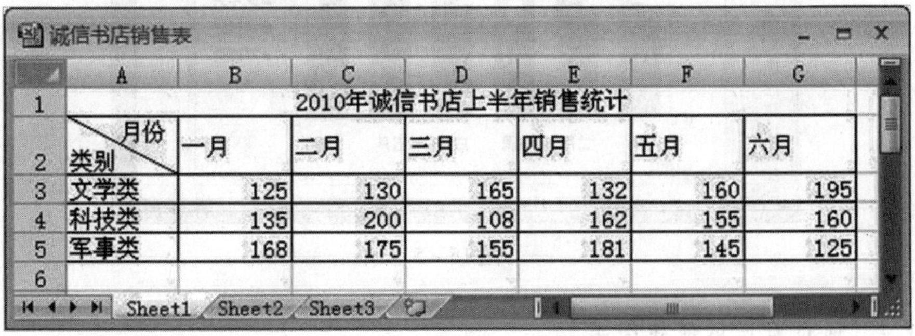
诚信书店销售表

	A	B	C	D	E	F	G
1	2010年诚信书店上半年销售统计						
2	月份 类别	一月	二月	三月	四月	五月	六月
3	文学类	125	130	165	132	160	195
4	科技类	135	200	108	162	155	160
5	军事类	168	175	155	181	145	125
6							

图 15－3

②切换到“插入”选项卡，在“图表”组中单击“柱形图”按钮，在弹出的下拉列表中，在“二维柱形图”选项组中选择“簇状柱形图”选项，如图 15－4 所示。

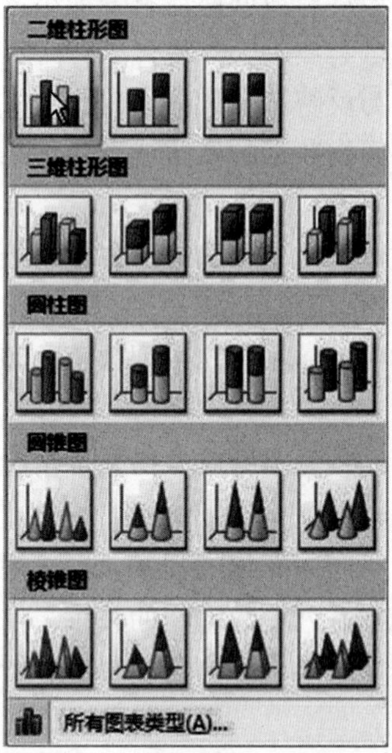

图 15－4

③返回工作表中即可看到插入簇状柱形图的效果，如图 15－5 所示。

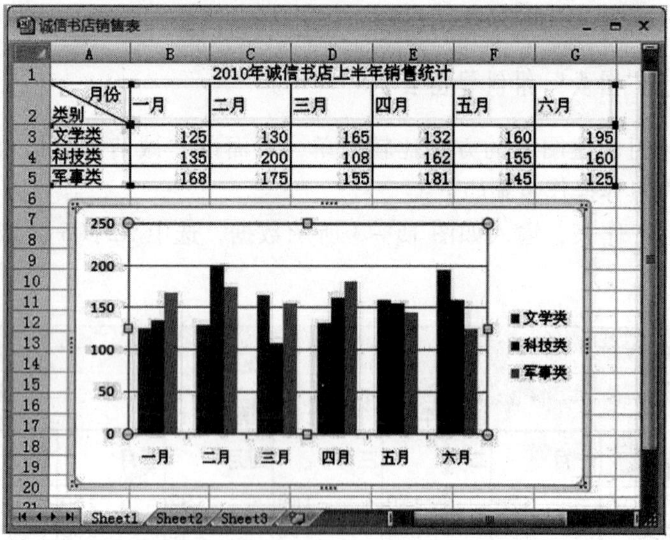

图 15－5

15.2.2 通过对话框创建图表

通过对话框创建图表比通过“图表”组创建图表要复杂些，下面以“业绩统计表”为例，创建“簇状柱形图”，其具体操作步骤如下：

①创建一张空工作表，输入如图 15－6 所示数据，选中 B2:C7 区域作为“图表数据源”。

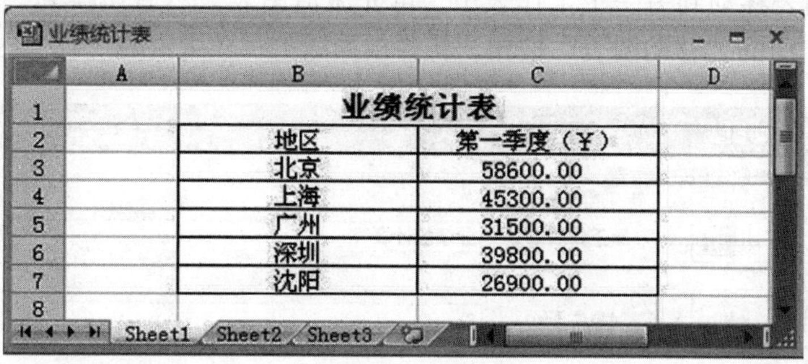

图 15－6

②切换到“插入”选项卡，单击“图表”组右下角的“创建图表”按钮，在打开的“插入图表”对话框中选择“饼图”中的“分离型三维饼图”，结果如图 15－7 所示。

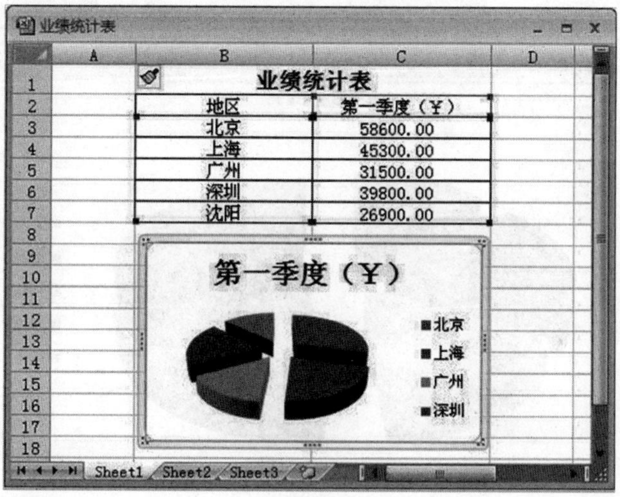

图 15－7

15.2.3 调整图表

对于创建好的图表，如果位置和大小不合适，可以进行相应调整，直到满意为止。

如果要在当前工作表内移动图表，可先单击图标区，当鼠标光标变成形状，按住鼠标左键不放，此时鼠标光标变成形状，拖动鼠标到适当位置，释放鼠标即可，拖放后的效果如图 15－8 所示。

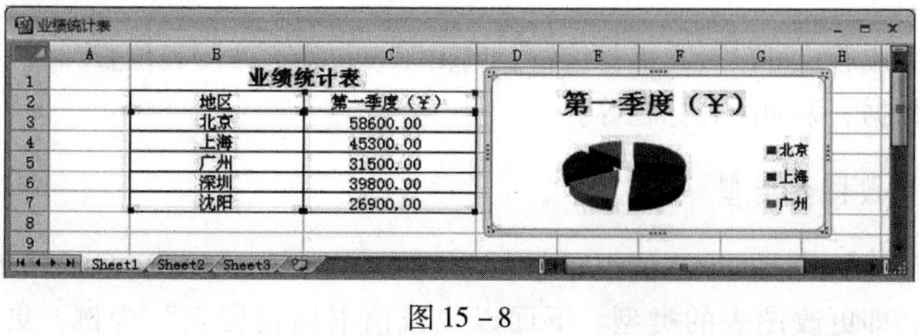

图 15－8

如果要将图表移动到另一个工作表中，可先激活图表，然后切换到“设计”选项卡，单击“位置”组中的“移动图表”按钮，将弹出如图 15－9 所示的“移动图表”对话框，

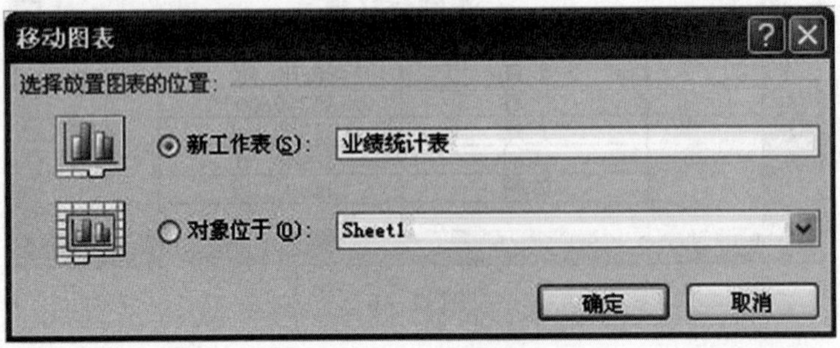

图 15－9

从中选择图表的新位置，单击“确定”按钮，结果如图 15－10 所示。

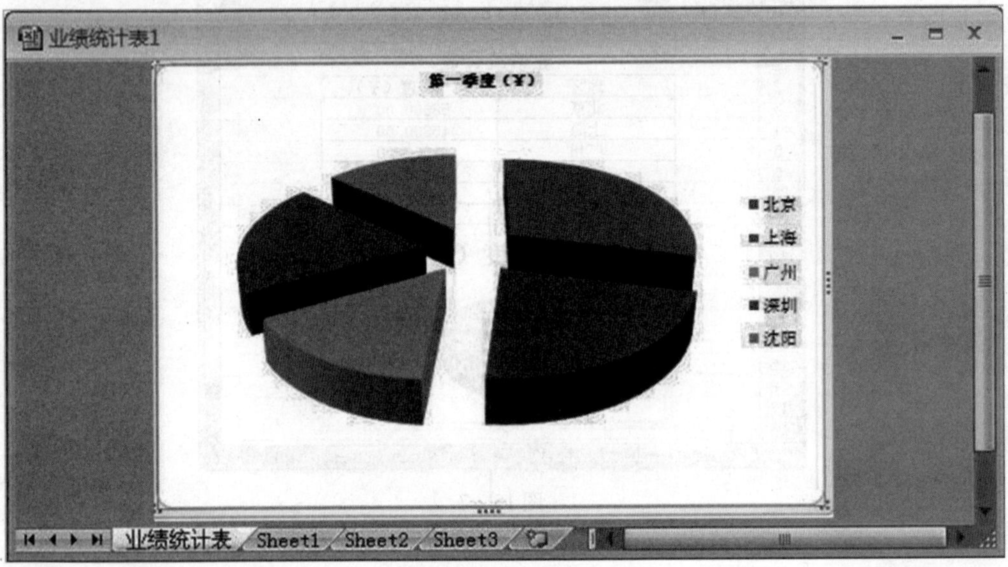

图 15－10

如果要改变图表的大小，则可以单击选中要调整的图表，这时图表区的边框出现调整柄的 8 个控点，鼠标按住任意一个角的控点，此时鼠标指针变成+形状，拖动鼠标即可调整图表的大小。

15.3 编辑图表

图表创建完成后，可以对其进行编辑。编辑图表包括更改图表位置和大小、更改图表类型、修改图表数据、添加图表标题等。

15.3.1 更改图表类型

如果感觉创建的图表类型不能很好地表达出数据的关系和数据自身的含义，则可以重新选择图表类型，即更改图表的类型。下面以“诚信书店销售表”为例，更改图表类型为

“三维堆积柱形图”。其具体操作步骤如下：

①选中图表，切换到“设计”选项卡，鼠标单击“类型”组中的“更改图表类型”按钮。

②在弹出的“更改图表类型”对话框中选择“三维堆积柱形图”，单击“确定”按钮，即可修改图表类型，如图 15－11 所示。

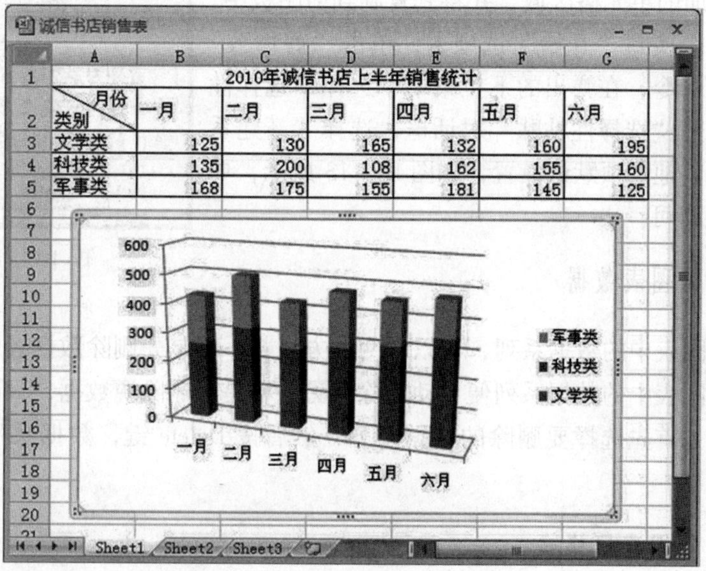

图 15－11

15.3.2 添加图表标题

在创建图表时，图表中并没有显示图表标题和坐标轴标题，为了更好地让图表显示数据信息，可以为图标设置标题。下面以“诚信书店上半年销售统计表”为例，为图表添加标题“诚信书店上半年销售统计表”，横坐标轴标题“月份”、纵坐标轴标题“数量”。其具体操作步骤如下：

①选中图表，切换到“布局”选项卡，鼠标单击“标签”组中的“图表标题”下拉列表中的“图表上方”选项，返回工作表，输入“诚信书店上半年销售统计表”即可。

②单击“坐标轴标题”按钮，分别选择“主要横坐标轴标题”“主要纵坐标轴标题”及位置，输入相应的标题，如图 15－12 所示。

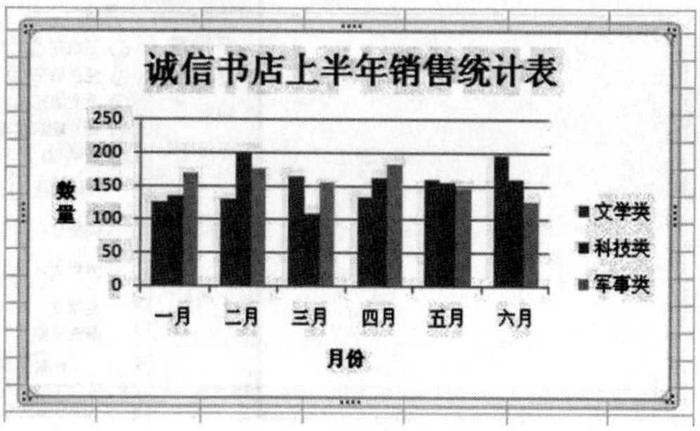

图 15－12

15.3.3 更改图表数据

图表建立以后，如果发现某个数值有误，需要进行修改。修改的方法是：直接单击选中源工作表中相应的单元格，输入新的数据即可。源数据修改后，图表中的数据便会自动跟随修改。

15.3.4 添加图表数据

如果需要在建好的图表中添加新的数据系列，其具体操作步骤如下：

①将要添加的数据添加到源数据的工作表中。

②选择要添加的单元格区域，并将其复制到剪贴板中。接着激活图表，切换到“开始”选项卡，单击“剪切板”组中的“粘贴”命令，在弹出的下拉菜单中选择“选择性粘贴”命令，打开“选择性粘贴”对话框，选择“新建系列”单选按钮，其他选项默认设置，如图15－13所示，单击“确定”按钮即可。

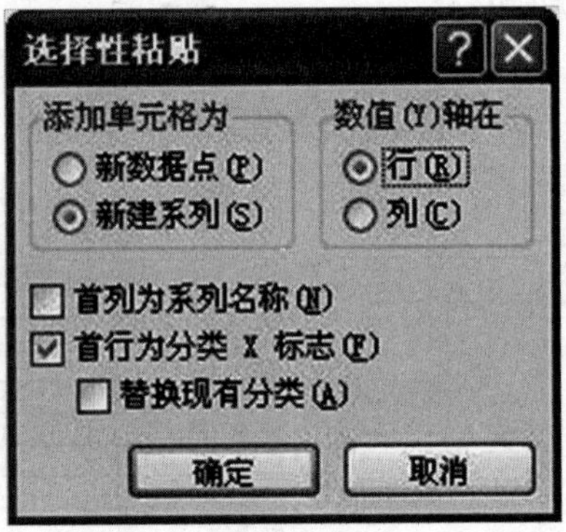

图15－13

15.3.5 删除图表数据

如果要删除图表中的数据系列，可以有两种方法：一种是先删除数据表中的源数据，源数据删除以后，图表中的数据系列便自动删除；另一种是不删除源数据，只删除图表中的数据系列。方法是：首先选择要删除的数据系列，然后按 Delete 键，数据系列即可从图表中删除。

15.3.6 设置图表区格式

图表创建以后，可以对图表区的格式进行设置，如设置图表区的图案格式、字体格式及属性等。下面以“诚信书店销售表”为例，为图表设置图案格式、字体格式及边框，其具体操作步骤如下：

①选中图表区，切换到“布局”选项卡，鼠标单击左上角的“设置所选内容格式”按钮，打开“设置图表区格式”对话框，如图15－14所示。

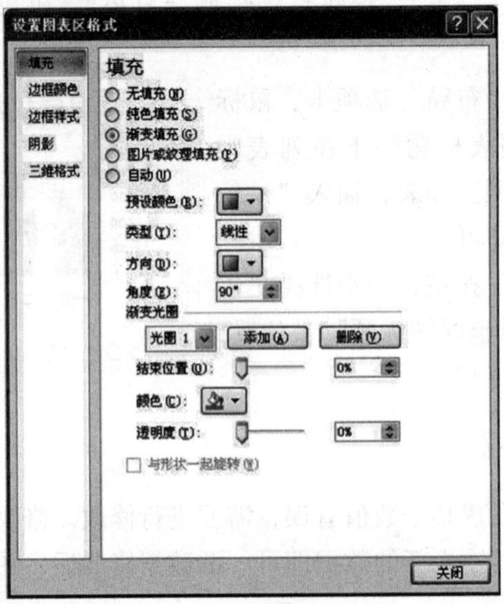

图15－14

②在“设置图表区格式”对话框中，分别设置填充、边框颜色、边框样式、阴影、三维格式即可，效果如图 15－15 所示。

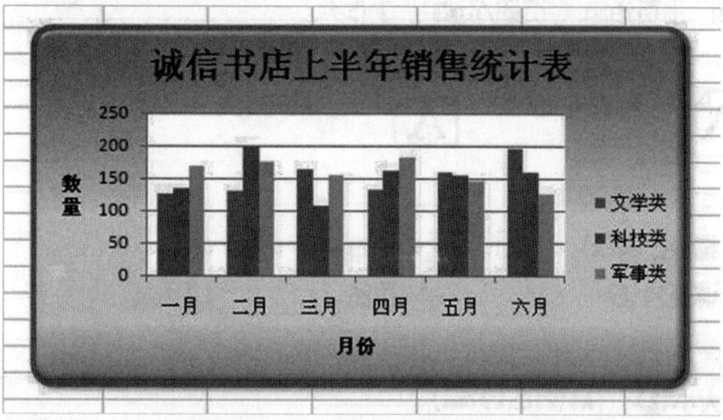

图 15－15

同样，可以对图表中的绘图区、图例、图表标题进行相应的格式设置，如填充颜色、边框样式及颜色、阴影、三维样式等，方法与上面设置图表区格式类似，这里不再赘述。

15.4 设置页面布局

Excel 2010 的页面布局设置主要用于打印，主要包括纸张方向、纸张大小、页边距等的设置。

15.4.1 纸张大小

单击“页面布局”选项卡，在“页面设置”选项组中选择“纸张大小”，在弹出的下拉菜单中，有多种纸张类型可以选择，一般选择 A4，因为办公室的打印机一般都能打印 A4 的纸张，如图 15－16 所示。

此外，在“纸张大小”中选择“其他纸张大小”，可以在弹出的“页面布局”对话框中设置特定的纸张尺寸，如图 15－17 所示。

15.4.2 纸张方向

单击“页面布局”选项卡，在“页面设置”选项组中选择“纸张方向”，纸张方向有“纵向”和“横向”两种可以选择，如图 15－18 所示。

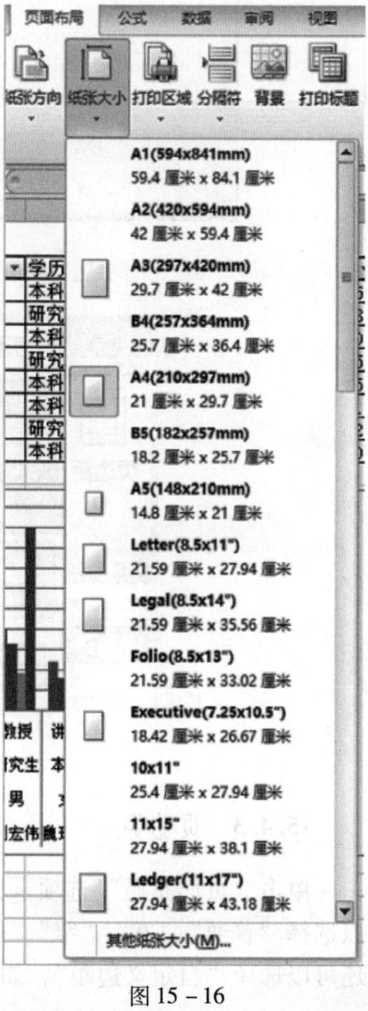

图 15－16

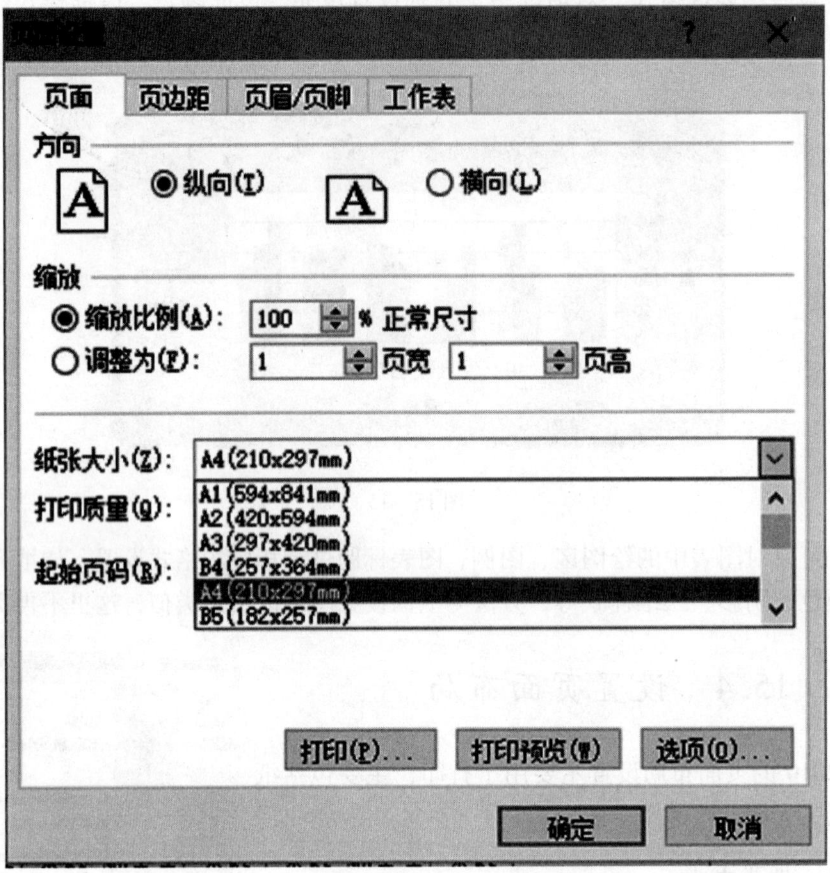

图 15－17

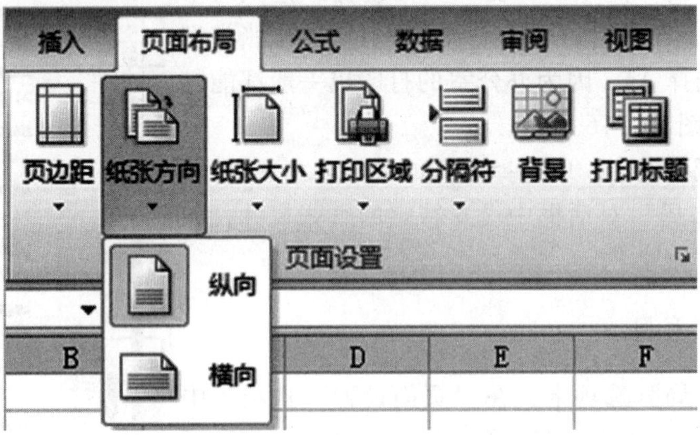

图 15－18

15.4.3 页边距

单击“页面布局”选项卡，在“页面设置”选项组中选择“页边距”，在页边距中可以选择“普通”“宽”“窄”，还可以选择“上次的自定义设置”。如果这些都不是想要的，还可以选择“自定义边距”，如图 15－19 所示。

图 15－19

选择“自定义边距”可以在弹出的“页面设置”对话框中对纸张的上下左右边距进行自定义设置，如图 15－20 所示。

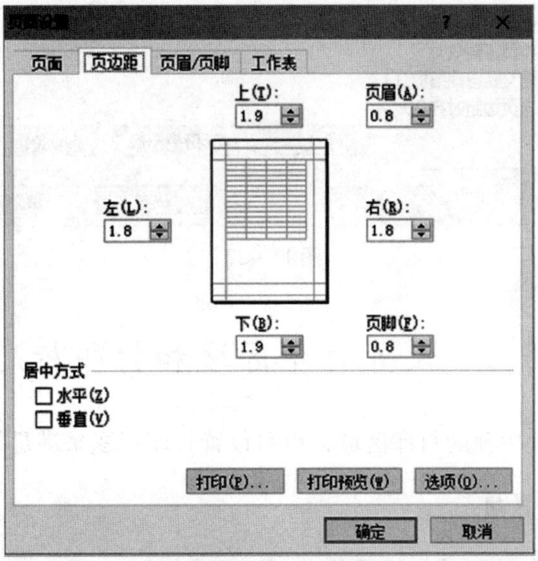

图 15－20

15.4.4 页眉页脚设置

单击“插入”选项卡，选择“文本”选项组中的“页眉和页脚”即可进行页眉和页脚的编辑与输入，如图 15－21 所示。

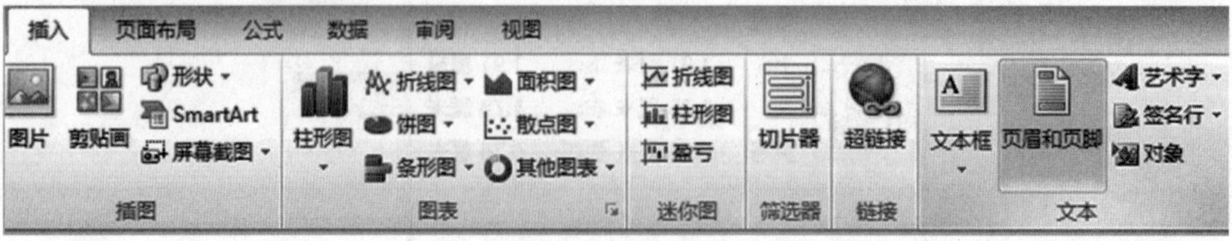

图 15－21

此外，也可单击“页面布局”选项卡，选择“页面设置”选项组右下角的小箭头也可以弹出“页面设置”对话框，在对话框中选择“页眉页脚”选项卡即可直观地对页眉页脚进行设置，如图 15－22 所示。

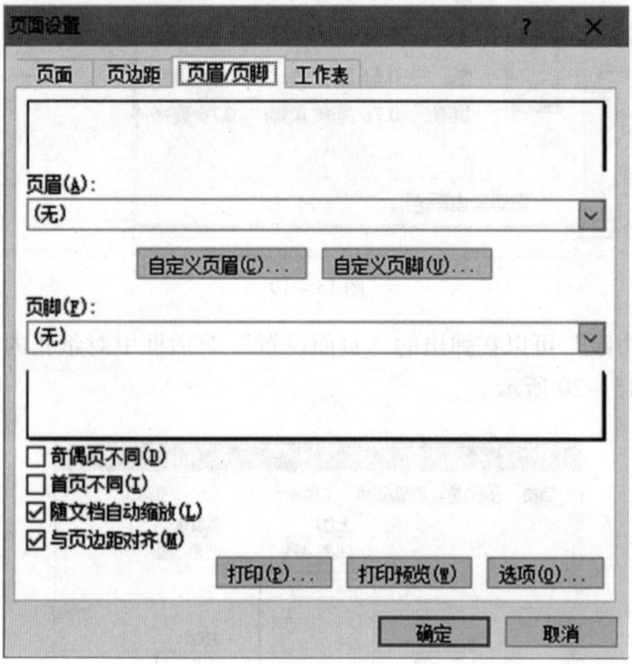

图 15－22

15.5 设置打印区域和打印标题

Excel 2010 可以设置单独的打印区域，也可设置打印标题来满足打印的需要。

15.5.1 设置打印区域

首先，选择需要打印的区域，然后单击“页面布局”选项卡，在“页面设置”选项组中选择“打印区域”，在“打印区域”中选择“设置打印区域”，即可完成打印区域的设定，如图 15－23 所示。

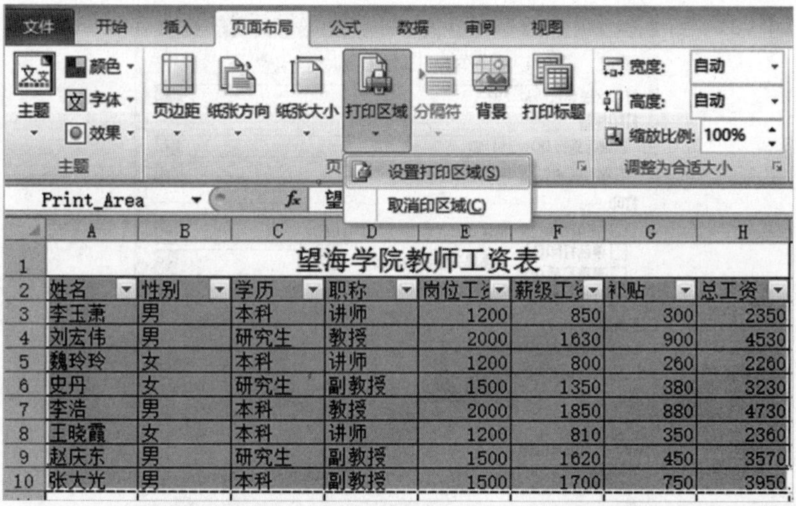

图 15－23

15.5.2 设置打印标题

在打印一个大文件时，往往需要打印出多页，第二页无法看到第一行的标题，这样就造成了不便。为此，用设置打印标题的方式来解决这一问题。具体步骤如下：

①单击“页面布局”选项卡，选择“页面设置”选项组右下角的小箭头，弹出“页面设置”对话框，如图 15－24 所示。

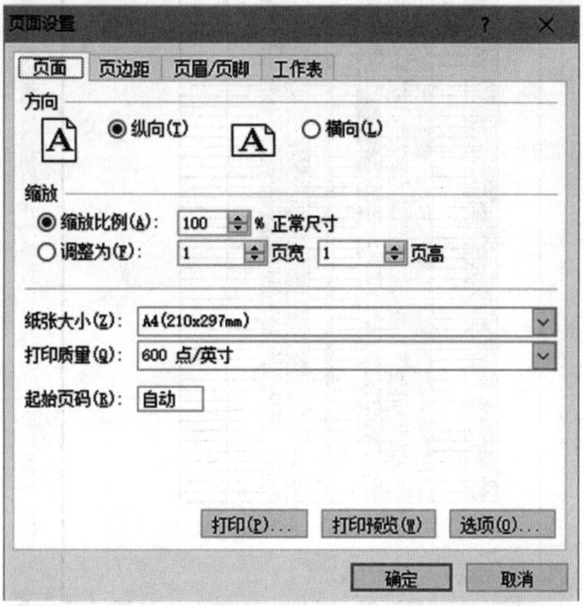

图 15－24

②单击“页面设置”中的“工作表”选项卡，设置“打印区域”为“A1:F99”，设置“顶端标题行”为“ $1:$3”，“左端标题行” 为“ $A:$A”，如图 15 – 25 所示。

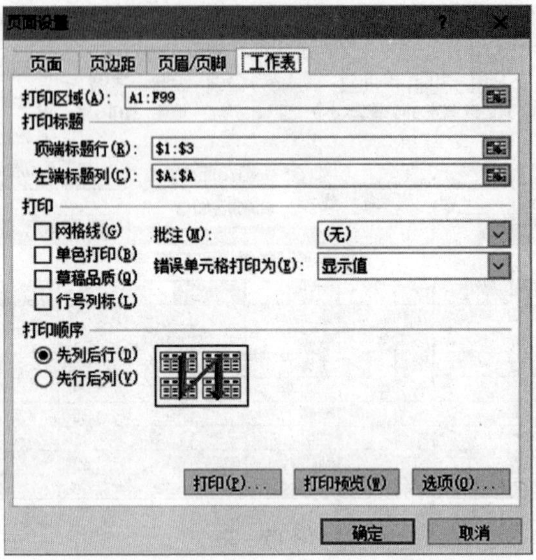

图 15 – 25

③单击“页面设置”对话框中的“打印预览”命令，最终效果如图 15 – 26 和图 15 – 27 所示。

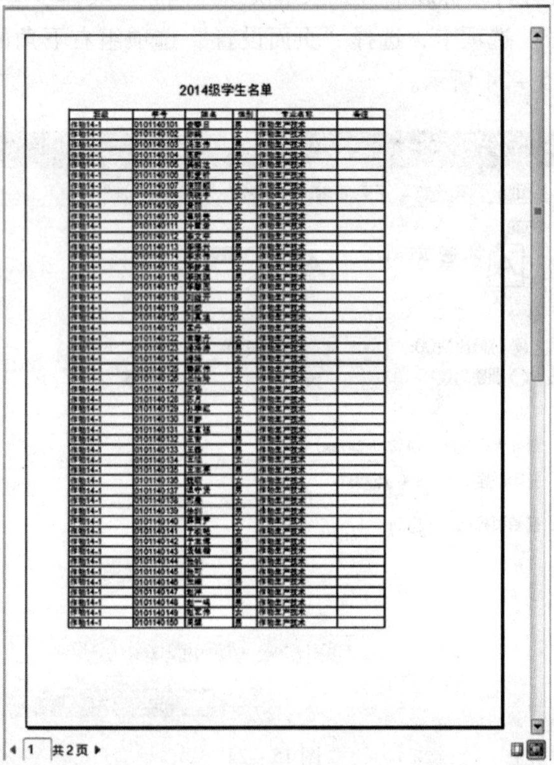

图 15 – 26

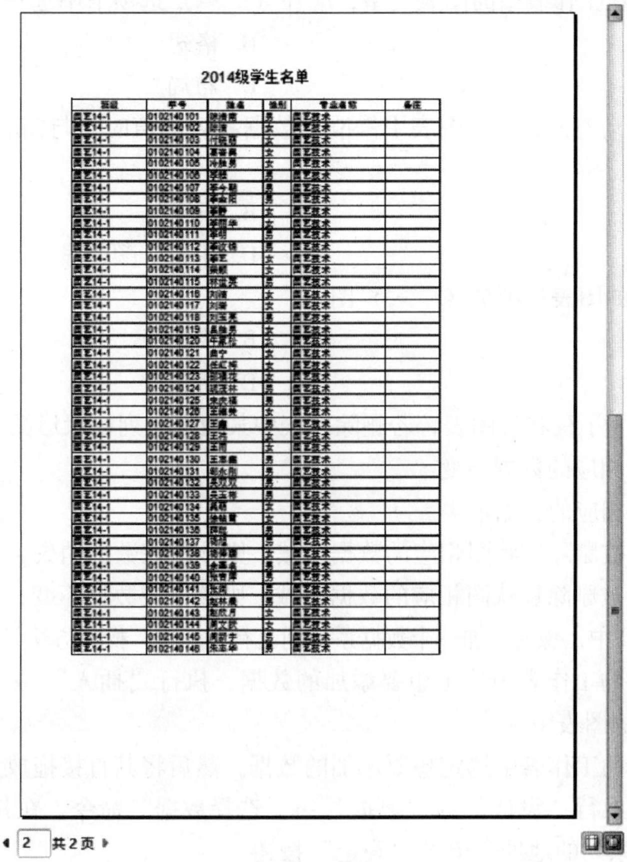

图 15－27

从最终打印预览结果可以看出，无论最后页面有多少，每页均有标题行，十分方便浏览。

习　题

一、选择题

1. 在 Excel 中，关于工作表及为其建立的嵌入式图表的说法，正确的是（　　）。

A. 删除工作表中的数据，图表中的数据系列不会删除

B. 增加工作表中的数据，图表中的数据系列不会增加

C. 修改工作表中的数据，图表中的数据系列不会修改

D. 以上三项不正确

2. 下列关于 Excel 图表的说法，正确的是（　　）。

A. 图表不能嵌入当前工作表中，只能作为新工作表保存

B. 无法从工作中产生图表

C. 图表只能嵌入当前工作表中，不能作为新工作表保存

D. 图表既可以嵌入当前工作表中，也能作为新工作表保存

3. 要改变显示在工作表中的图表类型，应在（　　）选项卡中选一个新的图表类型。

A. 图表　　B. 格式

C. 设计　　D. 布局

4. Excel 图表是动态的，当在图表中修改了数据系列的值时，与图表相关的工作表中的数据（　　）。

A. 自动修改　　B. 不变

C. 出现错误值　　D. 用特殊颜色显示

5. 柱形图默认的图表类型是（　　）图。

A. 二维　　B. 簇状

C. 堆积　　D. 百分比

6. 对工作表建立了柱状形图表，若删除图表中某数据系列柱状形图，（　　）。

A. 则数据表中相应的数据不变

B. 则数据表中相应的数据消失

C. 若事先选定被删除柱状图相应的数据区域，则该区域数据消失，否则保持不变

D. 若事先选定被删除柱状图相应的数据区域，则该区域数据不变，否则数据消失

7. 在 Excel 2010 中，想要添加一个数据系列到已有图表中，操作方法是（　　）。

A. 在嵌入图表的工作表中选定想要添加的数据，执行“插入”→“图表”菜单命令，将数据添加到已有的图表中

B. 在嵌入图表的工作表中选定想要添加的数据，然后将其直接拖放到嵌入的图表中

C. 选中图表，执行“设计”→“数据”→“选择数据”命令，在其对话框的“选定区域”栏指定该数据系列的地址，单击“确定”按钮

D. 执行图表快捷菜单的“数据源”→“系列”→“添加”命令，在其对话框中的“数值”栏指定该数据系列的地址，单击“确定”按钮

8. 在 Excel 2010 中，想要删除已有图表的一个数据系列，操作方法是（　　）。

A. 在图表中单击选定这个数据系列，按 Delete 键

B. 在工作表中选定这个数据系列，执行“编辑”→“清除”菜单命令

C. 在图表中单击选定这个数据系列，执行“编辑”→“清除”→“系列”命令

D. 在工作表中选定这个数据系列，执行“编辑”→“清除”→“内容”命令

9. 完成了图表后，想要在图表底部的网格中显示工作表中的图表数据，应该采取的正确操作是（　　）。

A. 单击“图表”工具栏中的“图表向导”按钮

B. 单击“图表”工具栏中的“数据表”按钮

C. 选中图表，单击“图表”工具栏中的“数据表”按钮

D. 选中图表，单击“布局”选项卡，选择“标签”选项组中的“模拟运算表”下拉菜单中的“显示模拟运算表”命令

二、操作题

1. 启动 Excel，在 Sheet1 中输入下面表格，并完成如下要求：

注意：题中所有文字为宋体、12 号，图中文字加粗。

（1）以表中所有数据为基础数据制作簇状柱形图，图表区背景为渐变填充“茵茵绿

原”，标题蓝色。

（2）以汽车燃油为基础数据制作三维饼图，图表区背景为纹理“软木塞”，图表标题深蓝色。

（3）图表区外框为 5 磅、由粗到细、蓝色、双线条、圆角。

（4）其他未说明效果如图 15－28 所示。

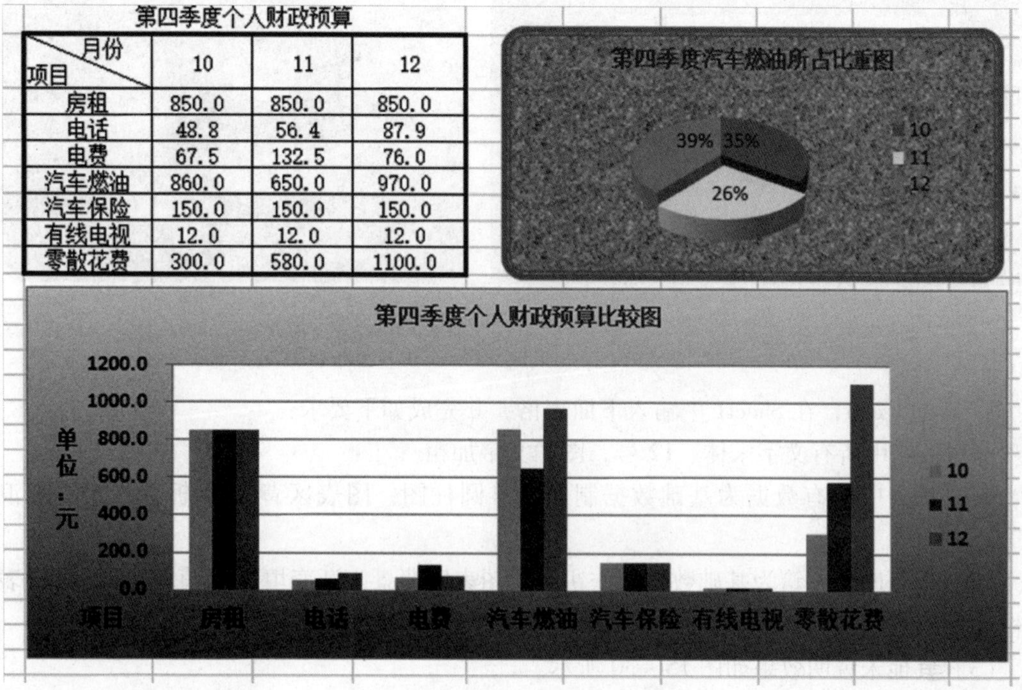

第四季度个人财政预算

项目＼月份	10	11	12
房租	850.0	850.0	850.0
电话	48.8	56.4	87.9
电费	67.5	132.5	76.0
汽车燃油	860.0	650.0	970.0
汽车保险	150.0	150.0	150.0
有线电视	12.0	12.0	12.0
零散花费	300.0	580.0	1100.0

图 15－28

2. 启动 Excel，在 Sheet1 中输入下面表格，并完成如下要求：

注意：题中所有文字为宋体、12 号，图中文字加粗。

（1）以北京、天津和南京分公司四个季度的数据为基础数据制作带数据标志的折线图，图表区背景为渐变填充“薄雾浓云”。标题红色、平滑线。

（2）以上海分公司四个季度为基础数据制作分离型三维饼图，图表区背景为渐变填充“碧海青天”。

（3）图表区外框为 2.75 磅、红色实线、圆角。

（4）其他未说明效果如图 15－29 所示。

某公司全年钢材销售统计表（单位：万元）

分公司＼季度	第一季度	第二季度	第三季度	第四季度
北京	1900	2100	3000	4000
天津	1500	1800	2550	4900
南京	1200	1800	1800	4440
上海	700	1300	1600	2900

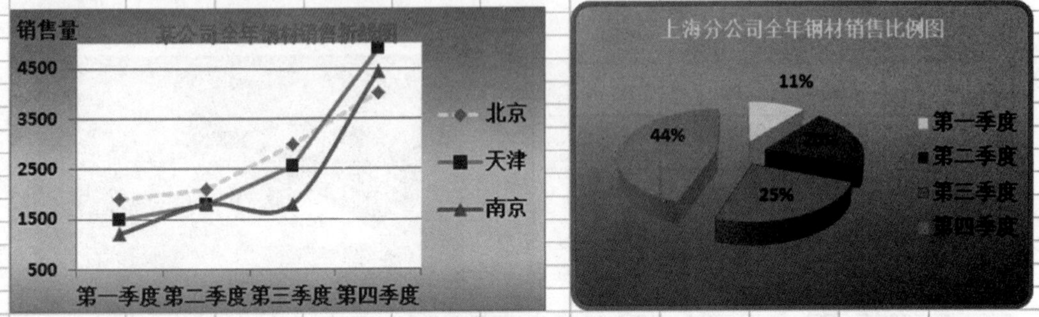

图 15－29

3. 启动 Excel，在 Sheet1 中输入下面表格，并完成如下要求：

注意：题中所有文字宋体、12 号，图中文字加粗。

（1）以表中所有数据为基础数据制作三维圆柱图，图表区背景为渐变填充“麦浪滚滚”。

（2）以题库类书籍为基础数据制作饼图，图表区背景为渐变填充“茵茵绿原”。图表区外框为 6 磅红色三线条、圆角。

（3）其他未说明效果如图 15－30 所示。

2011年某书店上半年销售统计

分类＼月份	一月	二月	三月	四月	五月	六月
语言类书籍	214	222	236	250	260	350
科技类书籍	334	280	254	350	280	454
题库类书籍	410	330	310	345	360	441
传记类书籍	345	356	364	378	381	494

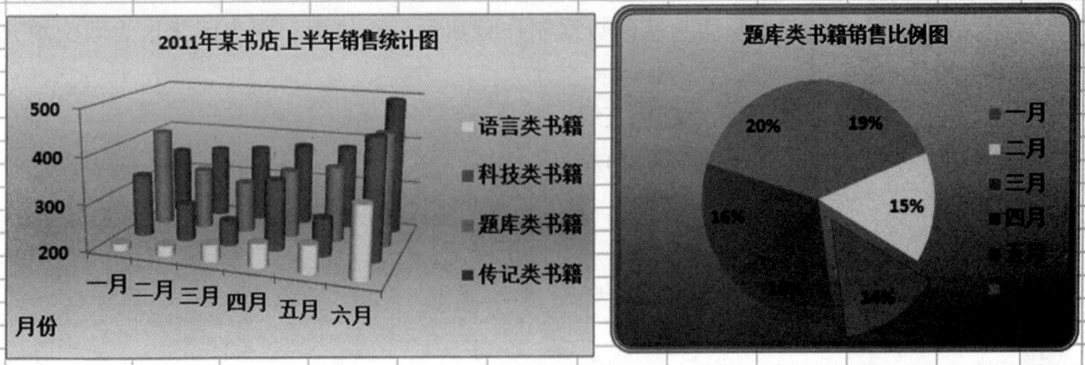

图 15－30

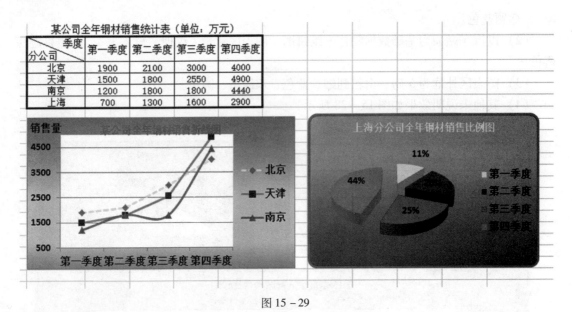

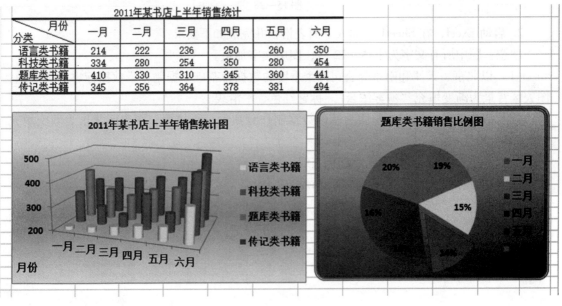

4. 启动 Excel，在 Sheet1 中输入下面表格，并完成如下要求：

注意：题中所有文字为宋体、12 号，图中文字加粗。

（1）以前三天国内旅游接待人数、在本市旅游人数和国内旅游接团人数为基础数据制作三维簇状柱形图，图表区背景为渐变填充“红木”。

（2）以本市旅游团数为基础数据制作分离型饼图，图表区背景为纹理“白色大理石”。图表区外框为 4.25 磅深蓝色圆点线条，圆角。

（3）其他未说明效果如图 15－31 所示。

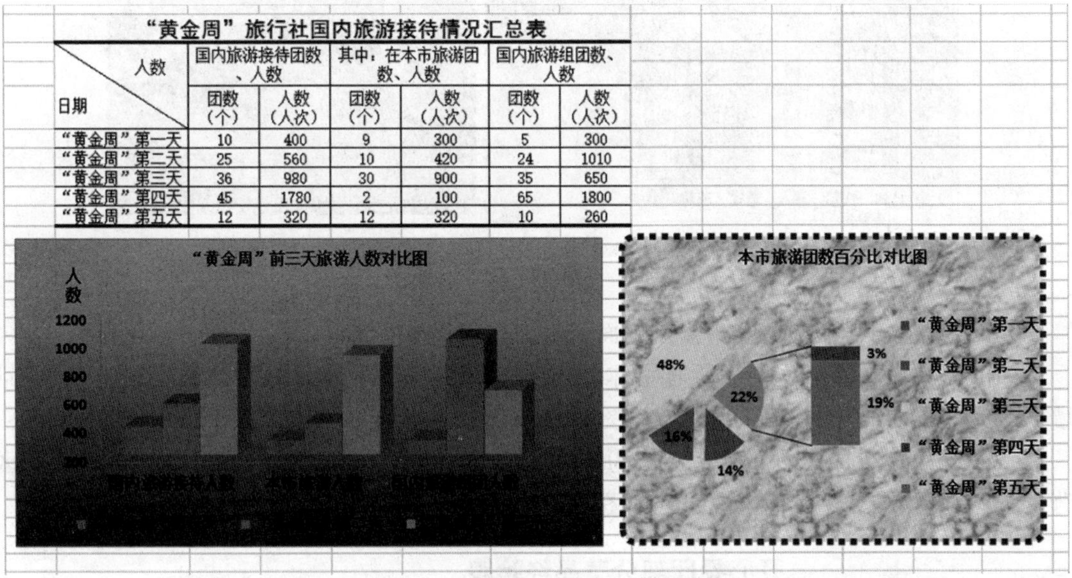

“黄金周”旅行社国内旅游接待情况汇总表

日期 \ 人数	国内旅游接待团数、人数		其中：在本市旅游团数、人数		国内旅游组团数、人数	
	团数（个）	人数（人次）	团数（个）	人数（人次）	团数（个）	人数（人次）
“黄金周”第一天	10	400	9	300	5	300
“黄金周”第二天	25	560	10	420	24	1010
“黄金周”第三天	36	980	30	900	35	650
“黄金周”第四天	45	1780	2	100	65	1800
“黄金周”第五天	12	320	12	320	10	260

图 15－31

5. 启动 Excel，在 Sheet1 中输入下面表格，并完成如下要求：

注意：题中所有文字为宋体、12 号，图中文字加粗。

（1）以所有球队的胜、负为基础数据制作簇状圆柱图，图表区背景为渐变填充“雨后初晴”，标题红色。

（2）以所有球队的得分为基础数据制作带数据标志的折线图，图表区背景为渐变填充“心如止水”，平滑线。

图表区外框圆角，3 磅红色方点虚线。

（3）其他未说明效果如图 15－32 所示。

2011-2012赛季NBA常规赛联盟排名

比赛情况 / 球队	胜	负	得分	失分	分差
马刺	38	14	101.6	96.2	5.4
快船	33	22	97.3	95	2.3
湖人	35	20	96.5	94	2.5
雷霆	40	14	103	96.7	6.3
灰熊	30	23	95	93.8	1.2
小牛	31	24	94.5	93.3	1.2
火箭	29	25	98.1	97.5	0.599

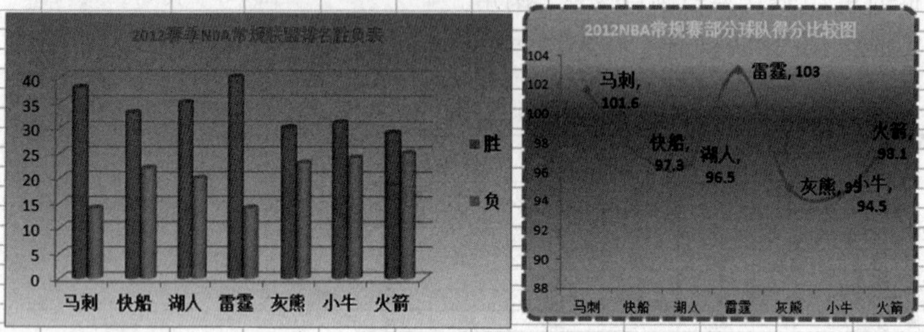

图 15－32

6. 启动 Excel，在 Sheet1 中输入下面表格，并完成如下要求：

（1）插入数据点折线图。所有字体为宋体、10 号，图表区背景为“雨后初晴”，背景墙格式为“羊皮纸”，其他未说明处以图 15－33 为准。

（2）插入簇状柱形图。所有字体为宋体、10 号，图表区背景为“茵茵绿原”，绘图区背景为“薄雾浓云”，其他未说明处如图 15－33 所示。

开心餐厅部分菜品经验表

菜名	经验值			理论炉数	销量炉数
	做菜	上桌	清洁		
蛤蜊蒸蛋	3	10	1	140	120
灌汤包	3	6	1	140	135
毛血旺	3	11	1	165	160
清炒鸡毛菜	15	25	1	201	201
文昌鸡	30	40	1	101	101
干贝莴笋	24	25	1	135	135
白斩鸡	18	56	1	168	100

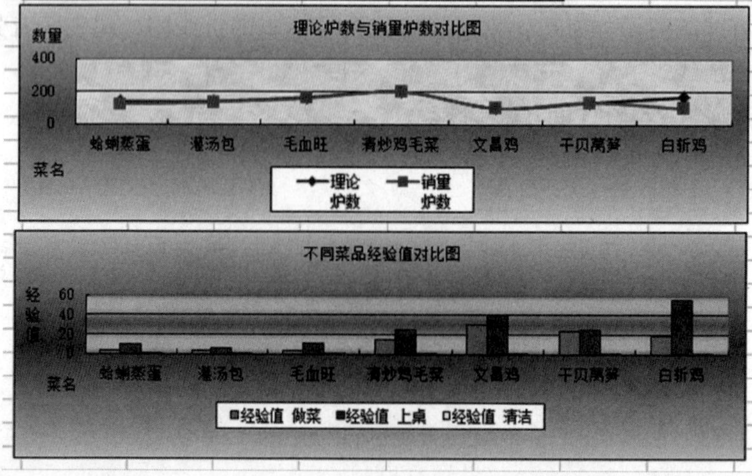

图 15－33

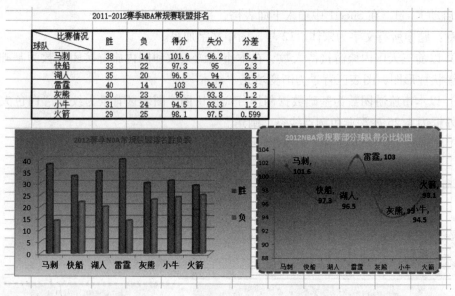

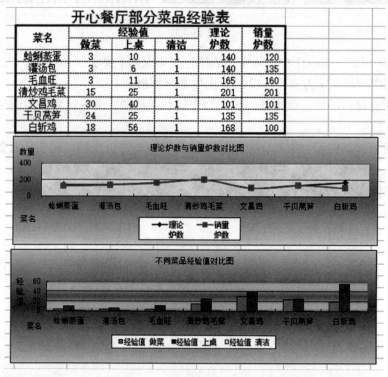

参考文献

1. 张士萍，等. 计算机应用基础 [M]. 北京：北京理工大学出版社，2015.

2. 王文生，等. 计算机公共基础 [M]. 长春：吉林大学出版社，2014.

3. 朱凤文，等. 计算机应用基础实训教程 [M]. 天津：南开大学出版社，2013.

4. 赖利君. Office 2010 办公软件案例教程（第 3 版） [M]. 北京：人民邮电出版社，2015.

5. 衣玉翠. Excel 2010 从入门到精通 [M]. 北京. 人民邮电出版社，2010.

6. 余婕. Word 2010 办公与排版应用 [M]. 北京. 电子工业出版社，2013.